THE
INSTITUTIONALIZATION
OF SCIENCE
IN MODERN BRITAIN

近代英国
科学体制的构建

李文靖　著

社会科学文献出版社
SOCIAL SCIENCES ACADEMIC PRESS (CHINA)

序

 李文靖的新著《近代英国科学体制的构建》追溯了近代早期直到 19 世纪中叶英国科学体制的建立过程。第 1 章和第 2 章讨论以培根为代表的实验方法论在英格兰的诞生，第 3~5 章讨论以皇家学会为代表的英国科学机构在现代英国科学事业的发展中扮演的特殊角色，第 6~10 章讨论科学的分科化、科学家的职业化以及科学教育体制的形成。本书从三个角度，对英国科学体制从民间业余传统向公共科学体制的转变，做了比较系统的追述。本书的特色是将内史与外史综合起来，把方法、人物和社会建制综合起来，体现了较新的编史眼光，有明显的学术高度和宽阔的学术视野，是国内英国科技史研究的重要突破。

 李文靖跟随我在北大读博期间，主攻的是 18 世纪法国化学史，现在她又开辟了近代英国科学史的新园地，值得祝贺。她有较好的英语和法语阅读能力，与国际科学史界始终保持密切的联系，使得本书资料丰富、立意新颖。当然，英国是现代科学的重要策源地，近代英国科技史是一个富矿，国际科学史界为此产生了大量的经典文献，消化吸收这些文献仍然是一个艰巨的任务。

本书在谋篇布局方面、在庞大史料的整合方面还有很大的改进余地，读者诸君自有明鉴。

　　中国的科学史家不仅要研究自己的科技史，也要研究世界科技史。对于创建当代中国的科学文化而言，研究世界科技史更为重要，因为归根结底，现代科学是一种来自西方的文化。过去一百多年中国人对西方科学的学习，较多着眼于如何"做科学""用科学"，而有意无意忽略了"理解科学"。现代中国人要对世界科技发展做出较大的贡献，"理解科学"这个短板是一定要弥补的。研究西方科技史就是弥补这种短板的重要方式。只有越来越多像李文靖这样的青年科学史家投身于西方科技史的深入研究之中，中国的科技史学科才会有均衡的发展，现代中国的科学文化才会有健康而丰厚的基础。是所望焉，谨序。

吴国盛

2022 年 4 月 15 日

于清华荷清苑

目　录

导　言

第一节　科学建制历史的共性与个性

一　对科学体制的社会学、文化史与通史研究

现代精密与实验科学不仅是人们头脑中一种分类精细、推理严密的知识信息，是一系列借助工具的分解、测试和比对实验，同时也是一套生产、累积、传播和应用这类知识的社会实践。历史上少数精英的闲情雅趣、手工业者的谋生之道和虔诚教徒的救赎之路，逐渐演变为现代社会组织有序而规模庞大的科研机构、层级分明而分布广泛的教育体系、工业生产必不可少的创新与开发环节乃至现代化国家竞相采用的治理与调控手段，这一过程被称为科学的"建制化"或"体制化"（institutionalization）。现代科学体制的形成是科学与政治、经济、社会、文化等要素紧密互动、相互渗透，逐步实现公共性本质的结果。

科学有其社会维度，早在 19 世纪上半叶，实证主义社会学奠基人孔德（August Comte，1798—1857）便认识到这一点。根

据他的社会进步观，人类社会的发展伴随着智识水平的提高，远古时代至中世纪早期由神学主导，宗教改革至法国大革命的几个世纪里形而上学占据主流，而秩序与进步兼备的现代社会对应于一种"实证主义精神"（l'esprit positif）。在他看来，最能够体现这种实证主义精神的不是数学、天文学、物理学、化学和生物学这些古而有之的学科，而是一门崭新的以社会为研究对象的科学。[①]

20 世纪以前，科学史往往由科学家撰写，既为本学科正名，又引导学生入门。20 世纪初，科学史成为一门独立的学科，书写者也变成职业科学史家。一开始，该领域采用乔治·萨顿的实证主义编史学方法，翔实地记录科学理论与实验的大量细节。但是，从 20 世纪 30 年代开始，科学史家从经济、社会和文化价值观的角度考察近代早期欧洲科学革命的成因。

1931 年，在伦敦举办的第二届国际科学史大会上，艾森（Boris Hessen，1893—1936）第一次提出：牛顿（Issac Newton，1643—1727）的划时代作品《自然哲学的数学原理》（*Philosophiae Naturalis Principia Mathematica*，1687）的问世有着深刻的经济和社会根源，即近代早期欧洲资本主义的发展。当时航运、采掘业和枪炮制造业兴起，亟须解决流体静力学、流体动力学和机械力学一系列相关技术性难题，又有英国资产阶级登上历史舞台，活

---

① August Comte, *A General View of Positivism*, J. H. Bridges, trans., London: Trubner and Co., Cambridge: Cambridge University Press, 2009.

跃于伦敦皇家学会（除特殊情况外，以下简称"皇家学会"）等科学机构。[①] 另一位历史学家西索尔（Edgar Zilsel，1891—1944）采用类似方法考察了 17 世纪初英国皇家医生吉尔伯特（William Gilbert，1544—1603）出版的作品《论磁》（*De Magnete*，1600）并指出：这部实验科学开山之作明显受到了当时英国采掘业、冶金业与航海技术的影响。[②]

　　默顿（Robert K. Merton，1910—2003）将科学革命的源头追溯至宗教改革。他对英国《国民传记词典》（*The Dictionary of National Biography*）中 6000 多位传主进行了统计，发现 17 世纪英国精英人士对科学表现出浓厚的兴趣，尤其是在该世纪中叶英国清教运动的高潮时期。对于这一社会现象，他提出了一种类似于韦伯（Max Weber，1864—1920）解释资本主义起源的观点，即英国清教派的伦理价值观含有某些推崇科学的要素。[③] 默顿没有说明英国清教派与欧洲大陆的新教教派相比有何独特之处，于是历史学家亨利（John Henry）进一步指出：英国的宗教改革采取了妥协与折中的温和方式，不像欧洲大陆那样斗争激烈，而在前一种情况下经验事实的认识价值得到凸显。[④]

　　默顿的社会学方法开创了科学社会学这门新学科。自此，科

① Boris Hessen，"The Social and Economic Roots of Newton's Principia，" G. Freudenthal and P. McLaughlin，eds.，*The Social and Economic Roots of the Scientific Revolution*，Heidelberg, London and New York：Springer，2009.

② Edgar Zilsel，"The Origins of William Gilbert's Scientific Method，" *Journal of the History of Ideas*，Vol. 2，No. 1，Jan. 1941，pp. 1-32.

③ Robert Merton，*Science，Technology and Society in Seventeenth Century England*，New York：Howard Fertig，1970.

④ John Henry，"The Scientific Revolution in England，" *The Scientific Revolution in National Context*，Cambridge：Cambridge University Press，1992.

学社会学、科学哲学和科学史三门学科并立，组成了一个宽泛意义上的科学史大学科。科学社会学从一开始就以科学体制为研究对象。例如，默顿举出了四条科学家道德规范，即普遍主义、公有性、无私利性和有组织的质疑，并且详细论述了科学发现的优先权问题和科学评价体系的特征。[1] 本·戴维（Joseph Ben-David，1920—1986）对不同文化情境下自然研究者的社会角色进行比较后提出：历史上世界性科学中心转移的过程，即从古希腊罗马、文艺复兴时期意大利、近代早期英国、18 世纪法国、19 世纪德国到 20 世纪美国，也正是科学家的社会角色变得越来越明确和稳定的过程。[2] 在他看来，科学建制化的完成意味着社会承认科学方法是一种有效的认识方法，社会将科学知识与其他类型的知识区分开来对待，科学共同体拥有属于自己的道德规范和评价体系以及社会其他领域如政治、宗教、出版等对科学提供支持。本·戴维还对英、法、德、美的科学体制进行了比较，[3] 对科学体制成熟阶段的评价机制和伦理规范颇有研究。[4]

　　20 世纪 70 年代以来，科学社会学迅速发展，大量作品涌现，内部也开始分化。其中一部分研究趋向于社会学的统计和建模以及人类学的田野考察，如 20 世纪 70 年代末拉图尔（Bruno

[1] 〔美〕R. K. 默顿：《科学社会学》，鲁旭东、林聚任译，商务印书馆，2003。

[2] Joseph Ben-David, *Scientist' Role in Society*, Foundations of Modern Sociology Series, New Jersey：Prentice Hall, 1971.

[3] Joseph Ben-David, *Centers of Learning*, *Britain*, *France*, *Germany*, *United States*, New Brunswick and London：Transaction Publishers, 1977.

[4] Joseph Ben-David, *Scientific Growth*：*Essays on the Social Organization and Ethos of Science*, Berkeley, Los Angeles, Oxford：University of California Press, 1991.

Latour）将他对美国加州索尔克分子生物学实验室历时一年的观察写入《实验室生活》。[①]另一部分趋向于文化史的史料挖掘与解读，经典作品如夏平（Steven Shapin）的《真理的社会史：17世纪英国的文明与科学》，[②]还有一部分研究现行科学制度。这些作品的切入点比默顿和本·戴维要精微得多，多为个案研究。就研究层次而言，根据《爱西斯科学史书目》的分类体系，专门针对科学实践与科学组织的作品与分科史、断代史并列为一级目录；[③]社会学理论方法属于理解科学的方法之一，与哲学、美学等并立；另有专题研究如科学与伦理、政治、法律、经济、文学艺术、种族、性别和宗教等。[④]所有这些作品共同揭示出科学是一种流变、复杂和多样的社会实践。

　　科学社会学的理论模型给出了科学体制的基本特点，但是单一、静态的模型往往遮蔽了历史的多样性。不同情境下科学建制化的目标和途径大相径庭，比如，17世纪耶稣会士在拉丁美洲建校办学，[⑤]19世纪英国科学促进会在英国各地举行巡回活动，20世纪初达尔文的生物进化论传入殖民地国家等。不仅如此，

① Bruno Latour, *Laboratory Life*：*The Construction of Scientific Facts*, New Jersey：Princeton University Press, 1986.

② Steven Shapin, *A Social History of Truth*：*Civility and Science in Seventeenth-century England*, Chicago and London：The University of Chicago Press, 1994.

③ 国际科学史刊物《爱西斯》（*Isis*）由科学史家萨顿（G. Sarton）创办，自1913年以来刊行；《爱西斯科学史书目》每年一期，公布所有宽泛意义上的科学史近期作品，反映科学史学科的发展近况。

④ Stephen Weldon, ed., *Isis Current Bibliography of the History of Science and Its Cultural Influence*, Printed for the Society of History of Science, 2019.

⑤ Klaus A. Vogel, "European Expansion and Self-definition," Katharine Park and Lorraine Daston, eds., *Cambridge History of Science*, Vol. 3, Cambridge：Cambridge University Press, 2006, pp. 818-821.

科学内部高度分化，数理传统有别于经验传统，基础研究与应用科学分离，各个分支学科成熟的时间亦有先后。加之当今跨国、跨地域的大型科学组织方兴未艾，科学体制依然处于在建的阶段。因此，不应做出这样一种简单的预设：科学自出生之日便五脏俱全，历史上的特殊表现只是在标准模式上添加条件参数。

科学文化史研究从"社会转向"到"文化转向"，再到"空间转向"，不断放弃了原来英雄叙事的元话语体系。这样做的好处是将科学家头脑中抽象、枯冷的概念还原到鲜活、吵闹、生气勃勃的社会生活中去，极大地丰富了科学史的内容。人们可以关注个别历史人物、特定人群或某科学组织，也可以描述书籍、珍品柜、解剖学教室或某一种规格标准。主题可以是科学家的人生浮沉、科学著作的发表与流传、动植物园的开设与管理和公开演讲的听众身份等。过去站在历史舞台上的只有牛顿、拉瓦锡、达尔文等横空出世的英雄，现在不但女性以及工匠、学徒、书商等小人物的生计与喜悲，就连一件物什、一种元素和一类植物都被纳入科学发展的大势之中。然而，这一类作品由于太过细碎，免不了给人一种东鳞西爪、零碎片面的整体印象。如果说社会学模型令历史图景在一定程度上失真，那么大量文化史个案则让人眼花缭乱，就连基本图式都难于把握。如果说科学社会学开启了对科学的非科学要素的研究进程，那么文化要素过剩则几乎要抹杀掉科学的真理性了。林力娜（Karine Chemla）等在《不要文化主义的文化》中指出：如果过于笼统地概括文化对科学的影响，则与片面地强调科学的绝对真理性一样，都进入了一种本质主义误区。①

　　既然社会学模型和文化史个案无法在还原科学体制的共性和个性之间达到一种平衡，我们不妨回到跨越较长历史时间段的传统史学研究，期望其提供一种连贯、统一的历史画面。19 世纪和 20 世纪科学史一直是研究科学建制化过程的富矿，作品浩如烟海。从 1789 年法国大革命到 1914 年第一次世界大战之前的"长 19 世纪"，现代科学体制初步形成，标志性事件如休厄尔造出新英文词"科学家"（scientist），泊松（Siméon Denis Poisson，1781—1840）和盖·吕萨克（Joseph Louis Gay-Lussac，1778—1850）成为最早的科学专业学生，李比希（Justus von Liebig，1803—1873）在基森大学创办化学教学实验室。20 世纪的两次世界大战和一次冷战都见证了科学体制发展的高峰，气候变化问题更是体现出 20 世纪 70 年代以来世界政治、经济与科学的相互影响。

　　但是，文艺复兴时期已经出现了一批具备专业知识、遵循行业规范的科学家，如机械工程师布鲁内莱斯基（Filippo Brunelleschi，1377—1446）、乔治（Francesco di Giorgio，1439—1501）、内科医生伊拉斯塔斯（Thomas Erastus，1524—1583）和炼金术士贝甘（Jean Beguin，1550—1620）。16 世纪下半叶，科学组织开始形成，如 1560 年成立的自然秘密学会、1603 年成立的林琴学院、1657 年成立的齐曼托学院以及 17 世纪 60 年代成立

---

① Karine Chemla and Evelyn Fox Keller, eds., *Cultures without Culturalism*: *The Making of Scientific Knowledge*, Durham: Duke University Press, 2017.

的皇家学会和巴黎科学院。17世纪皇家学会的相关文件和18世纪达朗贝尔（Jean-Baptiste le Rond d'Alembert，1717—1783）撰写的《百科全书之初步论断》（"Discours Préliminaire de l'Encyclopédie," *Encyclopédie*，1751），清晰地表达了科学家的集体自觉。[①] 因此，应该重视近代早期至19世纪之前这一历史时期科学资源的累积过程，探索早期科学组织和科学实践的多样形式。

此外，近代早期科学革命的内容与意义也应该被纳入对科学建制历史的考察范围。长期以来科学编史学有内、外史分立的惯例，内史只研究科学概念、理论和方法的演变，外史将科学当作一个整体研究其社会文化环境，不考虑科学发展的思想脉络和各个分支学科之间的差异，对于科学本身的认识停留在列举具体发明创造的实证主义方式。这样一来，似乎科学理论与科学实践是两条没有交叉的平行线，抑或科学理论成熟后，科学组织和科学体制便自然而然地发展起来。但是实际上，两者在历史上是交错缠绕、共同进行的。观察渗透理论，科学家身处的经验世界由自然、工具、社会和时代共同决定。无论如何，编史学的分立是历史产物，却不足以应对现实，应该将思想史与社会文化史结合起来，真正发挥史学的"通"的优势。

二　英国科学衰落论

对于科学体制的研究从整体上偏重法国、德国和美国，较少

---

① Jean-Baptiste le Rond d'Alembert, "Discours Préliminaire de l'Encyclopédie," *Encyclopédie*, Vol. 1, 1751, pp. i-xlv, https：//gallica. bnf. fr/ark：/12148/bpt6k50533b? rk=214593；2.

关注英国。对巴黎科学院、巴黎理工学校、巴黎高师、德国基森大学、曼哈顿计划的研究也远多于皇家学会、皇家研究院、英国科学促进会和卡文迪许实验室。这一编史学上的倾向很可能源自并强化了一种由来已久的"英国科学衰落论"。

1830 年，英国数学家巴贝治（Charles Babbage，1791—1871）出版了一本名为《论英国科学之衰落》（"Reflections on the Decline of Science in England and on Some of Its Causes"）的小册子。文中尖锐地指出：从英国科学与教育的关系、个人从事科学的动机和几个科学团体的现状来看，英国科学的发展已经远远落后于法国等其他欧洲国家。尤其是皇家学会在人事、资金和职业阶梯等方面问题重重，缺乏创造活力，同时英国政府的政策支持不足，无法带来满意的科学与技术产出。[1] 这本小册子一经问世便引起了巨大的社会反响，皇家学会也被迫进行了专业化改革。自此以后，"英国科学衰落论"常提常新。英国科学家申请经费，政治家参加议会辩论，媒体刊发时评，都免不了以"本国科学现已衰落"为由头。学界更是争论不断，百年间竟不绝于耳。

"英国科学衰落论"常被用来解释"英国经济衰落论"。18世纪下半叶至 19 世纪初，英国的工业生产水平远远领先于欧洲其他国家。但是，19 世纪 70 年代以后，这一优势却丧失了。在美、法、俄、德等国的竞争压力之下，英国的殖民地市场日渐萎

① Charles Babbage, "Reflections on the Decline of Science in England and on Some of Its Causes," Martin Campbell-Kelly, ed., *The Works of Charles Babbage*, New York: New York University Press, 1989, p. vii.

缩。① 一般将这一历史反差归因于英国科技实力下降，致使科学技术对工业生产的主导作用不能很好地发挥。还有观点认为：英国人精于发明创造，却不擅于成果转化，工程技术人员的地位也较低。这一类解释的不足之处在于在科学探索、技术革新和经济表现三者之间建立了过于简单的对应关系。况且，让科学史和经济史相互佐证，由科学衰落断定经济落后，再将经济活力不足归于科学衰落，有循环论证之嫌。而埃杰顿（David Edgerton）在《科学、技术与英国工业的"衰落":1870—1970》一书中指出，"英国经济衰落论"需要附加限定条件方能成立。② 单就科学技术在经济发展中扮演何种角色，经济史学者内部也存在较大分歧。③

科学史与经济史的相关争论还影响了社会文化史研究。巴贝治批评英国的学校教育沿袭传统，与现代科学研究脱节。可是，20 世纪上半叶，斯诺（Charles Snow，1905—1980）在《两种文化》中却提出一种近乎相反的观点：英国过于重视科学的分科教育，自然科学与人文学科严重分裂，所以在对科学革命的策略性回应上不及他国。④ 而近期威纳（Martin Wiener）的著作又回到了巴贝治的立场，认为英国的学校体制没有给予科学以充分的重视。他解释说，英国科学教育缺失、工商业者地位不高以及工业投资不足等问题，皆出于绅士文化和土地贵族的价值观，工业精

① 〔美〕马丁·威纳:《英国文化与工业精神的衰落：1850—1980》，王章辉、吴必康译，北京大学出版社，2013，第6~8页。

② David Edgerton, *Science, Technology and the British Industrial "Decline", 1870 - 1970*, Cambridge：Cambridge University Press, 1996.

③ David Edgerton, *Science, Technology and the British Industrial "Decline", 1870 - 1970*, Cambridge：Cambridge University Press, 1996.

④ Charles Snow, *The Two Cultures*, Cambridge：Cambridge University Press, 1998.

神不兴导致英国经济相对性衰落。① 总之，就"衰落论"文化史学界也没有形成统一的认识。

今天，科学社会学、科学哲学和科学史研究已经取得很大进展，科学分科与专业化在现实中的利弊也凸显出来，不妨回到科学史本身来重新审视"英国科学衰落论"。一般认为，18 世纪的最后四分之一时间，英国丧失了世界科学中心的地位，法国取而代之，德国随后迎头赶上，20 世纪的大部分时间美国独占鳌头。但是，如果要追问英国因何、在何种意义上失去了科学优势，须先考虑评价科学进步的标准和科学活动最有效的组织模式是什么。

英国率先开始工业革命，相对平稳地实现了社会的现代化转型，在有利于科学发展的社会财富累积、资本扩张和社会动员等方面都领先一筹，而法国和德国在科学专业化和职业化上的反应更快。英国长期沿袭文艺复兴晚期的业余传统和私人资助制度。例如皇家学会实行松散的会员制，不同于巴黎科学院有政府拨款并由政府管理。英国科学传统与今天的公共科学体制相对立，却依然孕育了贵族人士波义耳、牧师普利斯特列、官员班克斯和旅行家达尔文等一大批科学巨匠。尤其在需要田野考察的学科领域，业余传统有一定优势。虽然法国的数学家声名显赫，但英国的博物学家人数众多。英国科学家往往因为没有固定科学职位，反倒更为积极地在其他领域寻找科学资源，将科学动机投射于政治、工商业和殖民地事务等。

---

① Martin Wiener, *English Culture and the Decline of the Industrial Spirit*, *1850–1980*, Cambridge: Cambridge University Press, 1981.

因此，如果说法国的优势是资源集中、理论成果突出，那么英国科学的优势在于群众广泛参与，即科学活动分散至社会各个层面。如果不将今天政府大力投入、科研机构林立和专家学者掌握绝对话语权看作唯一、标准的科学组织模式，则可以重新发现英国私人资助和业余科学传统的创造活力。如果不对科学本身进行狭窄的界定，不将数学化水平较高的数理传统看作科学的唯一模式，那么与业余传统联系较为密切的培根式实验科学的价值便能够得到更多重视。实际上，今天的大数据技术便是一种人人参与的科学实践，而人工智能的伦理规范也由使用者共同制定。

此外，还应该区分历史人物的真实处境和他们为了应对这种处境而使用的修辞武器。"英国科学衰落论"是英国工业化和社会现代化进行到一定程度后的产物，它首先反映出的是社会对于科学的巨大需求。在这种需求之下，业余传统显示出不足，科学家被要求不能只顾自得其乐，而要担负起公共责任。19 世纪上半叶英国政治改革如火如荼，平权意识深入人心，巴贝治等英国知识分子的改革呼声看似针对政府无为、外行占位的状况，实则是精通专业的普通人想要接管科学资源，以打破精英阶层的垄断。在一定意义上，与其说唱衰推动了科学体制改革，毋宁说唱衰是改革的一部分。总之，引导我们思考的应该是唱衰者的预设而不是结论。

第二节　本书的研究方法与内容

本书追溯和分析了英国自近代早期科学革命至 19 世纪中叶

公共科学体制初步建立的一段历史，揭示出科学作为一种人类认知与社会实践活动复合体的本质特点。

这一时期是现代科学发展的早期阶段。科学作为一种新知识、新文化和新制度刚刚登上人类历史舞台，科学方法与科学思想破茧而出，科学组织自发形成，科学分化和职业化刚刚开始，现代国家的科技政策尚在萌芽之中。这一时期英国科学的发展也有明显的特点，如培根的经验方法论盛行，皇家学会成立，工业革命见证了科学与技术的联姻和科学的广泛社会化，殖民地扩张与科学发展同步，成为第一工业强国的同时唱衰之声出现。回溯这段历史，既有助于理解科学建制化过程的一般特点，也能够探索英国模式的优长与矛盾。

本书力求打破科学内、外史分立的编史惯例，从科学革命的根本性概念转折和科学实验方法的认识论本质切入，一直述及现代公共科学制度的特征，并注重将科学发展历程置于英国历史与文化背景之下。本书分为十章，主题讨论和时间线索并行。每一部分既可以视为英国科学体制发展的一个历史阶段，也构成了科学实践活动本身的一个特定层面。笔者突出强调了贯穿于科学建制历史的几对矛盾，即业余与专业、私人与公共、自由与责任、科学家的自我定位与社会期望、智识与实践、单纯的科学方法与复杂的科学体制，并认为这些矛盾推动了自然、科学家、科学体制的正、反、合题的不断发展。

第一章论述近代早期欧洲的科学革命以及英格兰为这场革命提供的文化土壤。英格兰学人对欧洲大陆的新旧医学之争做出回应，支持医药化学派推崇的实验方法，该方法构成科学革命的重要内容。究其文化根源，是新教思想、英国宗教改革的中庸之道和英国清教派的价值观让经验事实代替神启成为新的真理标准，解读自然之书变得与解读上帝之书一样重要。

第二章基于培根的文本来分析实验科学的方法论与公共性本质。培根为动手的学问正名，提出经验—归纳法，重构了知识等级金字塔。哲学意义上的方法论转向触发或反映了知识的公共性本质的历史展开：实用主义知识观对应着当时的社会与经济发展状况，所罗门宫畅想预示了科学的组织化趋势。

第三章论述传统大学为实验科学提供的有限发展条件。艺学教育孕育着自然哲学的基本问题，近代早期英国法令的颁布强化了古典教育框架，同时数学和科学类教职逐渐增多。

第四章描述科学机构的形成及其如何确立知识权威地位。从科学人自发组成兴趣小团体，到皇家学会成立，科学组织化程度逐渐提高。新的科学共同体推行实验方法，建立起同行评价体系和科学传播网络。

第五章分析新兴科学组织的双重性。皇家学会既是科学机构，又是上层人士俱乐部。学会用于科学研究和发表的资金、资源和资料由个人多方筹措，虽然来源丰富，却无法保证稳定和充足。波义耳、胡克和牛顿等会员的科学生涯也各有不同。

第六章论述科学家与政治权力的互动关系。科学家在王朝复辟时期尊崇王权，在君主立宪后为政府服务，为英帝国的殖民扩张提供服务并从中获取资源，而在美洲殖民地独立时期则需要在国家利益和学术独立之间进行取舍。

第七章讨论工业革命和社会现代化转型对于科学的推动作用。伯明翰的明月社成为工业启蒙运动的先驱，英国科学促进会的科学传播让科学文化深入社会各个阶层。

第八章是关于科学的分科与科学组织的专门化。第二次科学革命使得科学各个分支学科迅速发展，地方性与专业性学术机构如雨后春笋般出现，科学期刊成为整合科学共同体的重要工具。业余科学传统开始面临挑战。

第九章论述科学的职业化与现代科学教育体制的出现。在国际竞争与英国国内政治改革的压力之下，公众舆论热议"本国科学业已衰落"。皇家学会发生了准入制和领导权之争。与此同时，英国开始发展以科学教育为主的新型大学。

第十章论述公共科学体制的初步形成。维多利亚中期政府颁布《碱业法》等法令，聘用科学家官员来制定和执行法令。科学家开始能够获得政府提供的专项科学基金，公众资金的注入保证了科学探索持续、稳定并具有相当规模。

需要补充说明的一点是，西方各国展开科技竞赛主要是在1870—1871年普法战争之后，英国政府直到19世纪末才开始为"红砖大学"拨发教育基金，而第一次世界大战之后，英国政府才真正加大科学投入，陆续出台科学政策。因而单就公共科学体制而言，叙事的重头应该放在19世纪下半叶以来，甚至是第二次世界大战之后。本书考虑到19世纪中叶之后各国科学体制开始趋同，加上篇幅所限，所以将叙事终点选在了19世纪中叶业余传统被打破和公共科学体制出现，并视其为英国科学建制初步完成的标志。

第三节　文献综述

一　原始文献

英国主要科学组织如皇家学会、皇家研究院、英国科学促进会、地理学会、化学会等，均有历年学会纪要和学报。学报的论文题目反映各分支学科的发展状况，题献、资助人名单、会员名录和出版说明则可用来考察历史上这些机构的运行状况和管理特点。

《皇家学会史》以 1667 年斯布莱特（Thomas Sprat，1635—1713）、1812 年汤姆森（Thomas Thomson，1773—1852）、1848 年韦尔德（Charles Weld，1813—1869）所著的三部著作最为出名。斯布莱特的作品并不是一部真正意义上的学会史，是在皇家学会成立之初科学家与传统文人学者进行论战的檄文的集合。[①] 汤姆森梳理总结了皇家学会成立后 150 年间的科学成就，所采用的学科划分标准值得科学史研究者关注。[②] 韦尔德细述了皇家学会自成立至 19 世纪中期被迫改革的历史，主要描述学会会长和委员会的活动，列举重大科学成果，同时呈现学会组织机构的发展状况。韦尔德的学会史大量引用皇家学会的会

---

① Thomas Sprat, *The History of the Royal Society of London for the Improving of Natural Knowledge*, 3rd. Edition, London: Printed for J. J. Knapton, 1722.

② Thomas Thomson, *History of the Royal Society: From Its Institution to the End of the Eighteenth Century*, Cambridge: Cambridge University Press, 2011.

议记录、官方文件和核心人物的回忆录，是研究者最容易获取和阅读的原始资料。[①]

皇家学会早期历史文献有《皇家学会会章》、[②] 斯塔布（Henry Stubbe，1632—1676）著《对于〈皇家学会史〉某些段落的批评》[③]《康帕内拉思想的复兴：对于〈皇家学会史〉的疑问》、[④] 匿名作家著《针对斯塔布的曲解和最近的抨击而对皇家学会的肯定》。[⑤] 这些作品反映了皇家学会成立之初的科学活动、自我定位、文化精神以及所面对的阻力。新近汇编资料有胡克（Robert Hooke，1635—1703）自传和书信集。

关于 18 世纪末至 19 世纪初英国科学史的文献有班克斯（Joseph Banks，1743—1820）自传与书信、巴罗（John Barrow，1764—1848）自传、巴罗著《皇家学会与皇家学会俱乐部概略》等。[⑥] 巴黎科学院的《皇家科学院记录》（*Histoire de l'Académie Royale des Sciences*）也有不少关于英国科学的内容，能够反映法国科学界如何看待英国状况，如法国教育部部长、法国科学院常

① Charles Richard Weld, *A History of the Royal Society with Memoirs of the Presidents*, London: Hardpress, 2019.

② Thomas Thomson, *History of the Royal Society*: *From Its Institution to the End of the Eighteenth Century*, Cambridge: Cambridge University Press, 2011, pp. i–vii.

③ Henry Stubbe, *A Censure Upon Certain Passages Contained in the History of the Royal Society*, *as Being Destructive to the Established Religion and Church of England*, Oxford: Printed for Richard Davis, 1671.

④ Henry Stubbe, *Campanella Revived*, *or An Enquiry into the History of Royal Society*, *Whether the Virtuosi There Do Not Pursue the Projects of Campanella for the Reducing England Unto Popery*, London: Printed for the Author, 1670.

⑤ Anonymous, *A Brief Vindication of the Royal Society*: *From the Late Invectives and Misrepresentations of Mr. Henry Stubbe*, London: Printed for John Martin, 1670.

⑥ John Barrow, *Sketches of the Royal Society and Royal Society Club*, London: John Murray, 1849, Cambridge: Cambridge University Press, 2010.

任秘书居维叶为班克斯所写的悼词。

《英国议会议事录》提供了 19 世纪英国政府制定科技政策的细节。19 世纪三四十年代"英国科学衰落论"之争的相关文献有巴贝治的《论英国科学之衰落》、当时新锐刊物《爱丁堡评论》（*The Edinburgh Review*）文章、皇家学会秘书长罗杰特（Peter Rogent，1779—1869）反对"衰落论"的文章等。贝克（Bernard Becker，1833—?）著《科学之伦敦》用生动的文学语言介绍了 19 世纪 70 年代伦敦 14 所科学机构的现状及其历史，因其想要弥合科学共同体和普通人的距离，所以间接反映出 19 世纪科学共同体在英国社会的形象与地位。① 英国科学促进会每年在各地举办巡回活动，其会议文件、大会主席发言可用来研究 19 世纪英国科学与社会的互动关系。

二　既有研究

（一）有关皇家学会、英国科学促进会等科学机构历史的研究

关于 18—19 世纪英国科学机构的综合性研究包括：卡德威尔（Donald Cardwell）的《英国科学组织的回顾》、② 莱特曼（Bernard Lightman）的《重塑伦敦科学的空间：19 世纪的精英认识论》、③

---

① Bernard Becker, *Scientific London*, New York：D. Appleton & Co.，1875.

② Donald Cardwell, *Organizations of Science in England：A Retrospect*, London：Heinemann，1957.

③ Bernard Lightman, "Refashioning the Spaces of London Science：Elite Epistemes in the Nineteenth Century," *Geographies of Nineteenth-century Science*, Chicago：The University of Chicago Press，2011.

J. 加斯科因（John Gascoigne）的《18 世纪的科学共同体——一项集体传记研究》、[①] R. 加斯科因（Robert Gascoigne）的《科学共同体历史人口统计（1450—1900）》、[②] 麦克莱伦（James McClellan）的《重组科学——18 世纪的科学团体》、[③] 梅茨（John Theodore Metz）的《19 世纪欧洲思想史》中"英格兰的科学精神"一节。[④]

　　对皇家学会历史的研究包括阿特金森（Dwight Atkinson）的《社会与历史情境下的科学论文——皇家学会〈哲学学报〉研究（1675—1975）》、[⑤] 莱昂（Henry Lyon）的《皇家学会章程以及管理研究（1660—1940）》等。[⑥] 阿特金森对于 300 年间《哲学学报》（*Philosophical Transactions*）的科学论文进行词汇统计和分析。有关皇家学会的专题研究集中在 17 世纪下半叶学会初建和 19 世纪上半叶学会改革。有关早期皇家学会的研究多关注皇家学会在科学思想与科学方法上的贡献，例如多尔尼克（Edward Dolnick）的《钟表式的宇宙：牛顿、皇家学会和现代世界的诞

---

① John Gascoigne, "The Eighteenth-century Scientific Community: A Prosopographical Study," *Social Studies of Science*, vol 25, 1995, pp. 575-581.

② Robert Gascoigne, "The Historical Demography of the Scientific Community: 1450-1900," *Social Studies of Science*, vol 22, 1992, pp. 545-573.

③ James McClellan, *Science Reorganized: Scientific Societies in the Eighteenth Century*, New York: Columbia University Press, 1985.

④ John Theodore Metz, *A History of European Thought in the Nineteenth Century*, 4 vols., New York: Dover Publications, 1965.

⑤ Dwight Atkinson, *Scientific Discourse in Sociohistorical Context: The Philosophical Transactions of the Royal Society of London, 1675-1975*, Mahwah, New Jersey: Lawrence Erlbaum Associates, Inc., 1999.

⑥ Henry G. Lyon, *The Royal Society, 1660-1940: A History of Its Administration Under Its Charters*, Cambridge: Cambridge University Press, 1944.

生》、① 亨特（Michael Hunter）的《新科学的创立——早期皇家学会的实践》、② 兰什（William Lynch）的《所罗门之子——早期皇家学会的方法》、③ 麦克劳德（Roy Macleod）的《辉格党与学者们——对于皇家学会改革的再思考（1830—1848）》一文、④ 霍尔（Marie Hall）的《现在都是科学家——19 世纪的皇家学会》和克里森（Mary Cleason）的《伦敦皇家学会的改革（1827—1847）》等。⑤ 弗朗特（Palmira Frontes da Costa）在《反常与 18 世纪伦敦皇家学会的科学产出》中还研究了 18 世纪皇家学会对于自然志方法和自然主义方法论的贡献。⑥

有关英国科学促进会的研究有巴萨拉（George Basalla）等人编的《维多利亚时期的科学——来自英国科学促进会主席发言的自画像》、⑦ 威瑟斯（Charles Withers）的《民用科学的规模与地

---

① Edward Dolnick, *The Clockwork Universe*: *Issac Newton*, *the Royal Society*, *and the Birth of the Modern World*, New York: Harper Collins, 2011.

② Michael Hunter, *Establishing the New Science*: *The Experience of the Early Royal Society*, Suffolk: Boydell Press, 1989.

③ William T. Lynch, *Solomon's Child*: *Method in the Early Royal Society of London*, Stanford: Stanford University Press, 2001.

④ Roy Macleod, "Whig and Savants: Reflections on the Reform Movement in the Royal Society, 1830-1848," Ian Inkster and Jack Morell, eds., *Metropolis and Province*: *Science in British Culture*, *1780-1850*, Philadelphia: University of Pennsylvania Press, 1983.

⑤ Marie Hall, *All Scientists Now*: *Royal Society in the Nineteenth Century*, London: Cambridge University Press, 1984; Mary L. Cleason, *The Royal Society of London*: *Years of Reform*, *1827-1847*, New York: Garland, 1991.

⑥ Palmira Frontes da Costa, *The Singular and the Making of Knowledge at the Royal Society of London in the Eighteenth Century*, Newcastle upon Tyne: Cambridge Scholars Publishing, 2009.

⑦ George Basalla, William Coleman and Robert Kargon, eds., *Victorian Science*: *A Self-portrait from the Presidential Addresses of the British Association for the Advancement of Science*, New York: Garden City, 1970.

理——英国科学促进会在英国和爱尔兰的实践与经验（1845—
1900）》、^① 威瑟斯的《地理与英国科学：英国科学促进会研究
（1831—1939）》、^② 麦克劳德等编著的《科学之议会——英国科
学促进会》以及莫雷尔（Jack Morrel）和萨克雷（Arnold
Thackray）合著的《科学士绅：早期英国科学促进会》。^③ 对于皇
家研究院的研究包括：伯曼（Morris Berman）的《社会变革与科
学组织——皇家研究院（1799—1844）》、^④ 奈特（David Knight）
的《拉姆福德、班克斯、戴维与皇家研究院的成立》。^⑤

　　关于重要历史人物的研究包括德扬（Ursula DeYoung）的
《看待现代科学的一种视角：廷德尔及其作为科学家的社会角
色》、^⑥ 古丁（David Gooding）等人编写的《重新认识法拉第》、^⑦
J. 加斯科因的《帝国事物中的科学：班克斯、英国政府以及革命

① Charles Withers, "Scale and the Geographies of Civic Science: Practice and Experience in the Meetings of the British Association for the Advancement of Science in Britain and in Ireland, C. 1845–1900," *Geographies of Nineteenth-century Science*, Chicago: The University of Chicago Press, 2011.

② Charles Withers, *Geography and Science in Britain, 1831–1939: A Study of the British Association for the Advancement of Science*, Manchester: Manchester University Press, 2010.

③ Roy Macleod and Peter, eds., *The Parliament of Science: The British Association for the Advancement of Science*, Northwood: Science Reviews, 1981; Jack Morrel and Arnold Thackray, *Gentlemen of Science: Early Years of the British Association for the Advancement of Science*, Oxford: Clarendon Press, 1981.

④ Morris Berman, *Social Change and Scientific Organization: The Royal Institution, 1799–1844*, New York: Cornell University Press, 1978.

⑤ David Knight, "Establishing the Royal Institution: Rumford, Banks, and Davy," *The Common Purposes of Life*, Vermont: Ashgate Press, 2002.

⑥ Ursula DeYoung, *A Vision of Modern Science: John Tyndall and the Role of the Scientist in Victorian Culture*, New York: Palgrave Macmillan, 2011.

⑦ David Gooding and Frank James, eds., *Faraday Rediscovered: Essays on the Life and Work of Michael Faraday*, New York: Macmillan, 1985.

年代科学的功用》、① 米勒（David Miller） 的《敌视的阵营——
戴维爵士与 1820—1827 年的皇家学会》等。②

国内对早期英国科学组织的研究有：罗兴波对皇家学会、③
李斌对伯明翰的月光社、④ 柯遵科对英国科学促进会的研究。⑤

（二）有关英国科学文化与科技体制历史的研究

有关英国科学文化的研究包括雅各布（Margaret Jacob） 的
《科学文化与工业化西方的形成》，⑥ 莱特曼的《重塑伦敦科学的
空间：19 世纪的精英知识论》，⑦ 皮克斯通（John Pickstone） 的
《认识的途径》，⑧ 克罗斯兰（Maurice Crosland） 的《启蒙以来法
国和英国科学文化之研究》，⑨ 莫雷斯（Iwan Morus）、谢弗
（Simon Schaffer） 和西科德（James Secord） 合写的《科学之伦
敦》一文，⑩ 西科德著《维多利亚时代的轰动事件——〈创世自

---

① John Gascoigne， *Science in the Service of Empire*：*Joseph Banks*，*the British State and the Uses of Science in the Age of Revolution*，Cambridge：Cambridge University of Press.

② David P. Miller， "Between Hostile Camps：Sir Humphry Davy's Presidency of the Royal Society of London，1820-1827，" *British Journal for the History of Science*，No. 16，1983，pp. 1-47.

③ 罗兴波：《17 世纪英国科学研究方法的发展——以伦敦皇家学会为中心》，中国科学技术出版社，2012。

④ 李斌：《月光社的历史及其影响》，《科学文化评论》2007 年第 1 期。

⑤ 柯遵科：《英国科学促进会的创建》，《自然辩证法通讯》2010 年第 6 期。

⑥ Margaret Jacob， *Scientific Culture and the Making of the Industrial West*，Oxford：Oxford University Press，1997.

⑦ Bernard Lightman， "Refashioning the Spaces of London Science：Elite Epistemes in the Nineteenth Century，" *Geographies of Nineteenth-century Science*，Chicago：The University of Chicago Press，2011.

⑧ John Pickstone， *Ways of Knowing*，Manchester：Manchester University Press，2000.

⑨ Maurice Crosland， *Studies in the Culture of Science in France and Britain Since Enlightenment*，Variorum Collected Studies，Aldershot：Variorum，1995.

⑩ Iwan Morus， Simon Schaffer and James Secord， "Scientific London，" Celina Fox ed.，*London-world City*，*1800-1840*，New Haven & London：Yale University Press，1992.

然史集〉一书不同寻常的出版、接纳和匿名署名》，^① 索林根（Etel Solingen）著《科学家与国家》。^② 斯诺的《两种文化》和威纳的《英国文化与工业精神的衰落：1850—1980》均有中译本。^③ 关于近代英国科学状况与经济表现之间关系的研究有埃杰顿的《科学、技术与英国工业的"衰落"：1870—1970》、^④ 拉塞尔（Colin Russell）的《英格兰与欧洲的科学与社会变迁：1700—1900》等。^⑤

　　关于英国科技体制的研究包括戈德史密斯（Maurice Goldsmith）的《英国科学政策》。^⑥ 该书分不同学科领域讨论 20 世纪 80 年代英国科学政策的特点，所涉及的时段虽然不在本研究的范围内，但是对于不同学科领域的分类有一定参考价值。本·戴维的《知识的中心：英、法、德、美之比较》对英、法、德、美等国科学体制进行对比。^⑦ 吴必康在《权力与知识：英美科技政策史》中叙述了英美两国科学政策的起源与发展，指出英

① James Secord, *Victorian Sensation：The Extraordinary Publication, Reception, and Sceret Authorship of Vestiges of the Natural History of Creation*, Chicago：The University of Chicago Press, 2000.

② Etel Solingen, *Scientists and the States：Domestic Structures and the International Context*, Ann Arbor, MI：The University of Michigan Press, 1997.

③ 〔英〕斯诺：《两种文化》，纪树立译，生活·读书·新知三联书店，1995；〔美〕马丁·威纳：《英国文化与工业精神的衰落：1850—1980》，王章辉、吴必康译，北京大学出版社，2013。

④ David Edgerton, *Science, Technology and the British Industrial "Decline", 1870 - 1970*, Cambridge：Cambridge University Press, 1996.

⑤ Colin Russell, *Science and Social Change in England and Europe：1700 - 1900*, London：Palgrave Macmillan, 1984.

⑥ Maurice Goldsmith, ed., *UK Science Policy, A Critic Review of Policies for Publicly Founded Research*, London：Longman, 1984.

⑦ Joseph Ben-David, *Center of Learning：Britain, France, Germany, United States*, New York：Mc Graw-Hill Book Company, 1977.

国科技优势的失去是由于国家没有对科技予以足够的支持，而美国科技力量的强大来自其政府有意识的导向和大力投入。[1] 刘益东、高璐、李斌的《科技革命与英国现代化》讨论了近代早期科学革命与 18 世纪下半叶开始的工业革命之间的联系。[2] 国内关于科学建制化的理论讨论有李红、李强的《科学建制化的研究综述》等。[3]

还有一类科学史著述将科学内史与科学外史很好地结合起来，体现出科学史沟通思想与现实、科学与人文的独特价值，如吴国盛的《什么是科学》、[4] 奈特的《近代科学的形成：1789—1914 年的科学、技术、医学和现代性》、[5] 张夏硕（Hasok Chang）的《水是不是 H_2O？——证据、实在论与多元观》。[6]

① 吴必康：《权力与知识：英美科技政策史》，福建人民出版社，1998。
② 刘益东、高璐、李斌：《科技革命与英国现代化》，山东教育出版社，2017。
③ 李红、李强：《科学建制化的研究综述》，《湖北第二师范学院学报》2010 年第 6 期。
④ 吴国盛：《什么是科学》，广东人民出版社，2016。
⑤ David Knight, *The Making of Modern Science：Science，Technology，Medicine and Modernity：1789-1914*, Cambridge：Polity Press，2009.
⑥ Hasok Chang, *Is Water H_2O?：Evidence，Realism and Pluralism*, Boston Studies in the Philosophy and History of Science Book 293，Heidelberg，London and New York：Springer，2012.

第一章　经验事实作为新的真理标准

——近代早期的科学革命与宗教改革

现代科学发端于欧洲历史上"一个需要巨人并且产生了巨人的时代",[①] 但就普通欧洲人而言,这是一个需要确定性却没有确定性的年代。文艺复兴和宗教改革横扫中世纪以来的秩序,认知框架、信仰归属、社会惯例乃至权力结构无不摇摇欲坠。航海大发现让欧洲人见识到一个前所未有的广阔世界。印刷术在带来新知的同时,也带来了信息焦虑。天主教与新教、宗教与世俗、封建制与商品经济之间的紧张关系弥散在社会生活的各个角落。

当人们呼唤一种新的、更为牢靠的共识基础时,一种以世俗化、注重经验事实为特征的自然主义精神悄然而生,"理性之光"从教堂摇曳的烛火变成了思想者头顶上的日月星辰。这种自然主义精神在欧洲西北角的岛国生根发芽、发扬光大。在都铎王朝开辟的君主专制全盛时期,在英格兰宗教改革的浪潮之下,经验事实代替神启成为新的真理标准。

---

① 〔德〕恩格斯:《自然辩证法》,人民出版社,2015,第6页。

第一节　现代科学的兴起：方法、路径
与知识等级金字塔

一　新旧医学之争在英格兰的回响

1585 年，博斯沃思一场血战过去整整一个世纪，英格兰进入了伊丽莎白女王治下的黄金时代。在英格兰东南部的萨里郡（Surrey）坦德里奇区（Tandridge），一位富有乡绅博斯托克（Richard Bostocke，1530—1605）撰写了一本名为《古今医学差异考》（*The Difference between the Auncient Phisicke and the Latter Phisicke*，1585）的小册子。这是英国学人第一次公开回应欧洲大陆学院派与医药化学派（iatrochemistry）长达半个世纪的论战。作者写道：

> （医生）凭借看得见、摸得着的经验来通晓一切事物，让真凭实据呈现于他的眼帘，放在他的手中。于是，他得到了三种基质，它们彼此分离。在一定程度上，他可以通过它们的作用结果和力量来看见和接触它们。他还用到眼睛，医生应该用眼睛观察和读懂一切。他还应该品尝，这是从前没有做过的。总之，他应该晓得：要找到病因，不能靠苦思冥想、阅读或者上课，也不能通过道听途说，而要做实验，要溶解自然物质，从头到尾检验所有东西的特性与功效。[1]

---

[1] Richard Bostocke, *The Difference between the Auncient Phisicke and the Latter Phisicke*, London: Imprinted for Robert Walley, 1585, p. Dv（r）.

所谓三种基质（tria prima），即硫、汞、盐。德籍瑞士医学家帕拉塞尔苏斯（Paracelsus, Philippus Aureolus Theophrastus Bombastus von Hohenheim，1493—1541）认为，所有普通物质均由这三种半精神、半物质的基质构成，天体和人体均不例外。且人体小宇宙与天体大宇宙相互对应，所以参照自然过程可以找到病因病灶和治疗方法。该理论在16世纪30年代极大挑战了正统学说，因为当时欧洲大学医学院课堂上讲授的是亚里士多德自然哲学和盖伦医学。古希腊哲学家亚里士多德（公元前384—公元前322）提出，世界万物由土、水、气、火四种基本元素形成，元素又是冷、热、干、湿四种更为本原的性质两两结合的表征，土为冷与干，水为冷与湿，气即热与湿，火为热与干。古罗马帝国时期帕加马的医生盖伦（Galenus，129—216）以四元素和四性质理论为基础，提出了四体液理论，即人体健康有赖于黏液、黑胆汁、黄胆汁、血液四种体液保持平衡。所以，帕拉塞尔苏斯的医药化学派与正统学院派不但在物质理论上，在神学、宇宙观和具体治病方法上也多有分歧。前者不相信以上帝之仁慈如何造出这许多矛盾，尤其是恢复体液平衡的治疗有时让病人不堪其苦，后者不能接受用化学方法制药，视其为巫术。双方意见纷纭，莫衷一是。

对于这场影响深远的新旧医学之争，英格兰学人的反应显得平淡而迟滞。1527年，当巴塞尔大学师生见证帕拉塞尔苏斯将阿维森纳和盖伦的医书掷入圣约翰日的欢庆篝火时，伦敦皇家医学院的学者正沿着学院创办者即亨利八世御医利纳克尔（Thomas

Linacre，1460—1524）坚持的人文主义传统之路，苦心孤诣地整理、翻译盖伦和希波克拉底的医书。16 世纪 50 年代，帕拉塞尔苏斯的著作流传于世，其中有不少"看得见、摸得着的经验"被证明行之有效，伦敦皇家医学院却在凯厄斯（John Caius，1510—1573）的领导下把一些凭经验的土办法从医学里去掉，而凯厄斯本人是盖伦医学的坚定捍卫者。[①] 16 世纪 70 年代，瑞士医学家和神学家伊拉斯塔斯（Thomas Erastus，1524—1583）撰文《驳帕拉塞尔苏斯的新医学》（"Disputationesde Medicina Noua Paracelsi"，1572—1573），英格兰医生则接受了帕拉塞尔苏斯体系中争议较小的实用部分，如矿泉水治病、蒸馏制药等。[②] 只有到了博斯托克这里，新医学理论才在英伦三岛得到真正的响应和支持。[③]

博斯托克在剑桥大学的圣约翰学院攻读法学期间，通过参加兴趣小组接触到新医学。他毕业返乡后，继承家产，购置庄园，处理法律纠纷，参与公共事务，于 1571—1589 年担任萨里郡布莱奇利行政区（Bletchingley）的议会议员。[④] 他有一位大名鼎鼎的萨里郡同乡兼圣约翰学院校友——约翰·迪（John Dee，1527—1608）。约翰·迪是女王伊丽莎白一世的科学与医学顾问，精于数学、自然哲学和炼金术，还在伦敦附近的莫特莱克（Mortlake）拥有私人实验室和图书馆。图书馆藏书逾 4000 册，

---

① Allen Debus, *The English Paracelsians*, London：Oldbourne Press, 1965, p. 53.

② Allen Debus, *The English Paracelsians*, London：Oldbourne Press, 1965, pp. 55-57.

③ Allen Debus, *The English Paracelsians*, London：Oldbourne Press, 1965, p. 24.

④ David Harley, "Rychard Bostok of Tandridge, Surrey（C. 1530 - 1605），M. P.，Paracelsian Propagandist and Friend of John Dee," *Ambix*, Vol. 47, Part I, Mar. 2000, pp. 29-36.

对其他学者开放，博斯托克也是读者之一，并在这里了解到欧洲大陆学界的新闻。[①] 某日，他参加议会会议，见帕拉塞尔苏斯的书送至大主教案头，被大主教身边一位医生斥为"没有根据、站不住脚"，遂决意撰文为其辩护。[②]

博斯托克不懂施诊开方，也不会动手做实验，没有像欧洲大陆许多支持者或反对者那样讨论制药和治病细节。他也没有响应帕氏的神秘主义、宗教狂热和革命气概。对于帕拉塞尔苏斯那无所不包又充满矛盾的理论体系，《古今医学差异考》进行了高度的简化，着重指出新医学的精髓在于不重理论而重实践——要想获得确定性的知识，动手胜于动脑，观察胜于阅读，操作实验强似冥思苦想。

的确，作为实践精神的典型，化学或炼金术贯穿于帕拉塞尔苏斯的医学、宇宙论和神学。帕拉塞尔苏斯在《核心之核心》（"Das Buch Paragranum"，1531）中说：

> 如果医生没有从事炼金术——所有技术中最重要的一种，那么他的全部技术都将徒劳无功。因为自然奥妙无限，自然物质千变万化，如果没有精湛的技术，它是不会让自己为人所用的，不会按照原本的样子完整揭示任何事物。应该是人类让自然物质变得完美。[③]

---

① David Harley, "Rychard Bostok of Tandridge, Surrey（C. 1530–1605），M. P., Paracelsian Propagandist and Friend of John Dee," *Ambix*, Vol. 47, Part I, Mar. 2000, pp. 29–36.

② Richard Bostocke, *The Difference between the Auncient Phisicke and the Latter Phisicke*, London: Imprinted for Robert Walley, 1585, p. Di.

③ Paracelsus, *Essential Theoretical Writing*, ed. and trans., Andrew Weeks, Leiden, Boston: Brill, 2008, p. 211.

　　医药化学派对矿物、植物和动物器官组织进行了大量实验。他们用蒸馏、煅烧、燃烧和发酵这几种"火分析"（fire analysis）方法来证明物质在火的作用下分解还原为三种基质。帕拉塞尔苏斯甚至认为，整个哲学领域都应该接受化学方法的改造，成为"化学式的哲学"。这种对于化学认识意义的信心从佛兰德斯画家斯泰达乌斯（Johnnes Stradanus，Giovanni Stradano 或 Jan van der Straet，1523—1605）的作品《一位炼金术士的工作室》（*An Alchemist' Studio*，1570）可见一斑：实验助手们实施蒸馏、焙干、搅拌、碾碎，挥洒自如、忙碌有序，一位炼金术士安坐隐于背景之中（见图1-1）。

图1-1　斯泰达乌斯的《一位炼金术士的工作室》（*An Alchemist'*
***Studio*，1570）**

资料来源：http://en.wikipedia.org/wiki/Stradanus，2014.8.28。

经验方法的正当性与合法性并不来自具体经验。学院派也同样援引经验证据，用食物腐坏、动物器官病变来证明物质受热后不一定分解为组成它的基本元素，还有可能生成了另外一种全新的物质。[①] 只不过学院派引用的多为日常经验，如斗转星移、重物下落。获得这类经验需要长时间的累积，观察者习惯于得到一般规律，不大在意常规之外的偶然现象和反常现象。医药化学派则强调通过工具仪器人为控制经验。这是一种人类参与自然过程的主动性，"黑技术""巫术"等恶名的含义正是指对这种主动性的虚饰和滥用。据此，"纸上得来终觉浅，绝知此事要躬行"，与其说是新医学的知识方法，毋宁说是其修辞武器。

实际上，新医学提供的更牢固证据来自神学。帕拉塞尔苏斯认为：自然现象林林总总，隐藏着上帝的力量，体现着神圣的秩序。研究和参照某一种自然现象，便可以认识其他现象，人体规律从天体运行便可以看出。以上帝之仁慈，这种对照关系是相似、相通的，而非相左、相悖。

博斯托克在支持帕拉塞尔苏斯时，同样也诉诸宗教证据。他说：亘古时代，医学原本是神圣与和谐的。自从人类从伊甸园堕落，学问便开始退步了。堕落时间越久，倒退越严重。古代的好医生无不通化学，从亚当、塞特之子、亚伯拉罕、摩西，到赫尔墨斯、泰勒斯、德谟克里特、毕达哥拉斯，一直到希波克拉底。可是后来的学术却充斥着偶像崇拜、道德说教和异教徒的学问，

---

① Walter Pagel, *Paracelsus：An Introduction to Philosophical Medicine in the Era of Renaissance*, Basle：Karger, 1982, p.320.

最为典型的就是亚里士多德哲学和盖伦医学。这些学问处处有矛盾和不一致，对基督教贻害无穷。而且，这两种学问相互佐证，一起为害："盖伦医学离不开亚里士多德哲学，哲学的终点正是医学的起点，所以这种医学与这种哲学一样充满了谬误，损害了（上帝的）荣光。"[①] 博斯托克甚至认定，医药化学不该被当成新医学，而是一种被近世忽略遗忘的古代学问，帕拉塞尔苏斯"不是这项技艺的首创者和发明者，而是之前作家树立的医学道德楷模的追随者"。[②]

这种正本清源的态度颇具宗教改革的意味。博斯托克话锋一转，马上提及新教领袖人物：

> 这就好比威克里夫、路德、厄科兰帕迪乌斯、慈运理、加尔文等人不是《福音书》的作者，也不是基督教的发明者。他们只是根据上帝的话恢复了其纯洁性，揭露并驱散了罗马宗教的阴云，它长期以来遮盖了上帝之言的真理。[③]

他又说，同样进行拨乱反正工作的还有天文学家哥白尼（Nicolaus Copernicus，1473—1543）：

---

① Richard Bostocke, *The Difference between the Auncient Phisicke and the Latter Phisicke*, London: Imprinted for Robert Walley, 1585, p. Av（v）.
② Richard Bostocke, *The Difference between the Auncient Phisicke and the Latter Phisicke*, London: Imprinted for Robert Walley, 1585, pp. Hvii（r）–Hviii（r）.
③ Richard Bostocke, *The Difference between the Auncient Phisicke and the Latter Phisicke*, London: Imprinted for Robert Walley, 1585, pp. Hvii（r）–Hviii（r）.

这也好比哥白尼，他与帕拉塞尔苏斯同处一个时代。哥白尼根据真理、经验和观察，为我们重新找到了天体的准确位置。但是，他却不能被称为行星运动的首创者和发明者。很早以前，托勒密的天文学以及其他人制作的标识行星位置与运行轨道的星表就已经告诉了我们关于行星运动的知识。只是这种星表越来越不完美，缺陷越来越大。哥白尼通过自己的观测，揭示出这种不完美，让它又回到了原来的纯洁状态。[①]

在这里，博斯托克忽略了哥白尼的日心说与托勒密天文学的地心说之间的本质性差异。但是，某些暗含于两套宇宙体系的内在性概念分歧引发了几起著名的公共事件。15 年后，布鲁诺（Giordano Bruno，1548—1600）在罗马鲜花广场赴火刑，半个世纪后，伽利略（Galileo Galilei，1564—1642）在宗教裁判所受审，但是这一切都远远超出了这位普通英格兰知识分子的想象。他认可哥白尼与帕拉塞尔苏斯的理由显得朴素而充分：经验观察还淳返本，代文以质，让被历史封存的真学问重获生机。因而《古今医学差异考》这本小册子也能够让我们今天的读者抛却深奥复杂的科学理论，用一种普通视角了解科学革命的内涵以及科学与宗教改革的思想联系。

---

① Richard Bostocke, *The Difference between the Auncient Phisicke and the Latter Phisicke*, London: Imprinted for Robert Walley, 1585, p. Hviii（r）.

二 科学革命的进路

近代早期科学革命的首要对象是中世纪以来被奉为正统的亚里士多德理论。12世纪晚期，巴黎大学开始讲授亚里士多德的自然哲学、道德哲学和形而上学。亚里士多德学说的理论体系严整，内容包罗万象，解释力也很强，对当时欧洲知识分子的吸引力不言而喻。尽管13世纪奥古斯丁派神学家和柏拉图主义者斥之为异教徒学问，如方济各会总会长博纳文都（Bonaventura，1217—1274）提出不承认形式的存在便是否认上帝对于宇宙的控制，但是阿奎那（Thomas Aquinas，1225—1274）的自然神学将亚里士多德哲学整合进基督教神学，建立了理性和信仰的平衡，完善了大学的经院哲学方法。

亚里士多德物理学与托勒密天文学、盖伦医学相互佐证，形成了一套完整的世界图景：宇宙以月球赤道为界分为月上区和月下区。月上区的天体以地球为中心，进行完美无缺、恒久不变的匀速圆周运动。月下区的俗世万物皆可朽易变，其运动变化取决于四种性质和四种元素的组合。人体的康健衰病亦取决于四种体液的动态平衡。所有运动变化无不是为了获得更高一级的存在形式，"存在的巨链"绵延不断，最终直至神本身。据此，万物分享神明，上帝关照人类，人类生活在一个有目的、有意义、等级分明、秩序井然、封闭而有限的宇宙。

然而，大时代到来，不但改变了人们的身外秩序，也颠覆了上述自然观和世界图景。1543年，六卷本著作《托伦的尼古拉·哥白尼论天体运行轨道》（*Nicolai Copernici Torinensis De Revolutionibus Orbium Coelestium Libri*，VI）在纽伦堡印刷出版。哥白尼复兴了古代的日心说，佐之以精确的数学计算，让地球从原来独一无二的宇宙中心变成了一颗绕太阳公转并自转的普通行星。同一年，维萨留斯（Andreas Versalius，1514—1564）出版七卷本《论人体结构》（*De Humani Corporis Fabrica*），详细描述了人体各部分的解剖结构，并附带大量精美的木刻版画。当伦敦皇家医学院院长凯厄斯还在研读盖伦和希波克拉底的著作时，他的这位帕多瓦大学昔日室友已经亲自操刀解剖人体，用实际证据证明盖伦医学至少在人体结构方面有诸多错误。

　　进入 17 世纪，"新科学"或"新哲学"愈发势不可当。1609 年，开普勒在海德堡出版了《基于原因的新天文学，或天体物理学——通过对火星运动的评论，基于第谷·布拉赫的观测》（*Astronómia Nova Aitiologetos*，*sev Physica Coelestis*，*Tradita Commentariis de Motibus Stellae Martis*，*ex Observationibus G. V. Tychonis Brahe*，1609）。这部作品提出了开普勒第一定律和开普勒第二定律，即行星绕日沿椭圆轨道运行，相等时间里行星与太阳的连线扫过相同面积，从而进一步增强了日心说的数学严密性。1609—1610 年，伽利略用自制的望远镜观察到木星卫星、金星相位、月球环形山和太阳黑子。这些发现证明月上区和月下区并无本质区别。1619 年，开普勒出版了《世界的和谐》（*Harmonices Mundi*，1619），提出开普勒第三定律，即所有行星绕日椭圆轨道半长轴的立方与周期的平方之比为常量。1632 年，伽利略发表了《关于托勒密和哥白尼两大世界体系的对话》（"Dialogosopra i due Massimi Sistemi del Mondo, Tolemaico e Copernicano", 1632），全面反驳了亚里士多德学说。1637年，笛卡尔完成了《论正确运用理性和寻找科学真理的方法》（"Discours de la Méthode pour bien Conduire sa Raison, et Chercher la Veritédans les Sciences", 1637），主张一切均可以怀疑，唯有怀疑本身无可置疑，且最为清晰明确的知识莫过于关于广延和运动的数学关系。1638年，伽利略的《关于两门新科学的谈话》（*Discorsi e Dimostrazioni Matematiche Intorno a due Nuove Scienze Attenenti alla Meccanica*, 1638）开创了对自由落体、摆和抛射物的动力学研究，成为定量实验与数学论证结合的典范。

上文述及《古今医学差异考》为帕拉塞尔苏斯和哥白尼提供辩护，而近代早期欧洲科学革命正是沿着这两条进路、两种方法展开的。哥白尼代表天文学和物理学传统，哥白尼、开普勒、伽利略和牛顿等人追求宇宙万物的数学秩序，其工作环环相扣，最终完全改变了中世纪的宇宙图景。帕拉塞尔苏斯的医药化学派代表化学传统，强调整体观和生机论，推动了化学、医学、生物学的发展。在研究方法上，物理学传统的特点是先分解还原、再理性建构，化学传统多直接观察、心理投射。物理学传统倾向于将局部现象割裂于整体环境，化学传统更重"通感"。物理学传统将数学应用推到了极高水平，而化学传统往往质与量的界限不清，量化水平低。17世纪之后，化学传统分为两支，一支走向神秘主义，另一支则加入理性传统，吸收了物理学的微粒论

（corpuscularism）和数学化方法（mathematization），成为波义耳所倡导的"哲学化的化学"，相当于被物理学方法论所收编，偏离了原初的化学方法论。

三　16世纪下半叶至17世纪初英国的解剖学、自然志、数学和物理学

英伦三岛的人文主义传统落后于欧洲大陆。14世纪下半叶，当意大利开始进入文艺复兴时期，英国既没有灿若星辰的视觉艺术作品，也没有诞生像但丁、薄伽丘和彼得拉克这样的文坛巨匠。16世纪上半叶，亨利八世国王在位期间，英国出名的人文主义者有怀亚特（Thomas Wyatt，1503—1542）、廷代尔和莫尔等人。而廷代尔的贡献在于译经，莫尔批判现实，怀亚特的主要贡献是将意大利的十四行诗、三行体和法国的回旋诗引入英文文学。19世纪英国历史学家麦考利（Thomas Macaulay，1800—1859）男爵说：

> 16世纪前20年提供的思想活跃数量只相当于我们今天普通涉猎者需要的数量，只有极少数人进行阅读和写作。一位学者可以被尊敬有加，但是下层人民却不会僭越出格去做什么思考。即便是受教育阶层里面最好学、最独立的那些人也比我们现在要更尊重权威而不是理性。①

---

① Thomas Babington Macaulay，*The History of England from 1485 to 1685*，ed.，Peter Rowland，London：The Folio Society，1985，p. 8.

然而，16 世纪下半叶 17 世纪初，在女王伊丽莎白一世统治期间，英国迎来了迟到的文艺繁荣，涌现了一大批卓越的戏剧、诗歌、散文、音乐人才，包括基德（Thomas Kyd，1558—1594）、马洛（Christopher Marlowe，1564—1593）、马辛格（Philip Massinger，1583—1639）、弥德顿（Thomas Middleton，1580—1627）、纳什（Thomas Nashe，1567—1601）、莎士比亚（William Shakespeare，1564—1616）。认识世界的思想活力一旦被激发，便不在于沿着哪一条道路释放。数学和科学也正是在这一时期开始在英伦三岛发展起来，不但在时间上没有晚于欧洲大陆，而且越来越显示出优势。

1546 年，伦敦皇家医学院的官赐徽章开始有了明确的实践导向：金太阳高悬，里面向下伸出一只手，为一平置手臂把脉，再下方是象征多子多孙的石榴。1565 年，女王特准医学院每年从泰伯恩（Tyburn）死刑场运走四具尸体用于解剖课。1583 年，拉姆雷（John Lumley，1533—1609）男爵在医学院设立了"拉姆雷"外科讲席（Lumlein Lecture）。1618 年，医学院公布了第一部《伦敦药典》（*London Pharmacopoeia*，1618），该药典汇集了 1190 种入药成分和大量处方，作为规范在英格兰全境内强制推行。

比内科医生身份低微的理发师和外科医生出于职业训练的需要，也开始学习解剖学。1540 年，伦敦理发师与外科医生商会成立，并且也得到了每年将四具死刑犯尸体用于解剖课的特许权。1572 年，在该商会的解剖课上，巴尼斯特（John Banister，1533—1610）介绍了帕多瓦大学首任解剖学教授、教皇朱利奥三世的外科医生哥伦博（Matteo Realdo Columbo，1516—1559）的发现。哥伦博在《论解剖之物》（*De re Anatomica*，1559）中描述了心舒期血液流入心室和心缩期血液流出心室的过程，并且简单描述了肺循环过程：静脉血从右心室流出，通过肺动脉进入肺，与空气中的一种精气混合变成鲜红色，再通过肺静脉返回左心室。

1616 年，英国医生哈维（William Harvey，1578—1657）系统阐述了心脏和肺部血液双循环理论。哈维是皇家医学院院士、1615—1652 年拉姆雷解剖学讲师、国王詹姆士一世和查理一世的御医。1628 年，他又出版了《心血运动论》（*De Motu Cordis*，1628），估算出心脏供血量、心跳频率等数据。哈维的工作既否定了盖伦有关静脉血来自肺部的观点，也反驳了帕拉塞尔苏斯和赫尔蒙特那种"让精气神和善恶都在人体里作用"的超自然理论，开创了生理学史上的新纪元。

自然志或自然史、博物学也在增加新的观察材料，推翻古代权威。1552 年，牛津大学医生沃顿（Edward Wotton，1492—1555）出版了英国第一部动物学著作《论动物差异十书》（*De Differentiis Animalium Libri Decem*，1552）。这部拉丁文作品大量描述了哺乳动物、鸟禽、昆虫和海洋动物，但材料皆出自古代著作者老普林尼（Gaius Plinius Secundus，23—79）和第奥斯科里德（Dioscorides）。16 世纪五六十年代，植物学家特纳（William Turner，1508—1568）连续出版了三卷本《新植物志》（*A New Herball*，1551—1568），该作品不但改用英文写作，而且增加了一些原创性材料。到了 17 世纪，英国人已经引领了分类学和形态学的前沿。牛津大学第一任皇家植物学教授、苏格兰植物学家莫里森（Robert Morison，1620—1683）出版了第一部研究某一类植物的专著《伞形植物》（*Plantarum Umbelliferarum Distribution Nova*，1672）。约翰·雷（John Ray，1628—1705）出版了综合性巨著《植物志》（*Historia Plantarum*，1684—1704）。

在数学和天文学方面，17 世纪中叶之前英国尽管没有出现哥白尼、开普勒、第谷和伽利略这样的顶尖人物，却在汲取欧洲大陆的成果和实际应用方面有很大进展。数学家和天文学家迪格斯（Thomas Digges，1546—1595）观察到第谷·布拉赫于 1572 年观察到的超新星，对其轨道进行了精确计算，他的著作《对天体轨道的圆满描述》（*A Perfit Description of the Caelestial Orbes*，1576）首次向英国人介绍了哥白尼天文学。约翰·迪（John Dee，1527—1608）发表《关于精湛航海技术的普通和珍贵记录》（"General and Rare Memorials Pertaynying to the Perfect Arte of Navigation"），发展了航海定位、制图等应用数学技术。数学家哈里奥特（Thomas Harriot，1560—1621）对弗吉尼亚新殖民地进行勘测，研究代数方程理论，还进行弹道学和光反射实验，并于 1609—1610 年先于伽利略使用望远镜观测月球并绘制出月球图。苏格兰神学家、宗教改革者内皮尔（John Napier，1550—1617）发明了对数算法、乘法速算算筹和小数点计数方法。在内皮尔工作的基础上，布里格斯（Henry Briggs，1561—1630）发明了普通对数算法，他的对数表在欧洲大陆流传开来，极大简化了天文学和航海数学计算。

16 世纪的最后一年，吉尔伯特（William Gilbert，1544—1603）即后来的女王御医在伦敦出版了六卷本《论磁》。《论磁》描述了大量地球模型实验，提出地球是令罗盘指北的磁场，并率先采用现代科学的系统实验方法和科学说明模式。

到了 17 世纪中叶，英国的科学成就超过了欧洲大陆，达到了近代早期欧洲科学革命的巅峰。1661 年，波义耳（Robert Boyle，1627—1691）在《怀疑的化学家》（*The Sceptical Chymist*，1661）一书中，用机械论的微粒学说（corpuscularianism）否定了之前的三基质、四元素和五基质理论，为化学的发展开辟了道路。1687 年，牛顿出版了《自然哲学的数学原理》（*Philosophiae Naturalis Principia Mathematica*，1687），提出经典力学三大运动定律。牛顿力学将实验与数学相结合，让物理学与天文学相统一，构建起不同于中世纪的另一幅统一有序的世界图景，也恢复了认识的高度确定性。这种确定性被 18 世纪法国物理学家拉普拉斯（Pierre-Simon Laplace，1749—1827）概括为：

> 我们可以把宇宙现在的状态看作它过去状态造成的结果和它未来状态产生的原因。一个智慧生命在某一个特定时刻总能够知道所有让自然处于运动状态的力和自然中所有物体的全部位置。只要这个智慧生命足够强大，能够把这些数据都拿来分析，它就能够用一个简单公式推导出宇宙最大物体和最小原子的运动。对于这样一个智慧生命来说，没有什么

是不确定的，未来就像过去一样，都能够呈现在眼前。[①]

第二节　自然之书与上帝之书

1585 年，博斯托克发表《古今医学差异考》的这一年，英国议会通过议案，认定天主教神父在英国居住构成叛乱罪。而在此之前，即 1583 年，女王任命惠特吉夫特（John Whitgift，1530—1604）为坎特伯雷大主教，以压制国内清教徒的古典运动。[②] 通过抵制国外天主教势力和遏制国内激进的新教派，辅之以新教宣传，英国逐渐成为以国教会为中心的新教国家。而博斯托克关于医学、天文学和神学"恢复纯洁性"的表述，既反映了新教徒看待新知与常识的普遍态度，也符合当时英格兰国教会那种宽泛、松弛、不走极端的基本论调。

一　新教思想与新科学

无论英格兰还是欧洲大陆，新教徒并不必然支持新科学。但是，因为自路德开始大学体制和经院哲学就是革命的对象，新科学与新教思想成为同一个正题的反题，客观上在较宽泛的范围内建立起相互支撑的关系。例如路德（Martin Luther，1483—1546）

---

① Leonard Susskind and George Hrabovsky, *Classical Mechanics*, London：Penguin Books, 2013, pp. 1-2.

② 〔美〕克莱顿·罗伯茨、戴维·罗伯茨、道格拉斯·R. 比松：《英国史》，潘兴明等译，商务印书馆，2013，第 341~345 页。

在《致基督教贵族的一封公开信》中说：

> 大学同样也需要彻底改革。我必须说出这一点，无论会触怒谁，因为教皇在此设置和要求的一切都直接带来了越来越多罪恶与错误。如果大学不改变现状，就成了《马卡比书》中说的生活腐蚀、几乎不讲《圣经》和基督教的"用希腊荣耀教育青年人的地方"。①

在新教徒看来，经院哲学的精细严整不是优点，而是像教会里的繁文缛节一样，是一种对神谕的扭曲和对真理的遮蔽。路德深受中世纪神学家希帕的奥古斯丁（Augustine of Hippo，354—430）和奥卡姆的影响，十分反对阿奎那的自然神学给予理性较高的地位。他认为，人类之罪不在无知，而在于三心二意。理性做不到的，信仰可以做到。人类要获得知识须通过信仰，这本身是上帝的一种赐福。

亚里士多德理论作为经院哲学的基础也受到新教派的严厉批评。路德说：

> 盲目的异教徒老师亚里士多德掌管了一切，甚至超过耶稣。我提议将亚里士多德的《物理学》《形而上学》《论灵魂》《伦理学》这些到目前为止被认为是他最好的书连同其

---

① Martin Luther, "An Open Letter to the Christian Nobility," Proposals for Reform Part Ⅲ, Project Wittenberg, https://christian.net/pub/resources/text/wittenberg/luther/web/nblty-07.html, 最后访问日期：2010 年 9 月 6 日。

他书统统扔掉。这些书说是研究自然，但是从中学不到有关自然以及精神的东西。不但如此，迄今为止没有人真正懂得他的意思，多少人做着毫无收益的工作和研究，浪费了宝贵时间。我大胆说一句，任何一个陶匠掌握的自然知识都要比这些书上写得多。我感到痛心，这位可恶、自负、狡猾的异教徒用他的谬论欺骗和愚弄了这么多优秀的基督徒。他是上帝送给我们这些罪人的一种瘟疫。①

在亚里士多德理论的权威性被否定的同时，新柏拉图主义和毕达哥拉斯主义得以复兴，为新科学的发展提供了重要的思想资源。于是，帕拉塞尔苏斯强调大宇宙与小宇宙的相似相通，哥白尼复兴古代的日心学说并强调天文学要体现出一种数学的简洁性，开普勒追求宇宙的数学式和谐，伽利略用数学来表达地面物体之间的关系。单就认识论而言，新哲学至少在早期阶段并不一定有绝对优势。但是，一旦暗含于理论之下的深层概念发生了根本性转折，理论层面的新旧更替便加速了，新理论提出后易于被接受，不致孤掌难鸣。

新教思想还影响了17世纪的机械自然观。② 路德将人的正义之举分为主动和被动两类：主动性义举如政治、仪式、法律、

---

① Martin Luther, "An Open Letter to the Christian Nobility," Proposals for Reform Part Ⅲ, Project Wittenberg, https：//christian. net/pub/resources/text/wittenberg/luther/web/nblty - 07. html, 最后访问日期：2010 年 9 月 6 日。

② Gary B. Deason, "Reformation Theology and the Mechanicstic Conception of Nature," *God and Nature: Historical Essays on the Encounter between Christianity and Science*, Berkeley：University of California Press, 1986, pp. 167-191.

慈善等在他看来不过是人刻意为之；被动性义举便是通过信仰，是经上帝首肯的。加尔文又提出一种预定论，即上帝预先指定了某一些人能够得救，另外一些人则不能，这意味着人主动争取自我救赎的努力不过是枉然，尽管对积极与消极、活性与惰性的区分在西方思想史上古而有之、根深蒂固。例如在亚里士多德的等级宇宙里面，推动者比被推动者高贵，不动的推动者即上帝，火元素就比其他三种元素更接近神性。但是，路德和加尔文对于上帝绝对权威的强调强化了"自然万物是消极、被动的"这一观念。于是，法国神学家伽桑狄（Pierre Gassendi，1592—1655）复兴了伊壁鸠鲁的原子论。英国医生查尔顿（Walter Charleton，1620—1707）用消极、被动的物质能够有序运动来证明上帝的存在。到了17世纪下半叶，波义耳和牛顿发展出一套完整的机械自然观。

二　16世纪英格兰的宗教改革

与欧洲其他地方一样，英格兰的宗教改革最初始于争取译经的权力。1382年，威克里夫（John Wycliffe，1330—1384）翻译出第一本英文《圣经》，成为英国宗教改革的"晨星"，其追随者形成了后来的罗拉德派。1525年，剑桥大学教师廷代尔（William Tyndale，1490—1536）在科隆将希腊文《新约》翻译成简明英文，付印3000册，传回英格兰。1535年，他在安特卫普翻译《旧约》时被捕，在比利时的菲尔福尔德受火刑。

而真正推动英格兰宗教改革的，与其说是平信徒反抗教会权威、争取思想自由的理想主义，毋宁说是世俗最高权力延续自身的现实需求。麦考利说：

> 英格兰没有（路德、加尔文、苏格兰的诺克斯）这些名字可引以为荣，她也不需要虔诚信教、学识渊博、勇于直前的人。这些人都被抛入背景之中，他们在别处是主角，在这里只是次要人物。在别处，世俗是激情的工具；在英格兰，激情是世俗的工具。一位国王，其本人个性就体现了专制，加上一群不讲原则的大臣、一帮贪婪的贵族、一个曲意逢迎的议会，这些就是把英格兰从罗马枷锁中解放出来的工具。[①]

1527年，国王亨利八世为求子嗣，要求教皇宣布其与阿拉贡的凯瑟琳婚姻无效，遭到拒绝后与罗马教廷交恶。1529年，国王敦促英格兰议会通过了一系列法律，限制罗马教廷在英格兰教会的特权。1534年，亨利八世敦促议会颁布了《至尊法案》(Supremacy Act)，宣布国王对英格兰教会拥有统治权。同年，议会又颁布《叛国法》(Treason Act)，宣布不承认国王权威高于教会者以叛乱罪论处。新法试刀，国王的首席大臣、"乌托邦"(utopia) 一词的创造者莫尔 (Thomas More，1478—1535) 和罗切斯特主教费希尔 (John Fisher，1469—1535) 被处死。国王近

---

① Thomas Babington Macaulay, *The History of England from 1485 to 1685*, ed., Peter Rowland, London: The Folio Society, 1985, pp. 10-11.

臣克兰默（Thomas Cranmer，1489—1556）成为第一任新教派坎特伯雷大主教。

1536年，约克郡律师阿斯克（Robert Aske，1500—1537）领导了一场抵制宗教改革的大规模暴动。亨利八世的首席国务大臣克伦威尔（Thomas Cromwell，1485—1540）镇压暴动，趁机解散了年收入少于200英镑的小修道院。1539年，议会通过法案，又解散大修道院并没收其土地财产。前后共查禁560个修道院，没收年价值13.2万英镑的土地、价值7.5万英镑的金银器和贵重物品。① 这笔数额巨大的浮财令多人受益。国王年收入增加10万英镑以上。② 土地以售卖方式流转到贵族阶级、乡绅阶层以及商人、律师、公务员手中，其三分之二部分归于乡绅阶层，一批新贵族出现。③

这场王权对教权的胜利产生的文化影响颇为复杂。一方面，修道院解散过程中教堂和图书馆被毁，珍贵文献付之一炬，教会知识分子四方流散，其破坏作用是明显的；另一方面，圣像崇拜被打破，圣礼被简化和抽象化。没收的修道院财产一部分用于兴办教育、培养新教人才。亨利八世对剑桥大学和牛津大学进行捐款各设立了5个皇家教授席位，即医学、民法、神学、希腊语和希伯来文，其中对医学教育的加强直接推动了实验科学进入传统

① 〔英〕肯尼斯·O.摩根：《牛津英国史》，方光荣译，人民日报出版社，2020，第232页。
② 〔美〕克莱顿·罗伯茨、戴维·罗伯茨、道格拉斯·R.比松：《英国史》，潘兴明等译，商务印书馆，2013，第295页。
③ 〔美〕克莱顿·罗伯茨、戴维·罗伯茨、道格拉斯·R.比松：《英国史》，潘兴明等译，商务印书馆，2013，第296页。

大学体制。剑桥原有的国王学院（King's Hall）和米歇尔学院（Michael House）合并成立三一学院，17世纪一大批著名科学家都曾在这里求学或任教，尽管他们普遍不承认大学教育对于自己科学生涯有所裨益。

1547—1553年爱德华六世在位期间，萨默赛特公爵摄政，一改之前的激进做法，力求循序渐进推动宗教改革。议会一方面废止了亨利八世期间颁布的《叛国法》，反对宗教迫害；另一方面颁布《小教堂法》（Chantries Act），解散了2374所小教堂、90所学校和110家救济慈善机构。[①] 与此同时，英国国教会颁布了《公祷文》（The Book of Common Prayer，1549，1552）和《四十二条信纲》（Forty-two Articles，1553）。国教会与执政者在求稳态度上保持一致，坎特伯雷大主教克兰默草拟《公祷文》的原则之一是"不希望变化和不稳定"。[②] 为《公祷文》提供礼拜仪式咨询的斯特拉斯堡神学家布塞尔（Martin Bucer，1491—1551）更是志在促进基督教会的统一，倡导一种"合一运动精神"（ecumenism），力主把信仰和救赎与"无关紧要之事"（adiaphora）区分开来。[③] 因此，《公祷文》体现了一种调和折中的态度，既保留了临终涂油、牧师祭服等旧礼仪规范，又增加了新教有关信众集体祈祷和圣餐部分的内容。《四十二条信纲》也旨在提供共识基础以避免纷争，没有加尔文的《基督教要义》（Institutes，

---

① 〔美〕克莱顿·罗伯茨、戴维·罗伯茨、道格拉斯·R.比松：《英国史》，潘兴明等译，商务印书馆，2013，第316页。
② 〔英〕肯尼斯·O.摩根：《牛津英国史》，方光荣译，人民日报出版社，2020，第242页。
③ Thomas Schirrmacher, *Advocate of Love：Martin Bucer as Theologian and Pastor*, Bonn：Verlag für Kultur und Wissenschaft, Culture and Science Publ., 2013, pp.48-53.

1536）那样的强纲领。它不是一套完整、明确、不可更改的教条规定，而是一种指导性意见，有些条文内容甚至有意模糊处理，尽可能将各个派别都包含在内。

1553—1558 年，玛丽一世在位期间，《四十二条信纲》被废除，克兰默被处以火刑，天主教教会恢复了最高地位。伊丽莎白一世继位后，重新恢复新教的国教地位。女王统治手段凌厉而务实，以国家统一为重，一边抵抗国外天主教势力，一边压制新教激进派。议会重申了《至尊法案》（1559）和《信仰统一法案》（Act of Uniformity，1559），国教会发行了新版《公祷文》和以《四十二条信纲》为基础修订的《三十九条信纲》（Thirty-nine Articles）。到了 1603 年伊丽莎白一世女王辞世时，英格兰举国皆为新教徒。

因此，16 世纪英国的宗教改革基本保持了政局上的相对稳定和宗教派系之间的平衡，没有爆发血流成河的宗教战争。麦考利评价说：

> 16 世纪英国人组成一个自由的民族。他们拥有的自由不需要对外证明，而是实质上的。他们不像我们今天这样有一部宪法，但是他们所拥有的却可以保证不会让最好的宪法像国王讨伐不义恶行的声明那样没有效力，保证了即便没有任何宪法，统治者也有所敬畏而小心使用权力。尽管议会的确不被尊重，《大宪章》也经常被违反，但是人民却得到一种不至于陷入整体性、系统性恶政的保证，强似所有签了字的

羊皮文献和国玺盖过的蜡封戳。[1]

受政治调和主义和宗教"和平主义"（irenicism）的影响，理论界交锋的目的不是彻底驳倒对方，而是寻找共识基础。17 世纪 30 年代，牛津知识分子组成"大图园社"（Great Tew Circle），神学家齐林沃斯（William Chillingworth，1602—1644）便对其他成员提出：要避免经院哲学式的争论，因为好的理性凭借的是神启以及"上帝写在所有人心中的共识"。[2] 而自然哲学作为一个特定知识领域，自中世纪以来一直为神学提供辅助性支持。这种角色在宗教改革早期得到了延续，无论是天主教徒还是新教徒都需要借助自然哲学理论维护自己的神学立场。因此，英格兰的自然哲学与政治和宗教一样，也处于一种新旧交替、派系林立、无法一家独大的状况。

此时的自然哲学家要解决自己领域的争论，已经不可能再诉诸上帝之书即《圣经》，因为对《圣经》的解释已经如此之多。他们转向了自然之书，它原本也是上帝为人类准备好的。"当每一种学说都声称自己掌握着真理时，诉诸经验事实是避免争端的最好办法。"[3] 于是，解读自然之书变得与解读上帝之书一样重

---

[1] Thomas Babington Macaulay, *The History of England from 1485 to 1685*, ed., Peter Rowland, London: The Folio Society, 1985, p. 20.

[2] John Henry, "The Scientific Revolution in England," eds., Roy Porter and Mikulas Teich, *The Scientific Revolution in National Context*, Cambridge: Cambridge University Press, 1992, pp. 190-204.

[3] John Henry, "The Scientific Revolution in England," eds., Roy Porter and Mikulas Teich, *The Scientific Revolution in National Context*, Cambridge: Cambridge University Press, 1992, pp. 190-204.

要，经验事实代替神启成为新的真理标准。"事实胜于雄辩"，这正是博斯托克在《古今医学差异考》中对帕拉塞尔苏斯和哥白尼的学术方法的总结。

到了 17 世纪，波义耳、胡克等人进一步明确自然哲学的目标是多做实验和忠实记录实验过程，尽量不建构理论、不提出假设。17 世纪 60 年代，皇家学会的学会会议分为两类，一类单纯讨论实验过程与细节，另一类部分涉及与实验有关的理论解释。牛顿在《世界体系》"总评注"中声明"我不构造假设"（Hypotheses non fingo），意即除了自己能推演的实证部分，其余原因解释部分全都交给上帝。[①] 但是，观察渗透理论，从上帝概念衍生而来的"绝对时间"和"绝对空间"依然构成了牛顿力学的基本前提预设。

三　清教伦理与科学兴趣

玛丽一世时期，大量英格兰新教徒逃往欧洲大陆，受到了大陆加尔文教派的影响。他们在伊丽莎白一世继位后返回英格兰，创建了清教派（Puritanism）。清教徒要求对英国国教会实行改革，取消国教会保留的天主教礼仪，用加尔文宗的长老制代替国教会的主教制。1570 年剑桥大学神学教授 T. 卡特莱特（Thomas Cartwright，1535—1603）的系列演讲便表达了这些观点。伊丽莎白一世时期，清教派受到压制。进入 17 世纪，清教派势力壮大，

---

① Issac Newton, *Metaphysical Principles of Natural Philosophy*, Book Ⅲ, Vol. 2, trans., Andrew Motte, 1729, Berkeley: University of California Press, 1934, p. 547.

乡绅阶层和伦敦市民中多有清教徒。17世纪40年代，清教徒中产生了更为激进的分离派（Separatism）。1642—1660年，清教徒对教会组织、学校教育和社会生活进行了一系列改革，克伦威尔当政后将这一改革推向高峰。皇家学会的前身——牛津哲学聚会也是在这一时期发展起来的。斯图亚特王朝复辟后，仅少数清教徒被吸纳进入教会，2000余人被逐出了教会体系，形成了不遵从国教派，无主见派（Latitudinarianism）成为主流。尽管如此，清教派对于17世纪英国科学文化的影响超过了国教会，也超过加尔文派、长老会派、公理会派、再洗礼教会、贵格教会、千禧年教会等各教派。

清教徒的教育改革实践基于其伦理价值观。清教派神学家博克斯特（Richard Boxter，1615—1691）撰写的《基督徒目录》（*Christian Directory*）传递出这样一种观念：人类赞美上帝可以通过一种现世的、物质化的方式，不一定通过祝祷、冥思。勤奋劳动、积极改善人类自身生存条件本身就是对上帝的赞美，上帝更是乐见其成。换言之，服务于上帝的途径是通过充分的社会参与，而非消极避世。[①] 不但如此，清教派持有一种"千禧进步观"，即千年轮回之后，圣徒降临人间，一方土地会变成天堂的样子，但是这一圣境重现的前提是人类重新掌控自然。因此，清教派重视知识和教育，认为在各种社会职业中，以知识为业能够最大限度地服务于上帝。信仰与理性并不截然对立，人类应该在

---

① Robert Merton, *Science*, *Technology and Society in Seventeenth Century England*, New York: Howard Fertig, 1970, p.57.

上帝允许的范围内尽量调用自己的理性。这一"千禧观"还暗示，人类应该追求具体、有用的知识，而"关于以太本质的高度抽象的形而上学辩论和需要长时期从事的科学研究都毫无意义"。①

这些观念影响了 17 世纪英国知识分子的从业兴趣。默顿对英国《国民传记词典》6000 多位传主统计后发现：17 世纪前四分之一世纪，12.8% 的英国知识分子对科学有兴趣。接下来四分之一部分，这一比例升至 28.2%。1651—1675 年，这一比例高达 31.4%，可以认为克伦威尔改革与斯图亚特王朝复辟都推动了科学的发展。最后四分之一个世纪，人们的科学兴趣稍有回落，降至 27.6%。② 17 世纪每一个四分之一世纪，对医学感兴趣的知识分子比例顺序为 13.0%、27.4%、31.5% 和 28.1%（见表 1-1）。③ 当时的医学与哲学、化学、生理学、动物学、植物学没有分开，因而对医学感兴趣的人群在比例数字和比例变化趋势上都与对科学感兴趣的人群接近。如果把这两个人群加在一起，粗略看作一个对自然知识感兴趣的大群体，则其在总统计人数中的占比已经相当高。但是，如果考虑到当时大学授医学学位而无科学类学位，内科医生是高待遇职业，则可以认

① Charles Webster, *The Great Instauration: Science, Medicine and Reform, 1626 - 1660*, Duckworth, 1975, pp. 517, 520, 转引自 John Henry, "The Scientific Revolution in England," eds., Roy Poter and Mikulas Teich, *The Scientific Revolution in National Context*, Cambridge: Cambridge University Press, 1992, p. 179.

② Robert Merton, *Science, Technology and Society in Seventeenth Century England*, New York: Howard Fertig, 1970, p. xv., p. 37.

③ Rober Merton, *Science, Technology and Society in Seventeenth Century England*, New York: Howard Fertig, 1970, p. 37.

为学医学的人在谋职意愿上要明显强于学科学的人，两个人群还是应该分开考察。

　　相较于艰苦漫长的学医之路和无业可依的科学生涯，学习教育、法律、军事和人文学科的人可以从事律师、军官和公务员等17世纪能够更快获得收益的世俗性职业。整个17世纪对教育、法律、政治感兴趣的知识分子比例保持稳定，基本在20%~30%。对军事感兴趣的人数比例在1626—1650年高于其他所有知识领域，达到46.7%（见表1-1），这可以看作受到苏格兰起义和英国内战的影响。

　　17世纪对神职感兴趣的知识分子比例持续降低。前四分之一世纪还接近40%，最后四分之一世纪降到了13.2%（见表1-1）。传统上与宗教文化联系在一起的精细艺术（fine arts）出现了分化的趋势。喜爱散文写作的知识分子比例上升，可见平铺直叙的表达方式与对经验事实认识意义的上升是一致的。[①] 人们对绘画的兴趣上升但不明显，大体上可以认为绘画中解剖图、植物图等具象表达与描述性语言同属一类，随科学兴趣上升而上升。整个17世纪对诗歌感兴趣的人数比例则一降再降，从前四分之一世纪的约40%，降至最后四分之一世纪不足15%（见表1-1）。

---

① Robert Merton, *Science, Technology and Society in Seventeenth Century England*, New York: Howard Fertig, 1970, p. 36.

表 1-1　17 世纪英国知识精英的兴趣转移

单位：%

知识领域 或职业	1601—1625 年	1626—1650 年	1651—1675 年	1676—1700 年
科学	12.8	28.2	31.4	27.6
医学	13.0	27.4	31.5	28.1
军事	8.8	46.7	18.8	25.7
教育	20.8	29.2	27.0	23.0
法律	25.3	25.8	27.9	21.0
政治	26.6	29.1	22.7	21.6
神职	37.2	30.1	19.5	13.2
散文写作	19.8	21.8	29.0	29.4
音乐	29.0	21.0	20.2	29.8
绘画	13.2	17.8	37.8	33.3
戏剧	32.8	11.4	30.2	25.6
诗歌	40.7	26.9	17.8	14.6

资料来源：Robert Merton, *Science*, *Technology and Society in Seventeenth Century England*, New York：Howard Fertig, 1970, pp. 36-37。

　　默顿的统计告诉我们，17 世纪英国知识分子对知识的兴趣总体上显示出一种实用主义精神的上升和宗教、情感性因素的下降。对于这一思想转折，孔德描述为形而上学或抽象思维代替了神学与情感，培根等 17 世纪知识分子认为是自己抛弃了形而上学，现代科学哲学则认为只是更换了理论的形而上学基础，形而上学本身并没有消失，产生这种观点分歧本身说明神学、形而上学、科学三个范畴实不易分开。而反过来无论对三者如何划界，当代学者多认为没有情感的形而上学作为现代世界的价值观之殇正是始于近代早期欧洲科学革命。

总之，16—17 世纪英格兰的宗教改革显示出这样一条思想史进路：当信仰危机出现时，取而代之的不是理性本身，或者说不是传统意义上的理性主义，① 而是一种重视经验事实、世俗化的自然主义精神或科学兴趣。在某种意义上，早期科学扮演的角色与其说是驱散信仰的迷雾，毋宁说是帮助一种信仰战胜另一种信仰。无论如何，16—17 世纪的宗教改革促使英国知识分子重新审视知识与方法、理性与信仰、自然与《圣经》的关系。从深层观念、具体理论和机构性支持上，这场大变动推动了新旧学术传统更替，为现代科学破土而出创造了条件。以经验事实为依据的新的自然哲学一旦产生于纷乱而生气勃勃的近代早期欧洲，便很快发展起来。它从宗教各派系斗争的夹缝中成长起来，却摆脱了从属地位，变得足够强大，逐渐与神学分离。

需要补充的一点是，科学与宗教的关系要放在特定历史条件下考量，不应过于笼统地得出基督教有利或不利于科学的简单结论。就一般而言，科学重视实际经验，宗教强调精神高于肉体，两者的矛盾始终存在。恩格斯在《自然辩证法》一书中提及塞尔维特被加尔文教徒烧死的惨烈程度超过布鲁诺在罗马受火刑，并说："新教徒在迫害自由的自然研究方面超过了天主教徒。"② 19世纪中叶达尔文提出生物进化论时，所遭遇的主要阻力仍来自神学方面。

---

① 〔英〕怀特海：《科学与近代世界》，何欣译，商务印书馆，2012，第 22~25 页。
② 〔德〕恩格斯：《自然辩证法》，人民出版社，2015，第 10 页。

第二章　培根的实验科学方法论
与实用主义精神

新的真理标准不但要解决信仰危机，还要整合经验世界、改善世俗生活，这便需要一套与之相应的更为精细的新知识观和认识论。当人们从新航线踏上非洲、亚洲和美洲的土地，手执望远镜看清遥远的天体，凝视显微镜进入微观世界，从印刷书籍中了解异域轶闻，借助火器与城防工事改变战争形式，培根让"学以致用"成为一个话题、一种标准或一种知识观。这位时代大潮的机敏回应者看到了新科学在认知方法上的独特活力，系统阐述了经验—归纳方法论。他认识到新科学将要扮演一种新的公共角色，还构想出一个由自然研究者组成的专门团体。他用英格兰文艺复兴的饱笔醮墨，写下了实验科学的行动纲领，为后世知识分子不断引述和效法。①

_____

① 培根的科学方法论有时候被称作"经验主义"（empiricism），培根与大陆理性主义（rationalism）的代表笛卡尔也经常被并列为近代早期两种科学传统的先驱。本书参照撒穆尔·斯通普夫（Samuel Stumpf）等所著的通行《西方哲学史：从苏格拉底到萨特及其后》读本，不将培根归于洛克、贝克莱和休谟一类典型意义的经验主义者，故不把培根的科学方法称作"经验主义"。参见 Samuel Enoch Stumpf and James Fieser, *Socrates to Sartre and Beyond：A History of Philosophy*, New York and London：McGraw-Hill, 2007。

第一节　为动手的学问正名

1561 年，伊丽莎白一世女王登基后的第三年，她的掌玺大臣 N. 培根（Nicolas Bacon，1510—1579）爵士新添幼子，名唤弗朗西斯。弗朗西斯·培根（Francis Bacon，1561—1626）的外祖父是爱德华六世的教师 A. 库克（Antony Cooke，1504—1576），祖上几代都任国王教师，一位姨母嫁给首席国务大臣塞西尔（William Cecil，1520—1598），另一位姨母嫁给著名外交官、卡斯蒂廖内《论廷臣》的译者霍比（Thomas Hoby，1530—1566）爵士。终其一生，培根都与英格兰的权势人物打交道。

培根刚成年，父亲便去世，未得万贯家财，毕生自我奋斗。16 世纪 80 年代，他在伦敦从事法律事务工作。1590 年，他和兄长安东尼投奔到埃塞克斯伯爵门下，做了伯爵的学术秘书，还负责搜集信息。埃塞克斯伯爵叛乱被斩首，培根又投到白金汉公爵门下。1603 年，詹姆士一世继位，培根因主张苏格兰和英格兰合并得到新王的赏识，自此平步青云。1603 年封爵士，1604 年做国王顾问，1607 年任副检察长，1613 年任首席检察官，1616 年做枢密院顾问，1618 年封维鲁兰（Verulam）男爵，1618—1621 年任英格兰大法官，1621 年再封圣·奥尔本斯子爵。但也就是封爵这一年，培根被控贪污，处以 4 万英镑罚款，因于伦敦塔。后经国王赦免出狱，便不再过问政治，五年后在阿伦德尔伯爵宅邸死于支气管炎。

培根经历了伊丽莎白黄金时代，又在詹姆士一世时期身居高位，能够掌握科学、技术与产业发展的前沿信息。当时欧洲宫廷出现了越来越多天文学家、数学家、自然志学家、哲学家。他们接受君主和贵族的资助，既为王室增添荣耀，又提供勘测、筑城、防御、弹道学、火药、冶金等实用知识。而在城堡之外的广袤土地上，人们开凿运河、远洋航海、采煤、冶铁、制造枪炮，一批新行业兴旺发展起来。在佛兰德斯画家斯泰达乌斯的版画《新发现》（*Nova Reperta*，1600）中，画面左右置有两枚大纪念奖章。左边奖章画有南美洲和北美洲地图，并标出了佛罗里达、秘鲁，外缘刻有哥伦布（Christopher Columbus，1452—1506）和维斯普奇（Amerigo Vespucci，1454—1512）的名字；右边奖章刻有意大利航海地图绘制者阿玛费塔努斯（Flavius Amalfitanus）的名字。两枚奖章中间摆放印刷机。印刷机下方正对火炮，火炮两侧配有炮弹和火药桶。左边奖章正下方是钟表和齿轮，右边奖章正下方是火炉、蒸馏釜、曲颈瓶及一个研钵捣桶，分别代表当时物理学和化学的最高成就。在画面左下角绘有结蚕茧的桑树、马鞍、马镫，右下角是愈创木。画面左上角一女子信步而来，手中教棍指向美洲地图，右上角一同样手执教棍的男子尴尬离去，象征旧时代一去不复返（见图 2-1）。在《新发现》系列另一部作品中，还绘有蔗糖生产、确定经度线、油画上釉和铜版雕刻等场景。所有这些新事物无疑都构成了培根的思想底色。

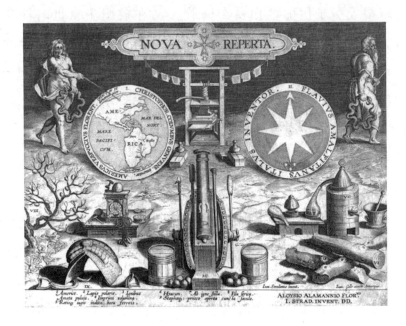

图 2-1　斯泰达乌斯的《新发现》

资料来源：http://nl. wikipedia. org/wiki/Nova_ Reperta, 2014. 8. 2。

1620 年，培根在政治生涯的巅峰时期出版了《伟大的复兴》（*Instauratio Magna*，1620）一书。[①] 这部书满怀着对人类智识进步的信心。封面插图上描绘人类知识之船扬帆远航，驶离代表已知世界尽头的赫拉克勒斯石柱。插画下方注有《旧约·达尼尔书》语录："将有许多人要探讨，因而智识必要增长（Multi pertransibunt & augebitur scientia）。"[②]（见图 2-2）

---

① 《伟大的复兴》分为六个部分，第一部分"科学分类"，第二部分"新工具"，第三部分"宇宙现象或作为自然哲学基础的自然志"，第四部分"智力阶梯"即新工具方法的应用举例，第五部分"第二哲学先驱或预期"，第六部分"第二哲学或实用哲学"。只有第二部分"新工具"是完整的，有些版本直接用"新工具"做全书书名。

② 《旧约·达尼尔书》（12：4）："给达尼尔的最后训言圣谕：'至于你，达尼尔，你要隐藏这些话，密封这些书，将有许多人要探讨，因而智识必要增长。'"

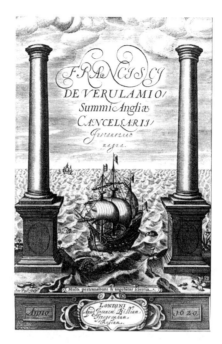

图 2-2　培根《伟大的复兴》封面插图

资料来源：https://www.britannica.com/topic/Instauratio-Magna，2020.1.9。

　　达尼尔接到的训谕是保存和传承真理，而培根却主张人类超越当前的智识水平，改变认识事物的方法。他认为，人类生来有正确认识事物的能力，只不过自己意识不到，仅仅满足于目前已经掌握的技术，安于现状，不愿看长远、求进取。① 为什么不能完全相信古人的学问？培根说：世分贤愚，智者本就敌不过俗人，待他们的思想穿过时间河流来到我们下游这里时，也只剩下水面上漂浮的肤浅之物了，真正厚重坚实的部分早已沉入河底。②

---

① Francis Bacon, *The New Organon*, Book I, Aph. XLI，XLII，XLIII，XLIV, eds., Lisa Jardine and Michael Silverthrone, Cambridge：Cambridge University Press, 2003, pp. 41-42.

② Francis Bacon, *The New Organon*, eds., Lisa Jardine and Michael Silverthrone, Cambridge：Cambridge University Press, 2003, p. 8.

在他看来，目前学术看似繁荣，其实言之无物：

> 海妖斯库拉的故事似乎可以准确描述学术现状：她露出
> 处女的面容，身体却是咆哮的怪物模样。我们熟悉的各门科
> 学同样也是如此，他们有一些概念，平淡乏味，令人疑窦丛
> 生，可是一到细节之处（这部分与概括部分很像），想要看
> 看能拿出什么成果，他们就开始莫衷一是、争论不休，而他
> 们的目的以及能展示出来的全部成果也就是争论。①

哲学的问题是只有问题没有结论，只有概括没有细节，这样
的学术难以进步。他说：

> 如果这些科学不是僵死之物，今后就不能像过去几个世纪那
> 样停步不前，不能没有人类该有的进展。实际上这些学科往往
> 让断言一直是断言，问题永远是问题。讨论非但不解决问题，
> 还让问题保留、升格。整个学科传统让人看到的是一连串大师
> 和弟子，而不是一系列发现和学徒对发现做出的改进。②

但是，机械技术的情况却恰好相反：

---

① Francis Bacon, *The New Organon*, eds., Lisa Jardine and Michael Silverthrone, Cambridge: Cambridge University Press, 2003, pp. 6-7.

② Francis Bacon, *The New Organon*, Preface, eds., Lisa Jardine and Michael Silverthrone, Cambridge: Cambridge University Press, 2003, p. 7.

他们日益精进，吐故纳新。这些技术在首创者那里往往是粗糙、笨拙、称不上雅致的，可是后来获得了新力量，平添高雅，还没有等到人们改变心意、丧失雄心壮志便已经达到了完美境地。哲学和思维科学就不一样了，他们是塑像，被尊敬、被崇拜，却不会被改进。他们往往在首创者那里是最好的，后来却一路退步。[1]

在他看来，有用与无用、有为与无为是衡量知识价值的基本标准。传统学问最大的问题是没有产出："从希腊科学拿来的智慧好似科学的幼年阶段，具有孩童的特点，爱说话，但是羸弱、发育不全、不事生产。"[2] 他主张用"第二哲学"或"实用哲学"取代过去无用的学问，因为"人类知识和人类力量最后是一回事，对原因的无知会导致结果的失败。征服自然需顺应自然，在思想中自然是一种原因，在实践中它像是一种法则"。[3] 在培根看来，他倡导实验科学也不是开宗立派，更谈不上对读者的许诺或馈赠，只不过是提供了一个正确的投资方向。而阶段性科学成果相当于长期投资的短期收益，应该持续投资，直到收回本金。[4] 他反对炼金术，却积极地肯定了炼金术在实用技术方面的贡献。

---

① Francis Bacon, *The New Organon*, Preface, eds., Lisa Jardine and Michael Silverthrone, Cambridge：Cambridge University Press, 2003, p. 7.

② Francis Bacon, *The New Organon*, eds., Lisa Jardine and Michael Silverthrone, Cambridge：Cambridge University Press, 2003, p. 6.

③ Francis Bacon, *The New Organon*, Book I, Aph. III, eds., Lisa Jardine and Michael Silverthrone, Cambridge：Cambridge University Press, 2003, p. 33.

④ Francis Bacon, *The New Organon*, Book I, Aph. CXVII, eds., Lisa Jardine and Michael Silverthrone, Cambridge：Cambridge University Press, 2003, pp. 90-91.

为了说明这一点，他讲了一个故事：父亲假称在葡萄园埋下金子，命子女们寻找，子女遍寻黄金无果，却因为到处刨地松土，反倒让葡萄有了好收成。①

培根的实用主义知识观是划时代的。知识就一般而言无不有用。知识与个人信仰和个人经验的不同之处在于知识需要扮演公共角色。这不但是因为知识起源于早期人类彼此交流的经验，还因为只有在社会文化层面知识的可靠性与合法性才能建构起来。但是，在中世纪的宗教观念、社会等级和封建经济形式下，学问和社会实践分离。理论不为实践服务，而只对更抽象的理论负责。一边是精英知识分子苦苦追问有知与无知、信仰与理性的关系问题，另一边是掌握实用知识的手工业者默默无闻地一点点改进各种技术细节。在这种情况下，对于某一种知识是否有用，学者不屑于评判，工匠们则不需要评判。

不仅如此，"有用的知识"作为一种概念和提法本身是知识在公共空间广泛传播的产物，带有鼓动和劝说的意味。而在中世纪的秘传知识传统下，知识局限于少数天才人物的头脑中，封闭在私人书斋、修道院的藏经阁、炼金术士的实验室以及手工作坊里面。知识精英普遍认为不应该让普通人掌握太多知识。人们著书立传的目的不是让自己的观点广为人知，而是与特定人士交流。9世纪流传的《秘密之秘密》（Kitab Sirr al-Asrar, *Secretum Secretorum*）用艰难晦涩的语言阐述亚里士多德理论，正是为了

---

① Francis Bacon, *The New Organon*, Book I, Aph. LXXXV, eds., Lisa Jardine and Michael Silverthrone, Cambridge: Cambridge University Press, 2003, pp 70-71.

让普通读者望而却步，只让极少数人领会先贤大德的智慧。在实用技术领域，手工业者和商人严格保守行业秘密，师徒之间口传身授，同行交流处于行会控制之下，同样也没有大范围的知识传播。因而，培根的提法是对新时代的应和，也是对未来的展望。

培根本人也研究了不少实际问题。在《新工具》一书中，火和热的问题占据了相当的篇幅。当列出不同程度的热时，培根提及冶炼金属的鼓风步骤："运动增加热量，风箱和送气的例子可以说明这点。较硬的金属在静止火焰中不能熔解，鼓风后却可以重燃。"① 他列举出很多值得优先研究的项目，其中包括一种内贮空气、底部开口的金属桶，可以为潜水者提供氧气，用于打捞失事船只等水下作业。② 《新工具》还举出子弹运动的例子。这些都是当时冶金、航运和枪炮制造有可能涉及的技术问题。实际上，根据艾森的研究，在牛顿的《自然哲学的数学原理》出版之前，冶金业需要解决矿石运输、矿井通风和抽水、鼓风高炉、矿石切割和翻滚等工艺难题，航运业需要提升船只吨位、增大船体浮力、确定航线位置和修建运河，而火器枪炮制造业则需要确定子弹在炮膛内点火后运动轨迹和离膛后的空气阻力与弹道变化，并且改进枪身设计和准星设计等。而这些具体问题推动了流体静力学、流体动力学和机械

① Francis Bacon, *The New Organon*, Book Ⅱ, Table of Degrees or Comparison on Heat, eds., Lisa Jardine and Michael Silverthrone, Cambridge: Cambridge University Press, 2003, p. 123.
② Francis Bacon, *The New Organon*, Book Ⅱ, Aph. L, eds., Lisa Jardine and Michael Silverthrone, Cambridge: Cambridge University Press, 2003, p. 209.

力学的发展。[1]

第二节　经验—归纳法

培根在 1605 年发表的《学术的进步》（"Of the Proficience and Advancement of Learning: Divine and Human," 1605）中，指出旧学术存在三种病状（distempers）。第一种是只重词句辨析与雕琢，忽视了对实物的观察与测量。第二种是将固有看法或前人观点作为论证的出发点而争辩不休。第三种是前人未意识到自己知之有限，后人却又以为其无所不知，亚里士多德及其追随者便是如此。[2] 在《伟大的复兴》第二部分"新工具"中，他又进一步列举了妨碍正确思考的四种假相。"种族假相"指人类以自我为中心，看待事物受情感、预期、偏见的影响，造成人类整体性认识偏差。"山洞假相"指个人局限于传统习俗、知识水平和权威意见。"市场假相"指日常语言的含混和专门术语的抽象、空洞。"剧场假相"指哲学论著长篇累牍、自说自话，导致系统性的教条。[3]

要祛除学术的弊病，需要新工具。"工具"一词来源于亚里

[1] Boris Hessen, "The Social and Economic Roots of Newton's Principia," G. Freudenthal and P. McLaughlin, eds., *The Social and Economic Roots of the Scientific Revolution*, Boston Studies in the Philosophy of Science 278, Heidelberg, London and New York: Springer, 2009, pp. 45–52.

[2] Francis Bacon, *The Advancement of Learning*, The Project Gutenberg EBook, EBook #5500, transcribed from the 1893 Cassell & Company edition by David Price, 2002.

[3] Francis Bacon, *The New Organon*, Preface, eds., Lisa Jardine and Michael Silverthrone, Cambridge: Cambridge University Press, 2003, p. 6.

士多德的逻辑学著作《工具论》（*Orgnon*），意即逻辑学是哲学的工具。亚里士多德将推理过程分为演绎法（sullogismos）和归纳法（epagôgê），但主要论述的是演绎法。① 亚里士多德逻辑学是中世纪以来大学的必修课，学生答辩要严格遵守三段论。但是，培根却指出："三段论不能用来确定科学的基本原理，将它用在中间定理上也会是无效的，因为它绝达不到自然界那样精微的程度，即便强行达成一致，也找不到具体的可参照事物。"②

培根主张采用归纳法。在他看来，归纳法与演绎法的差异在于论证的目的、顺序和起点不同。归纳法的目的是技术发现，"要做事来征服自然"，而不是争论得出某些原理和推论。演绎论证先从人的感觉和某些特例出发，迅速升至最普遍性的命题，"就好像搭起几根柱子，让所有的争论都围着这几根柱子转，再通过中间命题推导出一切"。归纳法则是一步步循序渐进，最后得出最普遍的原理，这些普遍原理不是概念性的，而是有着准确的定义。③

培根认为，归纳论证的起点是经验。但是，他又强调感觉并不可靠，要是以为感觉经验就能衡量万物，就大错特错了。因为物体太少、太小、太远、太慢、太快，人压根儿看不到，或者对有些物体熟视无睹。就算人类感官能够捕捉到这些对象，也不过

---

① 亚里士多德的演绎法比今天逻辑学的演绎法范围要窄。在亚里士多德的有效演绎中，前提和结论不能相同，不能只有一个前提，结论不能与前提无关。参见 https://plato.stanford.edu/entries/aristotle-logic/。

② Francis Bacon, *The New Organon*, Book I, Aphori. XIII, eds., Lisa Jardine and Michael Silverthrone, Cambridge：Cambridge University Press, 2003, p. 35.

③ Francis Bacon, *The New Organon*, Preface, eds., Lisa Jardine and Michael Silverthrone, Cambridge：Cambridge University Press, 2003, pp. 15-17.

是拿自己的标准来衡量，无法将其放在整个宇宙来看。[①] 因此，经验不是简单累积材料，而要对材料进行精细的加工。一方面应搜集和累积大量的经验材料，将特例与个例都包含在内，另一方面则要重视经验材料的筛选和甄别，这样才能保证得出可靠、合理的结论。培根说：

> 研究科学的人要么重经验，要么重教条。经验主义者像蚂蚁单纯收集和使用，理性主义者像蜘蛛自己织网。蜜蜂的方法介于两者之间，从田间花园的花卉中采集物质，但有能力转换和消化这些物质。就好比哲学的真正工作不是完全或大多依赖思考能力，也不是简单储存自然志和力学实验提供的材料却不加处理，而是在认识中改变、调试这些材料。因此，应该希望这些能力（即实验和推理）紧密结合（以前这一点没有做到过）。[②]

培根用经验—归纳法研究了热和火的问题。物质发光发热是一种常见现象，但是关于热和火的本质问题在哲学上却没有明确解释。[③] 他列出了三张表格。第一张表举出具体热现象，包括太

---

① Francis Bacon, *The New Organon*, eds., Lisa Jardine and Michael Silverthrone, Cambridge: Cambridge University Press, 2003, pp. 17-18.

② Francis Bacon, *The New Organon*, Aph. XCV, eds., Lisa Jardine and Michael Silverthrone, Cambridge: Cambridge University Press, 2003, p. 79.

③ 在亚里士多德物理学中，火这种元素是热和干两种性质的组合，是比其他三种元素都要接近月上区的完美天体物质。新柏拉图主义者费希诺认为，火与上帝联系在一起，火焰是上帝造化万物的具象表现。帕拉塞尔苏斯的医药化学派认为，火是一种推动性力量，能够将一切物质还原为硫、汞、盐三种基本物质。

阳光、烛光、流星火焰、引燃、火山喷发、火苗、天然温泉、水沸腾、冒烟、一年四季的大晴天、冬天地热、动物毛皮保暖等。第二张表列出与上述现象有相似之处却又没有明显反映出热的现象，包括清冷月光、星光、太阳放出的热和地球反射的热都到达不了的大气中间区域，南北两极，用透火镜聚拢月光，用透火镜照射已经受热却没有发光的物质等。第三张表将不同程度的热进行比较：温热的马粪、未冷却的烟灰、烧红的烙铁、燃烧的酒精、动物死后的余温等。在第三张表中，培根甚至还提出了"潜热"① 的概念，用来指物质的放热性和受热活性，② 并将硫黄、石脑油、石油列为潜热高的物质。在列出三张长长的清单后，他得出结论说：热本质上是一种运动。③

　　培根只对信息材料进行了列举和归类，其材料也多来源于日常体验。但是这不妨碍他强调指出，使用实验工具可以突破人类感官的局限。同时他又对把实验仅仅当作修辞工具的做法保持了警惕，指出实验范围要足够大。他对帕拉塞尔苏斯医药化学派和吉尔伯特磁学的实验方法表示不认同，批评他们仅凭有限的实验研究就想建构理论：

　　　　人们会爱上某一种思想和知识。要么他们相信自己会成为首创者，要么他们付出很多习以为常的劳动。如果让这样

① 18 世纪苏格兰化学家布莱克（Joseph Black，1728—1799）首次计算出"潜热"。

② 两者有区别，但是培根没有做出区分。

③ Francis Bacon, *The New Organon*, eds., Lisa Jardine and Michael Silverthrone, Cambridge: Cambridge University Press, 2003, pp. 110-131.

的人进行哲学或普遍性思考，他们会歪曲或破坏哲学来迎合自己之前的想象。这一点在亚里士多德那里特别明显，他让自己的自然哲学完全屈从于他的逻辑学，变成了一种无用的空辩。化学家这个群体只在火炉上做了几个非常有限的实验，便建立了一种奇怪的哲学。吉尔伯特也是如此，他先是不遗余力地研究磁石，然后马上编造出一种与他长期以来全心全意做的事情保持了一致的哲学。[①]

总之，培根的经验—归纳法突出了经验事实的认识意义和人工施加控制的必要性。这两点基本特征在实验科学后来几百年的发展中不曾改变。只不过半个世纪后牛顿的工作证明数学和演绎方法也不可或缺。

经验—归纳法带来的另外一个更为深刻的影响是改变了整个知识等级结构。中世纪拉丁语"学问"（scientia）一词指能够从自明前提出发、以三段论形式组织起来的严格而具有确定性的知识体系。理性神学属于学问，医学治疗、自然志和炼金术则不属于严格意义上的学问，后者的研究对象是具体、个别经验。自然哲学的知识等级介于这两类之间，其研究对象是变化，包括物理运动、天体运行、大气变化、矿物生成、生物生老病死等。时空本质、上帝与创造等形而上学问题也在自然哲学范围内。[②] 自然

---

① Francis Bacon, *The New Organon*, Aph. XCV, eds., Lisa Jardine and Michael Silverthrone, Cambridge: Cambridge University Press, 2003, p. 46.

② Katharine Park and Lorraine Daston, eds, *Cambridge History of Science*, Vol.Ⅲ, Cambridge: Cambridge University Press, 2006, pp. 3-4.

哲学与神学的关系十分密切，目的论将一种自然现象发生的原因归结于另外一种自然现象，环环相扣，最后指向造物主。但是，在培根体系中，经验事实扮演重要的认识角色，自然志甚至比自然哲学更加具有本原的性质，成为自然哲学的基础。

培根之后，他的密友和后辈霍布斯（Thomas Hobbs，1588—1679）提出了一个以事实为中心的知识分类体系。在霍布斯的《利维坦》（*Leviathan*，1651）中，人类知识被分为两类，一类是对事实的见证和记录，依靠感觉和记忆来获取，是绝对性的知识。自然志和文明史属于这一类。另一种是断言性知识，叫作"科学"或"哲学"，这类知识不是绝对的，而是依条件而定的。按照霍布斯的知识分类，不但自然哲学属于科学，政治学和文明哲学也属于科学，因为他认为政治实体与文明在本质上与自然物是一样的。自然哲学再分为研究量和研究质这两类。研究量的自然哲学包括几何、算术、天文学、地理学和力学（力学包括机械工程、土木建筑、航海技术）等。研究质的自然哲学不但有气象学、占星、光学、音律学，还有如伦理学、诗学、修辞学、正义非正义研究等人文学科。① 在霍布斯的知识分类体系中，自然志获得了独立而与自然哲学并立，人性与神性似乎都显得不再重要，知识变成了事实与对事实的判断。

---

① Thomas Hobbes, *Leviathan or The Matter*, *Forme and Power of a Commonwealth Ecclesiasticall and Civil*, London：Printed for Andrew Crooke, 1651, pp. 2 - 3, 40, Early English Books Online copyright@ 2019 Proquest LLC.

第三节　所罗门宫畅想

　　培根提出用经验—归纳法代替三段论演绎方法，提出知识取信于人的基础不是权威观点、经典文本和颠扑不破的几个信条，而是个别事实和具体经验的大量累积，这就引发了一个问题：具有偶然性、个体性和主观性的经验材料如何能够带来具有必然性、整体性和客观性的知识？这是经验论者必须直面的问题。培根本人没有对此充分考虑，所以一般哲学通史著作不将他列为标准意义上的经验论者。但是，他还是间接给出了解决这一难题的方案，即依靠科学共同体。

　　培根在乌托邦小说《新大西岛》（*New Atlantis*，1624）中，构想出一个名为"所罗门宫"的科学机构。所罗门宫是"本撒冷国"的一所公共机构，这个机构成立的目的是"探讨事物的本源和它们运作的秘密，并扩大人类的知识领域"。[①] 所罗门宫的元老来到街市时，伴有盛大庄严、整齐有序的队列仪式。国中所有公民都来观看仪式，并且得到元老的祝福。[②] 元老对误入本撒冷国的主人公一行介绍说：

　　　　我们那位国王的许多光辉的事迹当中有一件最突出的，

---

① 〔英〕培根：《新大西岛》，何新译，商务印书馆，1979，第28页。

② 19世纪培根作品的主要编纂者埃利斯（Robert Leslie Ellis，1817—1859）称，该场面描写取材于1603年詹姆士一世的加冕典礼。参见 Joseph Agassi, *The Very Idea of Modern Science：Francis Bacon and Robert Boyle*，Springer，2013，p. 19。

那就是我们称之为"所罗门之宫"的兴建和创办。它是一个教团，一个公会，是世界上一个最崇高的组织，也是这个国家的指路明灯。它是专为研究上帝所创造的自然和人类而建立的。[①]

所罗门宫的职责是：

每十二年要从本国派出两条船，作几次航行；每条船上要有"所罗门之宫"里三位弟兄组成的一个使节团，他们的任务就是研究要去访问的那些国家里的一切事物和情况，特别是全世界的科学、艺术、创造和发明等等，而且还要带回来书籍、器具和各种模型。[②]

这一权威机构拥有各种类似于实验室的分馆。有的馆建在地下深穴，有的建在高塔之上，用以模拟极端自然条件。有的馆足够大，可以观察风雨雷电、流星霓虹。有的馆专门用工具制造热能，有的专门制造水力，有的造风力。数学馆配有各种几何学和天文学仪器，声学馆配有各种乐器，视觉馆研究光学和成像原理，配有显微和望远装置。在自然志方面，有淡水湖和咸水湖用来研究各种鱼类和水禽，有果园和花园用于嫁接培育新品种植物。

---

① 〔英〕培根：《新大西岛》，何新译，商务印书馆，1979，第17页。
② 〔英〕培根：《新大西岛》，何新译，商务印书馆，1979，第18页。

不但如此，所罗门宫还掌握大量实用技术，拥有温泉、疗养院、浴池、池塘、蜂房、酒厂、面包房、药房、宝石库、香料坊、各种机器等。实用技术伴有经济回报，以至于元老结束谈话离去时，还要"拨付两千都开特作为我和我的同伴的奖励金，因为他们随时随地要发出大量的犒赏"。①

在这个机构内部，成员之间有着明确的分工。"光的商人"负责出国搜罗其他国家的经验知识，"剽窃者"收集书籍当中记载的知识，"技工"负责既有的技术知识，"先驱者或矿工"则开发新实验，"编纂者"对实验得到的数据进行制图和归纳总结，"天才或造福者"要提供更进一步的理论说明，"明灯"的工作是在既有实验结论的基础上进行科学预测，"灌输者"负责执行预见性的实验，最后，"大自然的解说者"综合所有人的工作并提出定理。②"还有许多学徒和实习生，以保证能够源源不断地接替上述各种人员的职务。"③"大批的男女用人和侍者"则是这个"宫"中地位最低的人。

这个知识生产机构拥有知识发布的绝对权威。元老强调说：

我们还共同研究：我们所发现的经验和我们的发明，哪些应该发表，哪些不应该发表，并且一致宣誓，对于我们认为应该保密的东西，一定严守秘密。有一些我们有时向国家

①　〔英〕培根：《新大西岛》，何新译，商务印书馆，1979，第 37 页。
②　〔英〕培根：《新大西岛》，何新译，商务印书馆，1979，第 35~36 页。
③　〔英〕培根：《新大西岛》，何新译，商务印书馆，1979，第 35~36 页。

报告，有一些是不报告的。①

　　培根的《新大西岛》与莫尔的《乌托邦》（Utopia，1516）都描述了某个理想国度的政治、宗教和社会制度。但是，与莫尔的纯粹空想不同，经过整整一个世纪经济与社会的发展，培根已经能够提供一种解决问题的方案，这便是一种集体式的知识生产模式。关于这种模式，他的描述虽然篇幅很短，却意味深长。当时的自然研究者分散在宫廷、大学、手工工场、田野乡间，身份天差地别，而所罗门宫的知识生产者却拥有被社会承认的独立身份，并以知识生产本身为目标，在特定场所进行具有高度组织性的分工合作。培根笔下涉及这一专门科学机构的分工、等级、资源、社会角色等问题，所有这些问题都在未来的历史现实中一一展开。

　　科学共同体之所以能够解决经验论者的难题，是因为同行合作、公开展示和权威评判等过程保证了对个别经验材料进行纠偏、补不足，提供集体性汇总。实际上，17世纪上半叶，伽利略、冯·盖里克、波义耳、帕斯卡等人的科学研究也都包含了这些环节。更具体来说，科学共同体分享同样的实验工具和实验步骤，而科学实验使用工具和仪器对经验事实进行人工控制，让原本凭借人类自身条件难以观察到的自然现象反复出现，使得不同的人在不同的时间和地点都能够观察到同一现象，因而更容易形成一致性的集体经验。例如，后来波义耳用自制的真空泵对封闭

---

① 〔英〕培根：《新大西岛》，何新译，商务印书馆，1979，第36页。

玻璃器皿进行抽真空，模拟地球大气层最上端空气稀薄处的环境，再进行托里拆利实验等，其他人无论何时何地使用真空泵，都相当于与他一道站在大气层外缘进行一场托里拆利实验。此外，科学实验的公布方式也有利于人们达成一致意见。例如，波义耳的真空泵实验有 3—6 名证人在场。实验者还以小册子或者文章形式公布实验仪器构造、实验材料以及实验步骤等细节，让不在场的人能够自行重复实验。即便没有条件重复实验，实验者对于实验过程的清楚描述也保证了一种公开、透明和证伪的可能性。应该说，是现代实验科学方法本身决定了它必然要依托一个共同体和一定的组织机构形式。默顿概括说：

> 科学是公共的知识而不是私人的知识；虽然在科学中并没有明确地运用"他人"的观念，但总是会不言而喻地涉及它。一个科学家可以根据他自己个人的经验作出一个概括，并使之获得不需要进一步证实的有效定律的地位，但为了证明这个概念，研究者仍不得不设计一些判决性实验，它们须使从事于同样活动的其他科学家确信无疑。[1]

培根不是时代的开创者，而是时代的阐释者。他提出的经验—归纳法、实用主义知识观以及专业科学机构的设想，无一不是对当时经济与社会大势的回应。与其说他的科学思想具有划时代的意义，毋宁说他劝说知识分子转向科学以跟上时代。培根反

---

[1] 〔美〕R. K. 默顿：《科学社会学》，鲁旭东、林聚任译，商务印书馆，2003，第 xxxiii 页。

对辩论之风，其本人却有雄辩之才，列出许多二元对立关系，如旧与新、静与动、想和做、言辞与事实、空谈与把握、自然志与自然哲学、直接经验与人工实验等，要求二者必取其一。这些思想直接推动了 17 世纪中叶英国知识分子在传统大学之外追求新科学。因而 17 世纪 60 年代皇家学会成立时，英国诗人考利（Abraham Cowley，1618—1667）献诗纪念哲学的新生，并称颂培根为摩西一般的人物：

> 后世的高洁精神为哲学争自由，其虽年长，却稚嫩受人操控（监护人已成侵占者）/但举义不易，须苦战方赢，只因压迫日久，权力尽失/最终，培根，一位伟人，挺身而出/明君和自然，都选他做大法官，让他执行君王的法和自然的法/他大胆无畏，受理这桩未成年人受害案。①

后来的历史也的确见证了认知与实践、理论与技术、学者与社会一步步从分立走向融合。实用主义知识观尽管没有完全成为文人学者的行动纲领，却成为他们经常使用的一种修辞武器，帮助他们建立一种集体自觉，让文人学者共同体在剧变的社会结构中重新安置自己。培根以及考利都运用了一种孩童比喻：用孩童式的嬉闹与成年人的责任和权力比喻新旧知识传统的巨大差异。占有自然宝藏并不可鄙，因为这只是人类应当收回的成年权力。

---

① Abraham Cowley, "To the Royal Society," in Thomas Sprat, *The History of the Royal Society of London for the Improving of Natural Knowledge*, 3rd edition, London: Printed for J. Knapton, 1722, pp. B-B2.

既已成年，却依然被当作幼童对待，比喻变革势在必行，承担变革使命的人更是任重道远。

　　他（即哲学）早已忘记自己该做的/他们（指哲学的监护人和教师）用嬉闹的聪明把他逗乐/喂他诗歌这种甜食/却不曾令其食肉来强筋健骨/没有勤加锻炼/却领他入游戏迷宫，常有常新的理论迷宫/未携他去看为他装运的财富/从自然无尽宝藏中/却选择让他的眼睛（他好奇而非渴求的眼睛）快活/用画中美景和头脑中的盛事。①

　　培根的寻宝故事一直到 18 世纪狄德罗的笔下依然可以找到。这位百科全书派的代表人物与培根一样重视实用技术，反对形而上学，甚至反对构建理论体系的几何学。这一态度与《百科全书》另一位主编达朗贝尔恰好相反。不过，即便达朗贝尔主张把数学作为整个科学的基础，让哲学为普通人立法，却从来没有放弃过有关知识与社会紧密联系的基本观念。他在《百科全书》的"绪论"部分论述人类知识的分类与统一性时，第一点便指出人类知识的社会起源。②

　　在更具体层面，培根有关自然志比自然哲学更为基础和实在的观点深刻影响了英国科学传统。虽然牛顿物理学创造了自然哲

①　Abraham Cowley, "To the Royal Society," in Thomas Sprat, *The History of the Royal Society of London for the Improving of Natural Knowledge*, 3rd edition, London: Printed for J. Knapton, 1722, pp. B–BI.

②　Jean le Rond D'Alembert, *Preliminary Discourse to the Encyclopedia of Diderot*, Indianapolis: Bobbs-Merrill, 1995, pp. 18–25.

学的辉煌，但是英国的自然志研究整体上比自然哲学发达和活跃，在数学和精密科学方面相对落后于欧洲大陆特别是法国。英国科学家对于搜集经验事实的兴趣与德国哲学家构建理论体系的热忱形成鲜明的对比，以至于 19 世纪恩格斯在《自然辩证法》中为了强调黑格尔形而上学的价值，将与自己同时代的英国生物学家华莱士（Alfred Russel Wallace，1823—1913）作为反例，批评后者因为忽视理性思维，做研究从经验到经验，从现象到现象，最后对降神术深信不疑。①

---

① 〔德〕恩格斯：《自然辩证法》，人民出版社，2015，第 48~56 页。

第三章　传统大学的古典教育框架
与科学教职的增加

　　一旦实验科学方法论与实用主义知识观兴起，必然要求零星分散的科学人与科学实践整合起来，以实现一种新的知识公共性。尽管培根将老大学与新科学机构列为一对正反题，英国科学的组织化发展却并非表现为新旧学术中心的迅速更替，而是传统知识中心的缓慢改变与新知识中心的逐步形成。近代早期，牛津大学和剑桥大学尽管饱受宗教改革者和科学人的批评，其沿袭自中世纪的古典教育框架却持续提供着自然哲学的基本问题和知识素材，同时科学教学内容与教职数量不断增加，为科学的发展提供了人才储备和机构性支持。

第一节　传统大学与近代早期教育法令

　　1573 年，12 岁的培根跟随兄长安东尼进入剑桥大学三一学院读书。因为身体病弱、兴趣不高，这段大学生活不到三年便草草结束。很快他跟随使团赴法，游历欧洲大陆，广泛结交学者，返英后从事法律工作，后来一路从政，在实践中攒得才华学问征服世人。而唯一的负笈生涯成为他日后对旧学术猛烈抨击的依据：

> 学校、大学、学院和类似机构原本应该是饱学之士的居所、增长知识的地方，可是这里的方式和风气都被证明对科学进步有害无益。这里安排的阅读和练习很难让一个人打破常规。若有人敢于自行做出判断，就得独自完成这一任务，同行们不会提供任何有用的帮助。如果他容忍这一点，便还会发现自己的勤奋和开阔视野反倒成为职业道路上自我设置的障碍。因为在这些地方，人们的研究只局限于某几个作者的作品。要是有人跟他们不一样，就马上被说成找麻烦、想革命。①

然而实际上，16—17 世纪英格兰的学院正规教育并非死水一潭，而是在充实古典教育框架的同时增加自然哲学内容。而只要自然哲学的大门加宽，无论亚里士多德学派还是"新哲学"都获得了更多的准入机会。

一　古典教育

11—12 世纪，欧洲各地出现了大学。大学由城镇上一些学校和私人讲席发展而来，这些教育机构为了向地方争取权益、求得

---

① Francis Bacon, *The New Organon*, Book I, Aph. XC, eds., Lisa Jardine and Michael Silverthrone, Cambridge：Cambridge University Press, 2003, pp. 75-76.

保护，也为了便于对教学内容有所控制，逐渐形成教师或学生的
联合团体即大学。"大学"（universitas）一词原意指有共同目标
的联盟，没有今天的"学术"含义。早期大学既无固定房产，也
无特许状，组织模式与行会相同。11世纪末，牛津地区出现了教
学活动。1167年，国王亨利二世（1154—1189年在位）与坎特
伯雷大主教贝克特（Thomas Becket，1118—1170）关系紧张，下
令禁止英格兰学生进入巴黎大学，牛津大学借此迅速发展起来。
12世纪末13世纪初，牛津大学成为有权威认可的正规"学者团
体"（studium generale），与博洛尼亚大学（约1088年成立）和
巴黎大学（约1208年成立）齐名。① 1190—1209年，牛津大学
教师人数已经超过70人。② 14世纪，牛津大学有师生1000—
1500人，规模与博洛尼亚大学相近，但是不及拥有2500—2700
人的巴黎大学。③

　　1209年，牛津镇居民与牛津大学学者发生冲突，俗称"街
与袍之乱"（Town and Gown Rivalry），2000多名学者离开牛津去
往雷丁、剑桥和巴黎，④ 剑桥大学自此发展起来。1284年，伊利
大主教巴沙姆的雨果（Hugo de Balsham，？—1286）在剑桥建立

---

① Hilde de Ridder-Symoens, ed., *A History of the University in Europe*, Volume 1, *Universities in the Middle Ages*, Cambridge: Cambridge University Press, 2003, pp. 4-6.

② David C. Lindberg, *The Beginnings of Western Science: The European Scientific Tradition in Philosophical, Religious, and Institutional Context, 600 B. C. to A. D. 1450*, Chicago and London: The University of Chicago Press, 1992, p. 207.

③ David C. Lindberg, *The Beginnings of Western Science: The European Scientific Tradition in Philosophical, Religious, and Institutional Context, 600 B. C. to A. D. 1450*, Chicago and London: The University of Chicago Press, 1992, p. 209.

④ 〔美〕克莱顿·罗伯茨、戴维·罗伯茨、道格拉斯·R. 比松：《英国史》，潘兴明等译，商务印书馆，2013，第121页。

了彼得学院（Peterhouse）。1318 年，教皇约翰二十二世（John XXII，? —1334）批准剑桥大学成为正规学者团体。上文提到，培根就读的三一学院系 1546 年国王亨利八世用没收修道院的钱捐建的，至今仍是剑桥大学规模最大的学院。16 世纪之前，剑桥大学在规模和影响上远不及牛津大学。

　　在培根上大学之前，英格兰有牛津和剑桥两所大学，苏格兰有圣安德鲁斯大学（1411）、格拉斯哥大学（1451）、阿伯丁大学（1495）和爱丁堡大学（1583），爱尔兰则有都柏林大学（1592）。① 英伦三岛的学子也可以选择去欧洲大陆求学，如苏格兰学生留学首选巴黎大学而不是牛津大学和剑桥大学。欧洲各大学的学制、课程、教材相似，人员流动十分自由。

　　欧洲大学一般有四个同业公会：艺学、神学、法学和医学。其中艺学是基础教育，设有学士和硕士学位，而神学、法学和医学课程为高阶专业性教育，只设有硕士和博士学位。② 学生一般 14 岁上大学，之前先在语法学校学拉丁语。注册入学后跟从一位导师，修满一定的课程，获得相应的学位。

　　艺学即语法、逻辑学、修辞学组成的"三艺"（trivium）与算术、音律学、几何学、天文学组成的"四艺"（quadrivium），合称"七艺"。在英格兰，基督教传统下的艺学教育始自盎格鲁-撒克逊时期的修道院。6 世纪末，坎特伯雷的奥古斯丁

---

　　① Hilde de Ridder-Symoens, ed., *A History of the University in Europe*, Volume 1, *Universities in the Middle Ages*, Cambridge：Cambridge University Press, 2003, pp. 62-68.

　　② David C. Lindberg, *The Beginnings of Western Science：The European Scientific Tradition in Philosophical, Religious, and Institutional Context, 600 B. C. to A. D. 1450*, Chicago and London：The University of Chicago Press, 1992, p. 209.

（St. Augustine of Canterbury，？—604/605）在坎特伯雷设立主教堂，创办圣彼得和圣保罗修道院，自此英格兰有了教会学校。669年，第七任坎特伯雷大主教塔尔苏斯的西奥多（Theodore of Tarsus，620—690）开始在教会学校讲授拉丁语、希腊语、罗马法、宗教历法、宗教音乐和宗教诗韵学。[①] 到了8世纪，阿尔昆（Alcuin of York，732—804）在对话录《真哲学之辩》（*Disputatio de vera Philosophia*）中说，学习"七步冥想知识"能让人类理性从物质世界抽离出来，从而掌握真正的智慧。[②] 这位约克教堂学校校长受到查理大帝的器重，在亚琛的帕拉丁宫廷学校和图尔（Tours）修道院推行自己的教学理念，推动了加洛林王朝的文艺复兴。

12世纪初，教堂学校的学生只学习三艺，几乎很少学习四艺。语法课主要是读拉丁文经典名著，如维吉尔（Virgil）、奥维德（Ovid）和西塞罗（Cicero）的作品，修辞学课程学习写信规则，逻辑学学习亚里士多德的逻辑学。[③] 著名学者索尔兹伯里的约翰（John of Salisbury，1125—1180）便以逻辑学和拉丁文见长，其著作《代言逻辑学》（*Metalogicon*）显示出对亚里士多德的《工具论》内容十分熟悉。在13世纪的牛津大学，学生修完三艺，通过考试，可以获得艺学学士学位。艺学学士继续修四

---

① 〔美〕克莱顿·罗伯茨、戴维·罗伯茨、道格拉斯·R. 比松：《英国史》，潘兴明等译，商务印书馆，2013，第66页。

② Mary Alberi, " 'The Better Paths of Wisdom': Alcuin's Monastic 'True Philosophy' and the Worldly Court," *Speculum*, Vol. 76, No. 4, 2001, pp. 896–910.

③ 〔美〕克莱顿·罗伯茨、戴维·罗伯茨、道格拉斯·R. 比松：《英国史》，潘兴明等译，商务印书馆，2013，第168页。

艺，可以获得艺学硕士学位。艺学硕士再学习民法、天主教会法典、医学、哲学和神学，可以获得其他专业的硕士或博士学位。[①]艺学学士相当于行会里面出师的学徒工，获得在教师的指导下讲课的资格。艺学硕士相当于行会里面的正式会员，可以独立讲授七艺课程。文学硕士往往一边教课，一边继续攻读其他学位。

大学授课与答辩采用拉丁语。授课采取报告形式，对指定文本进行评论和解释。一个教授可能教好几门课程，并不一定只专职于某一个学科。学生除了听课以外，还要针对论文内容进行数次答辩，答辩过程是针对权威观点进行总结和论述，很少引入新主题，辩论方法严格遵守逻辑学。

12 世纪，一批自然哲学经典作品开始出现，如柏拉图的《蒂迈欧篇》（*Timaeus*），希帕的奥古斯丁、波埃修（Boethius，480—524）、司各脱（John Scotus Eriugena，800—877）等人的作品。[②] 大翻译运动开始后，一批古希腊与阿拉伯著作者的作品被翻译成拉丁文。巴斯的阿德拉尔德（Adelard of Bath，活跃于 12世纪）即后来亨利二世的老师翻译了欧几里得的《几何原本》，并在《自然问题》（*Quaestiones Naturales*）一书中介绍了阿拉伯气象学、动物学、植物学和天文学。切斯特的罗伯特（Robert of Chester）翻译了花剌子密（Al-Khwarizmi）的《代数学》（*Liber Algebrae et Almucabola*，1144）和贾比尔（Abu Musa Jabir Ibn

① 〔美〕克莱顿·罗伯茨、戴维·罗伯茨、道格拉斯·R. 比松：《英国史》，潘兴明等译，商务印书馆，2013，第 168 页。

② David C. Lindberg, *The Beginnings of Western Science: The European Scientific Tradition in Philosophical, Religious, and Institutional Context, 600 B.C. to A.D. 1450*, Chicago and London: The University of Chicago Press, 1992, p. 197.

Hayyan）的《炼金术》（*Liber de Compositione Alchimiae*，1155）。托勒密的《至大论》（*Almagest*）、阿维森纳的《医典》、亚里士多德的《物理学》《论天》《气象学》《论生灭》以及盖伦与希波克拉底医学都在这一时期进入学者们的视野。

12 世纪末，亚里士多德的自然哲学、道德哲学和形而上学开始成为大学必修课。到了 13 世纪下半叶，亚里士多德的形而上学、宇宙学、物理学、天文学、心理学和自然志等著作被列为大学必读书目。① 牛津大学校长格罗塞特斯特（Robert Grosseteste，1168—1253）翻译和注释亚里士多德的《后分析学》（*Posterior Analytics*）《物理学》（*Physics*）和《尼各马可伦理学》（*Nichomachean Ethics*），并发展出一种介于新柏拉图主义和亚里士多德理论之间的宇宙观。而他的学生 R. 培根（Roger Bacon，1214—1292）在致力于引介古希腊学问的同时，产生了对实验科学的浓厚兴趣。他研究数学、光学、天文学和炼金术，描述火药的制造过程，还设想出未来的飞行器、机动船和机动车。

1325—1350 年，牛津的莫顿学院出现了一批杰出的逻辑学家和数学家，包括后来的坎特伯雷大主教布拉德华（Thomas Bradwardine，1290—1349）、赫特斯伯里（William Heytesbury，1313—1372/1373）、邓布尔顿的约翰（John of Dumbleton，1310—1349）和斯温斯海德（Richard Swineshead，? —1354）。这些学者研究了杰拉德（Gerard of Brussels）的《运动之书》（*Liber*

---

① David C. Lindberg, *The Beginnings of Western Science*：*The European Scientific Tradition in Philosophical, Religious, and Institutional Context, 600 B. C. to A. D. 1450*, Chicago and London：The University of Chicago Press, 1992, p. 212.

du Motu，1187—1260），这部拉丁文动力学著作介绍了欧几里得和阿基米德的工作。他们提出速度为距离与时间之比这一概念。布拉德华在《运动速度比例论》（*Tractatus De Proportionibus Velocitatum in Motibus*，1328）中提出，运动速度的加快对应于作用力与阻力的比率，这一错误概念在欧洲一直沿用了一个多世纪。这些莫顿学者提出对运动的研究应该从原因和效果两个角度来着手，相当于区分了动力学（dynamics）和运动学（kinematics）。他们还给出了匀加速运动的定义。①

二 《伊丽莎白法令》与《劳德法令》

1570 年，培根入学之前，女王对剑桥大学发布了《伊丽莎白法令》（Statuta Reginae Elizabethae，1570）。该法令规定，文学院本科生住校时间不得少于 12 个学期，并必须完成文学院所有课程。学生第一学年学习修辞，第二学年学习辩证法，第三学年学习哲学和其他艺学课程，其间参加几次公开答辩。法令还规定，大学教师每周授课时间不少于四天，调课要预先通知学生，否则处以罚款。

《伊丽莎白法令》对授课内容有着严格的规定。哲学课必须学习亚里士多德的《自然科学问题集》（*Problemata Physica*）、伦理学和政治学以及普林尼和柏拉图的相关著作。数学包含宇宙学、算术、几何学、天文学几门课。其中，宇宙学课必须学习古

---

① David C. Lindberg, *The Beginnings of Western Science：The European Scientific Tradition in Philosophical, Religious, and Institutional Context, 600 B. C. to A. D. 1450*, Chicago and London：The University of Chicago Press, 1992, p. 295.

罗马地理学家梅拉（Pomponius Mela）、古罗马自然志学家普林尼、古希腊地理学家斯特拉波（Strabo）或者柏拉图的著作。算术课学习英国当时著名数学家汤斯托尔（Cuthbert Tonstall，1474—1559）或者意大利数学家卡丹（Hieronymus Cardanus，1501—1576）的书，几何学课学习欧几里得的《几何原本》，天文学课则学习托勒密的《至大论》。①

除了遵守《伊丽莎白法令》以外，剑桥师生还要遵守各自所在学院的规定。例如，克莱尔学院规定，一年级学生要读亚里士多德的《物理学》《论天》《论动物》等，三年级学生要读亚里士多德其他著作和腓尼基新柏拉图主义者普菲利（Porphyry，234—305）的著作，而二年级和四年级学生不读任何科学类著作。国王学院规定有两名学者研究天文学。女王学院要求一名学监来对学院里的学者和学生讲授数学、逻辑学和哲学。②

这些法令和规定巩固了 12 世纪大翻译运动以来形成的古典教育框架，强调了七艺教育的基础作用，将教学资源集中在古代著作特别是亚里士多德理论上，同时给予数学和自然知识一定的重视。其颁行是对当时英国高等教育资源的一次较好整合，只是令少年培根倍感沉闷僵化。

培根去世十年后，他服务的斯图亚特王朝进入革命前夕。国王查理一世与议会关系紧张，坎特伯雷大主教劳德（William

---

① *Statuta Reginae Elizabethae*，1570，Cap. Ⅲ - Ⅶ，转引自 Phyllis Allen， "Scientific Studies in the English Universities of the Seventeenth Century," *Journal of the History of Ideas*，Vol. 10，No. 2，Apr. 1949，pp. 219-253。

② Phyllis Allen， "Scientific Studies in the English Universities of the Seventeenth Century," *Journal of the History of Ideas*，Vol. 10，No. 2，Apr. 1949，pp. 219-253.

Laud，1573—1645）竭力压制清教徒和其他不同政见者。而牛津大学这一见证了 1378—1418 年罗马教廷大分裂之辩、[①] 威克里夫发起宗教改革以及克兰默受火刑的风云舞台，免不了成为国王加强思想控制和稳定局面的大本营。1636 年，兼任牛津大学校长的劳德对牛津大学颁行了保守的《劳德法令》（Laudian Statutes），又称《卡洛琳准则》（Caroline Code）。

　　该法令规定，艺学本科生要修满 4 学年即 16 个学期的课程。教师每次授课的时长不得短于四分之三小时，讲课必须缓慢而清晰，好让学生能够有时间书写。讲完课之后，教师不能马上离开学校，必须回应学生的质疑和反驳。[②] 对于本科生，语法课要学中世纪早期语法学家普里西安（Priscianus Caesariensis）和 15 世纪英国人文主义学者利纳柯尔的著作；修辞课学习亚里士多德、西塞罗、古罗马教育家昆体良（Marcus Fabius Quintilianus，35—100）和古希腊修辞学家赫谟根尼（Hermogenes of Tarsus）的作品；逻辑学讲菲利和亚里士多德等人的作品；道德哲学的课程内容包括亚里士多德的政治学、经济学和伦理学。[③] 几何学和希腊语也是本科必修课。获得学士学位的前提条件之一是要修完艺学系所

---

① R. N. Swanson，*Universities，Academics and the Great Schism*，*Cambridge Studies in Medieval Life and Thought*，Cambridge：Cambridge University Press，1979，p. 28.

② Laudian Statutes，Title Ⅳ，Sect 1，Chap. Ⅰ，Title Ⅳ，Sect 2，Chap. Ⅰ，Title Ⅳ，Sect 2，Chap. 4，Title Ⅴ，Chap. 3，Oxford University Statutes，trans.，G. R. M. Ward，London，1845，Ⅰ，转引自 Phyllis Allen，"Scientific Studies in the English Universities of the Seventeenth Century," *Journal of the History of Ideas*，Vol. 10，No. 2，Apr. 1949，pp. 219-253，n. 4。

③ Laudian Statutes，Title Ⅳ，Sect 1，Chap. 2，3，4，5，6，Title Ⅸ，Sect 3，Chap. 4，Title Ⅵ，Sect 2，Chap. 1，Title Ⅳ，Sect. 2，Chap. 7，9，10，11，12，13，Title Ⅵ，Sect. 2，Chap. 13，Oxford University Statutes，trans.，G. R. M. Ward，London，1845，Ⅰ，转引自 Phyllis Allen，"Scientific Studies in the English Universities of the Seventeenth Century," *Journal of the History of Ideas*，Vol. 10，No. 2，Apr. 1949，pp. 219-253，n. 5。

有课程以及亚里士多德逻辑学的所有课程。对于硕士研究生，希腊文课读荷马、德摩斯梯尼（Demosthenes）、伊索克拉底（Isocrates）和欧里庇德斯（Euripides）等古代作家的作品，形而上学课学习亚里士多德理论，希伯来语课以《圣经》为教材，历史课学习公元二世纪罗马历史学家弗洛鲁斯（Publius Annius Florus）等人的作品。①这种课程设置相当于增加了少部分人文主义内容，中世纪以来的古典教育框架也基本得到了巩固。一直到1854年，牛津大学才取消《劳德法令》。

　　传统大学的古典教育框架提供了自然哲学的基本问题和知识储备。只不过如培根所说，自然哲学没有与自然志充分结合起来。近代早期科学革命的目标并非取消自然哲学，而是改进自然哲学，为数百年来挥之不去的大问题提供新的答案。在此意义上，科学革命反映出对中世纪学术传统的继承，认为科学与传统之间连续性大于断裂的看法始终存在，就连18世纪伏尔泰、休谟、狄德罗和洛克等人的科学启蒙也被贝克尔（Carl L. Becker，1873—1945）理解为是对中世纪思维方法的继承。②

第二节　大学里的数学与实验科学

　　古典教育看重的不是专业能力，而是一个人在学习知识过程

① Martha Ornsterin, *The Role of Scientific Societies in the Seventeenth Century*, Chicago: The University of Chicago Press, 1928, p. 237.
② Carl Becker, *The Heavenly City of the Eighteenth Century Philosophers*, New Haven and London: Yale University Press, 1932, 1960, pp. 30-31.

中表现出来的整体能力，认为这种能力足以在多种场合解决不同问题。加之中世纪大学各专业前景以神学最好（大多数大学管理者都有神学学位），法律次之，医学排在最后，所以中世纪大学课程逻辑学的比重较大，道德哲学、形而上学和自然哲学的比重一直在增加，数学等四艺则始终不太重要。四艺中只有天文学稍受重视，因为宗教历法要直接用到天文学。[①] 尽管如此，从 16—17 世纪开始，大学里数学和自然科学的教学内容与教职不断增加。

一 数学与科学教职

1540 年，亨利八世在剑桥大学设立皇家医学教授席位（Regius Professorship of Physic）。第一任皇家医学教授是从意大利北部费拉拉大学学成归来的布里茨（John Blyth，1503—1568）。16 世纪有六位学者担任这一职务，以洛金（Thomas Lorkin，1528—1591）任期最长（1564—1591）。16 世纪 60 年代，人体解剖在英格兰还很少见，医生们多引用间接证据，而洛金任职后主持了剑桥大学的两次人体解剖实验。[②] 他的著作《正确习惯与饮食》（Recta Regula et Victus Ratio pro Studiosis et Literatis）汇集了盖伦、希波克拉底和费奇诺关于饮食、睡眠和运动的论述。他身后留下大量医学书籍，充实了剑桥大学图书馆。

---

① David C. Lindberg, *The Beginnings of Western Science: The European Scientific Tradition in Philosophical, Religious, and Institutional Context, 600 B.C. to A.D. 1450*, Chicago and London: The University of Chicago Press, 1992, p. 211.

② Murray Jones, "Thomas Lorkyn's Dissections, 1564/5 and 1566/7," *Transactions of the Cambridge Bibliographical Society*, Vol. 9, No. 3, 1988, pp. 209-229.

1570—1600 年，剑桥大学授予的医学学位明显增多。[①] 洛金的学生墨菲（Thomas Muffet，1553—1604）支持帕拉塞尔苏斯理论，并以解剖昆虫出名。

1546 年，亨利八世在牛津大学设立了与剑桥一样的五个皇家教授席位。第一任皇家医学教授是牛津大学副校长、温彻斯特学院院长沃纳（John Warner，1500—1565）。16 世纪牛津大学有五位学者担任这一职位，任期最长的拜雷（Walter Bayley，1529—1593）是伊丽莎白一世的御医。除了这一教席外，还有几个学院自行设立医学研究职位。1624 年，商人汤姆林斯（Richard Tomlins）出资在牛津大学设立汤姆林斯解剖学准教授席位（Tomlins Readership in Anatomy）。到了 1626 年，牛津要求医学院学生必须掌握解剖学知识。大学的辩论题目也有了一些与实验有关的内容，如人不能呼吸生命能维持多久、血液是否流经身体各个部分等。[②]

1619 年，著名学者萨维尔（Henry Savile，1549—1622）在牛津大学设立萨维尔几何学和天文学两个教席。萨维尔几何学教授（Savilian Professor of Geometry）的职责是讲授欧几里得的《几何原本》、阿波罗尼乌斯的《圆锥曲线论》以及阿基米德的所有著作，选择性地讲解古希腊数学家西奥多修斯（Theodosius）

① Margaret Pelling, Charles Webster, "Medical Practitioners," in C. Webster, ed., *Health, Medicine and Mortality in the Sixteenth Century*, Cambridge, 1979, pp. 195 - 197, 转引自 Murray Jones, "Thomas Lorkyn's Dissections, 1564/5 and 1566/7," *Transactions of the Cambridge Bibliographical Society*, Vol. 9, No. 3, 1988, pp. 209-229, n. 17。

② *Register of the University of Oxford*, Part I, p. 123, 转引自 Martha Ornsterin, *The Role of Scientific Societies in the Seventeenth Century*, Chicago: The University of Chicago Press, 1928, p. 236。

的作品、梅涅劳斯（Menelaus）的《球面学》、托勒密《至大论》中的三角学，还要讲土地勘测、音律和机械力学涉及的算术问题。对于萨维尔天文学教授（Savilian Professor of Astronomy）的规定是：必须讲解托勒密的《至大论》全文，可以适当讲解哥白尼等现代作者的著作，还要讲解光学、日晷仪投影、地理学、导航规则用到的数学知识。

萨维尔教席赋予教师较大的自主空间，允许他们除了规定的经典读本之外，可以在不违反大学规定的前提下自行选择教材。于是，大学里很快已经可以看到一些新书。数学类新书有哈里奥特身后出版的数学著作《实用分析术》（*Artis Analyticae Praxis*，1632）、温盖特（Edmund Wingate，1596—1656）的通俗读物《简明数学》（*Arithmetique Made Easie*，1630）、比灵斯雷（Henry Billingsley，1550—1606）的欧几里得著作译本、克拉维乌斯（Christopher Clavius，1538—1612）的欧几里得著作评注、斯比德尔（John Speidell，fl. 1600—1634）的《几何学选粹》（*Geometrical Extraction*，1616）以及布里格斯的《对数算法》（*Logarithmeticall Arithmeticke*，1631）。自然哲学类著作有新亚里士多德主义者博格斯底（Francis Burgersdijck，1590—1635）的《道德哲学与自然哲学思想》（*Idea Philosophiae Tum Moralis Tum Naturalis*，1631）。天文学与地理学读本有卡朋特（Nathaniel Carpenter，1589—1628）的天文学著作《自由哲学》（*Philosophica Libera*，1622）和《地球与地区地理绘本》（两卷）（*Geography Delineated Forth in Two Books, Containing the Spaericall and Topicall Parts There of,*

1625）、莫卡特（Gerard Mercator，1512—1594）的《地图集》（*Atlas*，1569—1606）、斯万（John Swan，？—1643）的通俗天文学著作《镜中世界》（*Speculum Mundi*，1645）。①

牛津大学第一任萨维尔几何学教授是数学家布里格斯。1631年，校长劳德任命特纳（Peter Turner，1586—1652）接替布里格斯成为第二任几何学教授。1649年，因为特纳积极参加保皇党军队作战，议会代表取消了他的萨维尔教授资格，由 J. 沃利斯（John Wallis，1616—1703）接替。J. 沃利斯著有《无限小算术》（*The Arithmetic of Infinitesimals*，1656）一书，这是牛顿之前一部非常重要的微积分数学作品。他担任这一教职长达半个多世纪，直到1702年去世前才卸任。1704年，哈雷（Edmond Halley，1656—1742）成为第四任几何学教授。

17世纪有六位学者执掌萨维尔天文学教席。第一位是以彗星研究出名的班布里奇（John Bainbridge，1582—1643）。1643年，在班布里奇的支持下，格里弗斯（John Greaves，1602—1652）成为第二任天文学教授，之前他已经用当时最先进的数学工具完成了对埃及金字塔的精确勘测。1649年，格里弗斯也因为支持保皇党被议会代表取消教职，沃德（Seth Ward，1617—1689）担任第三任萨维尔天文学教授。班布里奇和格里弗斯都相信托勒密的地心说，到了沃德这里却开始正式宣讲哥白尼的日心说。1661年，英国内战结束后，雷恩（Christopher Wren，1632—1723）接

---

① Phyllis Allen, "Scientific Studies in the English Universities of the Seventeenth Century," *Journal of the History of Ideas*, Vol. 10, No. 2, Apr. 1949, pp. 219—253.

替了沃德，这位重视知识实用性的建筑学家在 1666 年伦敦大火后设计督建了著名的伦敦圣保罗大教堂。1673 年，伯纳德（Edward Bernard，1638—1697）继任，他编纂了多语种的《几何原本》。1691 年，苏格兰学者格雷戈里（David Gregory，1659—1708）继任，而此前他已经开始在爱丁堡大学讲授牛顿理论。1708 年，格雷戈里在旅途中病逝后，教席由卡斯维尔（John Caswell，1656—1714）短暂掌管。1712 年，凯尔（John Keill，1671—1721）担任天文学教授后，很快投入牛顿与莱布尼茨有关微积分的首创权之争当中，自此萨维尔天文学教席本身也完成了一场"哥白尼革命"。

1621 年，萨维尔的侄子塞德雷（William Sedley，1558—1618）去世后，根据其遗嘱在牛津大学设立了塞德雷自然哲学教席（Sedleian Lectures of Natural Philosophy）。该教席规定授课内容必须为亚里士多德的《物理学》《论天》《气象学》《论生灭》等内容，不能引入其他新著作。① 内科医生兼诗人兰普沃斯（Edward Lapworth，1574—1636）成为第一任塞德雷自然哲学教师。由于自主性不高，塞德雷教席的影响力远不及萨维尔教席。

1649 年英格兰共和国成立后，清教改革力度加大。克伦威尔任命了一批在新科学方面有造诣的知识分子担任牛津大学各学院要职。大学开始引入一些由当代学者写的新课本，如威尔金斯的

---

① *Laudian Statutes*, Title Ⅳ, Section Ⅰ, Chapter 9, Oxford University Statutes, trans., G. R. M. Ward, London, 1845, Ⅰ, 转引自 Phyllis Allen, "Scientific Studies in the English Universities of the Seventeenth Century," *Journal of the History of Ideas*, Vol. 10, No. 2, Apr. 1949, pp. 219-253, n. 13。

《数学魔术》（*Mathematical Magick*）、沃德的《三角几何学》（*Trigonometry*）等。1657 年，克伦威尔还批准了一个在杜伦建立新型大学的计划。但是这一计划最终没有能够付诸实施，杜伦学院在此后的两百年一直是神学院。

斯图亚特王朝复辟后，传统大学对新科学的接纳程度进一步加大。1663 年，剑桥大学设立卢卡斯数学教席（Lucasian Professor of Mathematics）。第一任卢卡斯数学教授巴罗（Isaac Barrow，1630—1677）讲授数学和光学，其本人的工作奠定了微积分的基础。1669 年，牛顿接替巴罗成为第二任卢卡斯教授。但是，真正讨论和宣讲牛顿力学理论的并不是牛顿本人。1695 年，在剑桥大学就读的克拉克（Samuel Clarke，1675—1729）答辩时，引用了牛顿的《自然哲学的数学原理》。1697 年，克拉克将罗奥（Jacques Rohault，1618—1672）的《物理学》（*Traité de Physique*）翻译成拉丁文，在注释中为了反驳作者持有的笛卡尔哲学观点，介绍了牛顿的理论。1702 年，维斯顿（William Whiston）接替牛顿成为卢卡斯教授后，开始支持和传播牛顿物理学。在爱丁堡大学，在数学教师格雷戈里（David Gregory，1659—1708）的推动下，牛顿理论成为学术讨论的对象。

除了上述数理类教职，各大学还开始增设实验类教职。1669 年，剑桥大学设立植物学教席。1702 年，设立化学教席，1704 年又设立天文学教席。在牛津大学，1683 年，阿什莫利博物馆（Ashmolean Museum）增加了一个化学实验室，自然志学家普劳特（Robert Plot，1640—1696）成为首任馆长兼化学教授。1698

年，牛津大学伍斯特学堂（Worcester Hall）开设解剖学、化学和植物学课程。[①] 1695 年，爱丁堡大学设立了植物学教授职位。从亨利八世登基到乔治三世登基这一段时间内，牛津大学和剑桥大学共设立 39 个教授职位、高级讲师和讲师职位，其中有 18 个是科学职位。[②] 不过，各个大学对于新哲学的反应有所不同，例如剑桥大学比牛津大学的新哲学要多一些，对培根观点比较支持。剑桥大学的柏拉图主义者对笛卡尔哲学的接纳程度较高，而格拉斯哥大学等的耶稣会教徒对笛卡尔哲学持排斥态度。

二　格雷歇姆学院

17 世纪上半叶，除了牛津大学和剑桥大学，英格兰的格雷歇姆学院（Gresham College）也设有数学与自然科学类教职。1597 年，英格兰与西班牙的海战刚刚结束，格雷歇姆学院依照伊丽莎白一世的财政顾问、伦敦皇家交易所创办者格雷歇姆（Tomas Gresham，1518—1579）的遗嘱兴办起来。学院聘请法学、修辞、神学、音乐、医学、几何学、天文学七位教授，令他们在格雷歇姆旧宅居住并开课，可以使用花园和宅内用具，每年 50 镑薪金，由皇家交易所的税收收入支付，这在当时是十分优厚的待遇。

伦敦城市长和市政官员负责神学、音乐、几何学和天文学教

---

① C. H. Daniel and W. R. Barker, *Oxford University, College Histories, Worcester*, p. 160, 转引自 Martha Ornsterin, *The Role of Scientific Societies in the Seventeenth Century*, Chicago：The University of Chicago Press, 1928, p. 247。

② Robert G. Frank, "Science, Medicine and the Universities of Early Modern England：Background and Sources, Part 2," *History of Science*, Vol. 11, No. 4, Dec. 1973, pp. 239 – 269.

授的人选和报酬问题。通常他们写信给牛津大学和剑桥大学，要求推荐合适人选。第一任格雷歇姆几何学教授是布里格斯。接替他的是特纳，二人后来又成为牛津大学第一任和第二任萨维尔几何学教授。格里弗斯担任格雷歇姆学院第一任天文学教授，后来又成为牛津大学第二任萨维尔天文学教授。格里弗斯之后，冈特（Edmund Gunder，1581—1626）接任格雷歇姆学院天文学教授。这位数学家1620年出版了《三角函数经典》（*Canon Triangulorum*，1620），还发明了计算尺等很多测量工具。

格雷歇姆学院不遵大学学制，因而摆脱了旧学术的束缚，在17世纪上半叶成为应用数学发展的中心。一大批官员、海军军官、造船商、数学家聚集在这里，与格雷歇姆教授保持通信联络。早期活跃人物有《论磁》的作者吉尔伯特、《航海技术勘误》（*Certaine Errors in Navigation*，1599）的作者赖特（Edward Wright，1561—1615）、人文主义作家布朗德维尔（Thomas Blundeville，1522—1606）、官员查勒内（Sir Thomas Chaloner，1559—1616）、罗杰斯特大主教巴尔罗（William Barlowe，？—1613）、数学家奥特莱德（William Oughtred，1574—1660）等人。① 而奥特莱德又培养了后来皇家学会的创始人沃德和 J. 沃利斯。

三　对大学的批评

近代早期数学与自然科学在传统大学缓慢而持续地发展，与

---

① Francis R. Johnson, "Gresham College: Precursor of the Royal Society," *Journal of the History of Ideas*, Vol. 1, No. 4, Oct. 1940, pp. 413-438.

古典教育框架逐步调试关系，但是仅赢得少数人的响应。17 世纪初，哥白尼等一批"现代"著作者的作品在大学里反响平平，教师和学生的兴趣都不大。只有霍布斯（1603—1607 年就读于牛津大学）等极少数学生表示，在沉重的大学课程之外，学习天文学和地理学是一种娱乐。[1] J. 沃利斯回忆他于 1632 年进入剑桥大学伊曼纽尔学院的情形时说：

> 数学还很少被看作学院里的正经学问，而是被当作机械知识，是商人、航海者、木匠和土地勘测人员或者伦敦有些做年历的人用得上的。我们大学 200 多名学生当中，我不知道有哪几个人掌握比我更多的数学知识，其实是一个也没有。而我掌握的也是少之又少。整个大学里有数学知识的人真是寥寥无几。[2]

而 J. 沃利斯本人也不过是回乡探母时受到弟弟影响，无意间学习了一些加减乘除、三角函数等简单数学知识。所以历史学家奥斯坦（Martha Orstein）说，17 世纪初英国大学的数学成就乏善可陈，前 30 年找不到一位数学家可以写入科学史。[3]

---

① Thomas Hobbes, "The life of Mr. Thomas Hobbes of Malmesbury," 转引自 Phyllis Allen, "Scientific Studies in the English Universities of the Seventeenth Century," *Journal of the History of Ideas*, Vol. 10, No. 2, Apr. 1949, pp. 219-253。

② John Wallis, "Dr. Wallis's Account of Some Passages of His Own Life," *The Works of Thomas Hearne*, *M. A. Containing He First Volume of Peter Langtoft's Chronicle*, Printed for Samuel Bagster, iii, 2019, pp. CXLVⅢ-CXLVⅢ.

③ W. W. Ball, "A Short Account of the History of Mathematics," p. 35, 转引自 Martha Ornsterin, *The Role of Scientific Societies in the Seventeenth Century*, Chicago: The University of Chicago Press, 1928, p. 241。

这种状况无法令当时的科学人感到满意。霍布斯在《利维坦》中毫不客气地说：

> 人们说的这些话放在一起没有任何意义。有人冒出这些话，可是他根本没有正确理解其含义，又通过死记硬背不断重复，而有人就是故意含糊其词欺骗他人。这种事就会落在那些讨论不可知事物的人身上，比如学院里的人士讨论抽象哲学的时候。普通人有时候会说无意义的话，所以会被聪明人当成傻瓜。可是要想让这些人的语言完全离谱，只需要一些榜样。把学院里的人拉到面前，看看他能不能够把"三位一体""神性""耶稣的本性""化体""自由意志"翻译成人们能听懂的现代语言……[1]

17世纪40年代的清教改革也加剧了人们对大学教育的不满。韦伯斯特（John Webster, 1580—1632）在《学院考察》（*Academiarum Examen*, 1654）中指出，大学教育的问题是不够实用，亚里士多德哲学缺乏观察、实验和证明。他认为托勒密天文学是陈腐而畸形的，转而大加赞扬巫术和化学。[2] 霍尔（John Hall, 1627—1656）发表了《谨呈英格兰议会有关知识进步与大学改革的提议》（"Humble Motion to the Parliament of England Concerning the

---

[1] Thomas Hobbes, *Leviathan or The Matter, Forme and Power of a Commonwealth Ecclesiasticall and Civil*, London: Printed for Andrew Crooke, 1651, p. 39.

[2] Phyllis Allen, "Scientific Studies in the English Universities of the Seventeenth Century," *Journal of the History of Ideas*, Vol. 10, No. 2, Apr. 1949, pp. 219−253.

Advancement of Learning and Reformation of Universities," 1641），
批评各种法令条文令大学教育僵化落后。这位剑桥研究生犀利
反问：

> 我们所学的跟化学有关系吗？这门学科通过各种经验已
> 经从哲学其他领域那里拿到了自然的钥匙。我们学没学活体
> 解剖、死尸解剖或者神秘的植物实验？我们哪里有一点点对
> 数学原理或者数学工具的动手证明？这些学科的相关实践何
> 曾有过增加呢？而它们本可以被合理运用后令人惊讶地成倍
> 增加。①

此后两百年，英国大学科学教育的缓慢发展始终伴随着国人
的批评之声。到了 19 世纪上半叶，赖尔（Charles Lyell，1797—
1875）出版著名的《地质学原理，对地表过往变化的初步解释，
参照作用成因》（*Principles of Geology*，*Being an Attempt to Explain
the Former Changes of the Earth's Surface*，*by Reference to Causes Now
in Operation*，1830-1833），他在书中论述地震成因时，还不忘提
及前辈米歇尔的离职事件。② 米歇尔于 1762 年任剑桥大学伍德沃
德地质学教授（Woodwardian Professor of Geology），曾在《哲学学
报》（*Philosophical Transactions*）上发表重要论文《地震成因与现象
观测》（"Conjectures Concerning the Cause，and Observations upon the

---

① Phyllis Allen，"Scientific Studies in the English Universities of the Seventeenth Century,"
Journal of the History of Ideas，Vol. 10，No. 2，Apr. 1949，pp. 219-253，237.

② Charles Lyell，*Principles of Geology*，London：John Murray，MDCCCXXX，p. 50.

Phænomena of Earthquakes"），这样一位杰出的地质学家却于 1767
年辞去了教职，改去约克郡做了桑希尔（Thornhill）教区牧师。赖尔
后来评论道：

> 在牛津和剑桥大学现行体制下，数学、自然哲学、化
> 学、植物学、天文学、地质学、矿物学和其他科学的教职经
> 常被神职人员占据，对成功的奖励意味着取消了他们的资
> 格，因为往往他们有意识履行新的责任而不再在科学方面追
> 根探源，而科学探索原本也可以在这个时候水到渠成大有
> 收获。①

---

① Charles Richard Weld, *A History of the Royal Society with Memoirs of the Presidents*, London：John W. Parker, West Strand, MDCCCXLVIII, Hardpress, 2019, Vol. 2, p. 10.

第四章　科学人的结盟与组织

16 世纪末，科学社团在英格兰出现了，这是科学人首次在传统大学框架以外形成属于自己的联盟和组织机构，培根的所罗门宫乌托邦自此变为现实。从 16 世纪末的科学兴趣小组，到英国内战期间伦敦和牛津两地的新哲学聚会，再到 17 世纪 60 年代第一家正式科学机构——皇家学会，科学的组织化程度不断提高，科学资源不断整合。在新成立的皇家学会，科学人建立起独立的学科范围、评价体系和传播网络，逐渐巩固自身的知识权威地位，开始与大学分庭抗礼。

第一节　17 世纪中叶以前的兴趣小组

1560 年，意大利自然哲学家德拉·波塔（Giambattista della Porta，1535—1615）在那不勒斯创办了"自然秘密学会"（Academia Secretorum Naturae）。这一科学社团的活动内容是讨论波塔的作品《自然魔术》（*Magia Naturalis*，1558）涉及或未涉及的自然奥秘。入会者被要求要么有独创性科学发现，要么能说出不为人知的科学事实。但是，该学会因为涉嫌传播巫术受到了宗教裁判所的讯问，1578 年被罗马教皇格里高利十三世下令解散。

1603 年，"山猫学会"（Accademia dei Lincei）成立。创办者为罗马贵族切西（Fredrigo Cesi, 1585—1630）公爵，早期会员有数学家斯泰路蒂（Francesco Stelluti, 1577—1652）、博学家菲利斯（Anastasio de Filiis, 1577—1608）和来自低地国家的内科医生艾克（Johannes Eckius）。该学会也因为涉嫌传播巫术被解散，却在 1609 年得以重组，高峰时会员多达 32 人，波塔和伽利略都是其会员。山猫学会出版了伽利略的两部重要作品《有关太阳黑子的信札》和《星际使者》。1630 年，学会正准备出版伽利略的《论两大世界体系的对话》的时候，切西猝然离世，赞助资金全无，学会不得不宣告解散。

16 世纪末，英格兰出现了几人组成的科学兴趣小组。诺森伯兰伯爵（Earl of Northumberland）九世珀西（Henry Percy, 1564—1632）出资赞助，让天文学家和数学家哈里奥特、炼金术士沃纳（Walter Warner, 1563—1643）和地理学家休斯（Robert Hues, 1553—1632）成为他的东方"三博士"（Three Magi）。[①] 他们讨论数学、炼金术和原子论问题，也进行炼金术实验。哈里奥特的数学成就上文已经提及。休斯著有《全球概述》（*Tractatus de Globis et Eorumusu*），这部作品在 17 世纪的欧洲影响极大，再版

---

① John Henry, "The Scientific Revolution in England," eds., Roy Poter and Mikulas Teich, *The Scientific Revolution in National Context*, Cambridge: Cambridge University Press, 1992, p. 183.

十余次。沃纳的专长是做炼金术实验，珀西每年为沃纳提供一定数额年金，1595 年为 20 英镑，1607 年涨到了 40 英镑。[①] 1605 年"火药阴谋"事件发生后，珀西受兄长牵连被囚禁于伦敦塔，他的"三博士"非但没有解散，还将实验室和图书馆移至伦敦塔内继续活动。当时，同因于伦敦塔的原女王宠臣拉雷（Walter Raleigh，1554—1618）也前来参与活动。

17 世纪上半叶，卡文迪许（Charles Cavendish，1594—1654）爵士和他的哥哥纽卡斯尔（William Cavendish，1592—1676）伯爵组织了一个知识小团体。因活动地点设在卡文迪许家族在诺丁汉郡维尔贝克的宅邸，该团体被称为"维尔贝克社"（Welbeck Circle）、"维尔贝克学院"（Welbeck Academy）或"纽卡斯尔社"（Newcastle Circle）。该社团的活跃分子包括伯爵的私人教师霍布斯、化学家和伽利略著作译者佩恩（Robert Payne，1596—1651）与数学家佩尔（John Pell，1611—1686）。"三博士"之一的沃纳也是这个小圈子的成员。"三博士"对炼金术感兴趣，主张生机论，而"维尔贝克社"兴趣在数学和光学方面，持机械论。霍布斯作为该社团的代表，认为世间只有物体、人体和政体三种物质性实体，不存在任何精神性的实体，人类诸多思想活动皆可归于物质性实体的运动，上帝即便存在也并不是人所能够知晓的。

同一时期，在英格兰北部的兰开夏郡出现了一个天文学社团

①　Steven Shapin，*A Social History of Truth*：*Civility and Science in Seventeenth-century England*，Chicago：The University of Chicago Press，1994，p.366.

"开普勒派"（Nos Keplari）。成员为 C. 汤利（Christopher, Towneley, 1604—1674）、R. 汤利（Richard Towneley, 1629—1707）、霍罗克斯（Jeremiah Horrocks, 1618—1641）、克拉布特里（William Crabtree, 1610—1644）和加斯科因（William Gascoigne, 1612—1644）。C. 汤利负责牵头和成员之间的通信往来。他的侄子 R. 汤利发现了空气压力和体积之间存在联系，后来波义耳基于这一发现提出了"波义耳定律"。霍罗克斯证明月球绕地球轨道呈椭圆形，还和克拉布特里于 1639 年合作预测并观测了金星轨道。加斯科因是数学家和天文学家，也是制造天文学仪器的能工巧匠。他在天文望远镜和六分仪上安装了螺旋测微器，获得了裸眼观测无法达到的精度，并用自己的观测证实了霍罗克斯的月球轨道理论。这些天文学仪器被 R. 汤利和胡克改进后用来观测彗星和其他天体的大小。英国内战爆发后，加斯科因应征加入保皇党军队，身死沙场，克拉布特里蜗居在议会派控制的曼彻斯特附近小城布劳顿，R. 汤利的父亲战死、家族败落，曾经雄心万丈的"开普勒派"自此分崩离析。

17 世纪 40 年代，牛津执业医生组成一个学术团体。成员有外科医生海默尔（Nathaniel Highmore, 1613—1695）、内科医生巴瑟斯特（Ralph Bathurst, 1620—1704）、解剖学家恩特（George Ent, 1604—1689）、内科医生和自然志学家查理顿（Walter Charleton, 1619—1707）、医药化学派学者 T. 沃利斯（Thomas Willis, 1621—1675）以及后来担任查理二世私人医生的斯卡波尔（Charles Scarburgh, 1615—1693）。他们讨论哈维

的新生理学理论，这方面的讨论一直延续到后来的皇家学会。该社团受哈维的影响相信生机论，拒绝笛卡尔的机械论，但是后来的活跃人物查理顿和 T. 沃利斯却持一种与生机论调和的机械论，认为至少有一部分物质的粒子是具有内在活性的。①

当时的科学人除了直接碰面交谈以外，还以通信的方式建立起跨地域、跨国家的学术网络。17 世纪三四十年代，居住在伦敦的哈特利布（Samuel Hartlib，1600—1672）联络了西欧和中欧的一大批精英知识分子。哈特利布博学多才，在科学、农业、政治和教育多个领域均有建树。另一位联络人杜里（John Dury，1596—1680）是位巡游四方的加尔文派牧师。"哈特利布圈"（Hartlib Circle）的核心人物有教育家夸美纽斯（Jan Amos Comenius，1592—1670）、配第（William Petty，1623—1687）、比格尔（John Beale，1603—1683）牧师和波义耳。波义耳称这一学术网络为"无形学院"（invisible college）。该群体持有英国清教徒的社会改革思想。夸美纽斯著有《大教学论》（*Didactia Magna*，1633，1638，1657)，哈特利布对其思想做进一步阐释。1641 年，哈特利布想方设法将夸美纽斯从瑞典接到英国，让他参加英国议会发起的公共教育改革委员会。配第也在写给哈特利布的书信中提出了对现代大学的框架性设想。

这些科学团体网罗了当时英国一批最优秀的自然哲学家。他们的研究兴趣点各有侧重，观点多有分歧。其活动形式或为通

---

① John Henry, "The Scientific Revolution in England," eds., Roy Poter and Mikulas Teich, *The Scientific Revolution in National Context*, Cambridge：Cambridge University Press, 1992, p. 184.

信，或为私人聚会，常伴有雇佣关系。社团的结构松散，人数少，多基于个人兴趣和私人关系。成员受到培根思想的影响，主动结盟与合作，开始有了科学人的一种集体自觉。

科学人结盟还有一个更为直接的原因：现代实验科学必须使用工具和仪器。17 世纪的自然哲学家使用的科学仪器有显微镜、望远镜、温度计、沸点测定器、气压计、抽气机、摆钟、各种航海仪器等。这些仪器往往造价昂贵。开普勒终其一生也没有一架属于自己的天文望远镜。17 世纪 50 年代马德堡市市长冯·盖里克（Otto von Guericke，1602—1686）设计和制造一套抽真空装置需要 2 万英镑。[①] 除了科学仪器之外，进行实验还需要用到各种物质材料，实验操作一般聘用专人，实验室还需要日常维护。加之做实验需要不断重复、纠错和扩展内容，时日漫长。因此，只有极少数家资丰厚者才能够凭借一己之力建起一所实验室，大部分研究者需要共享资源。

第二节　内战时期的新哲学聚会

1645 年，英国内战爆发的第三个年头，J. 沃利斯因为结婚，不再具备剑桥大学女王学院的研究员资格，遂从剑桥搬到了伦敦，在威斯敏斯特神学会议（Westminster Assembly of Divines）

---

① Martha Ornsterin, *The Role of Scientific Societies in the Seventeenth Century*, Chicago：The University of Chicago Press, 1928, p. 67.

中担任书记员。① 他与一些知识分子每周举办一次定期聚会，讨论实验科学问题。聚会地点有时候设在格雷歇姆学院，这里战前便是新知识的阵地，② 有时候在私人宅邸。参会成员口头约定聚会时间、缺席惩罚措施、缴纳实验费用等。这一聚会后来被称为"1645 小组"（1645 Group）。J. 沃利斯回忆说：

> 大约在 1645 年，我住在伦敦。这一时期，因为我国爆发内战，我们两所大学的学术研究大多中断了……我开始有机会结识各种优秀人士，他们对自然哲学以及人类知识的其他部分，特别是被称为"新哲学"或者"实验哲学"的学问兴趣十足。③

参加聚会的还有威尔金斯（John Wilkins，1614—1672）、福斯特（Samul Foster, ? —1652）、戈达德（Jonathan Goddard，1617—1675）、格利森（Francis Glisson，1599—1677）、梅里特（Christopher Merret，1614—1695）、汉克（Theodore Haak，1605—1690）等人。威尔金斯生于金器商之家，在数学和天文学上有造诣，擅长做机械力学实验，喜欢研究永动机，后来成为剑桥大学三一学院院长。福斯特是格雷歇姆学院天文学教授，写过关于天文学仪器

① "威斯敏斯特神学会"由 121 位牧师和长老、20 位英格兰下议院议员和 10 位英格兰上议院议员组成，由长期议会授权，目标是修改伊丽莎白一世时期修订的《三十九条信纲》，令其更偏向于加尔文宗。

② J. A. Bennett, "The Mechanics' Philosophy and the Mechanical Philosophy," *History of Science*, Vol. 24, No. 1, Mar. 1986, pp. 1-28.

③ Charles Richard Weld, *A History of the Royal Society with Memoirs of the Presidents*, London: John W. Parker, West Strand, MDCCCXLVIII, Hardpress, 2019, Vol. 1, pp. 30ff.

的作品。戈达德是格雷歇姆学院医学教授，同时也是克伦威尔的军医。有时候聚会成员讨论问题需要实验证明，便在格雷歇姆学院戈达德的化学实验室里由他进行实验演示。当时市面上有一种名为"戈达德医生滴液"（Goddard's Dropps）的畅销药品，可能正是他的研制成果。[①] 格利森是伦敦皇家医学院教授，后来还担任皇家医学院院长（1667—1669 年担任）。他是哈维的好友，率先在课堂上讲授哈维的血液循环理论，还对佝偻病有深入研究。梅里特医生也是哈维的好友，收藏了大量的植物标本。汉克是旅居英国的德国加尔文教徒。

1649 年，残缺议会判处查理一世死刑，宣布英格兰共和国成立，克伦威尔担任国务会议议长。1650 年，克伦威尔兼任牛津大学名誉校长后，对于这一保皇党人大本营进行了一番人事改革，将重要职位都换上了自己的支持者。他任命威尔金斯为沃翰姆学院（Wadham College）院长，戈达德为默顿学院院长，J. 沃利斯为萨维尔几何学教师，沃德为萨维尔天文学教授。沃翰姆学院原本规定院长候选人要具有神学博士学位，威尔金斯却先就任，再迅速拿到神学博士学位。沃德原是索尔兹伯里主教，后来接替保皇党人格里弗斯成为第三任萨维尔天文学教师。于是，伦敦聚会的几位灵魂人物都来到牛津大学，在这里举办相似的新哲学聚会。

牛津聚会的常客有巴瑟斯特医生、经济学家配第和波义耳。

---

① "戈达德医生滴液"由人头骨粉末、焙干的蝰蛇、山楂、象牙粉制成，用于治疗晕厥中风，查理二世不惜花费 1500 英镑购得配方。

巴瑟斯特是原来牛津大学医生聚会的成员。配第对经济学有贡献，最早对于社会人口和死亡率统计进行系统研究，还为克伦威尔出谋划策。波义耳于 1654 年从伦敦搬到牛津大学，在这里一直住到 1668 年。他在牛津大学建立私人实验室，进行著名的气体实验。

牛津聚会成员除了资深学者，还有一批后起之秀，如鲁克（Lawrence Rooke，1622—1662）、尼尔（William Neile，1637—1660）、克勒克（Henry Clerke，1622—1687）、雷恩（Christopher Wren，1632—1723）和莫顿（Charles Morton，1627—1698）等。鲁克是在沃翰姆学院就读的学生，为了学习新科学从剑桥大学转学来到牛津大学，师从威尔金斯和沃德。他长期担任波义耳的化学实验助手，1652 年成为格雷歇姆学院天文学教授，后来又成为该学院几何学教授。尼尔也在沃翰姆学院求学，1657 年还是学生的时候便计算出三次抛物线的弧长，后又转去伦敦的中殿律师学院学习法律，成为查理二世的枢密院成员。克勒克于 1652 年拿到医学博士学位，1657 年成为解剖学教师。雷恩是沃德之后的牛津大学萨维尔天文学教授，并在解剖学方面有很高的声望，后来因建筑学上的贡献为人所熟知。莫顿同样也是从剑桥大学转到牛津大学沃翰姆学院的学生，后来在伦敦附近的纽因顿格林创办了一个不信奉国教者学院。

当时还有一些学者虽然没有直接参加牛津聚会，但是与聚会主要成员保持联系，也积极地进行新科学研究。例如，牛津大学法学博士沙洛克（Robert Sharrock，1630—1684）与波义耳保持沟通，同时其本人在牛津大学草药园进行植物学研究，而当时的草药园正在第一任园长老博瓦尔特（Jacob Bobart，1596—1680）的掌管下引入新品种，成为植物种类丰富的大型植物园。沙洛克后来以这一研究为基础出版了《植物培养与改良志》（*The History of the Propagation and Improvement of Vegetables*，1660），并将此书题献给"博学多才的真科学推动者"波义耳。[①] 另外一位化学家斯塔尔（Peter Stahl）接受波义耳的邀请从普鲁士来到牛津大学，在这里常年开设化学课（1659—1664）。

伦敦和牛津两地聚会的原则是只谈实验科学，"有意避免谈论神学问题、国家大事和时事新闻"。[②]《皇家学会史》的作者斯布莱特说：

> 黑暗时期没有什么比自然哲学更合适的话题了。一直以来，人们翻来覆去谈的都是神学问题。应该将新自然哲学作为他们的个人消遣方式，因为他们本身不喜欢大众那种过度娱乐。如果没完没了地思考国家大事，国家的危难又是太令人郁结的思考内容了。在那种状态下，唯有自然才可以带给他们真正的乐趣。[③]

---

① Agnes Arber, "Robert Sharrock（1630—1684）: A Precursor of Nehemiah Grew（1641—1712）and an Exponent of ' Natural Law ' in the Plant World," *Isis*, Vol. 51, No. 1, Mar. 1960, pp. 3-8.

② Charles Richard Weld, *A History of the Royal Society with Memoirs of the Presidents*, London: John W. Parker, West Strand, MDCCCXLVIII, Hardpress, 2019, Vol. 1, p. 36.

③ Charles Richard Weld, *A History of the Royal Society with Memoirs of the Presidents*, London: John W. Parker, West Strand, MDCCCXLVIII, Hardpress, 2019, Vol. 1, p. 40.

　　这种近乎宗教式的毕达哥拉斯主义成为后世所理解的一种科学精神。但是实际上，两地哲学聚会显示出培根的深刻影响，即改造传统学问、重视经验事实和追求知识的实用价值。聚会话题涉及医学、解剖学、地理学、天文学、航海技术、静力学、磁学、化学、力学实验等多个领域。[①] 讨论内容几乎涵盖当时自然哲学的全部前沿问题：血液循环、静脉瓣膜、淋巴腺、哥白尼理论、彗星和新发现的恒星、木星和卫星、土星的椭圆形状、太阳黑子、太阳自转、月面学、透镜研磨、空气重量、真空、托里拆利实验、重物下落以及加速等。除了讨论问题以外，实验操作是更为重要的内容。有一项实验是 J. 沃利斯、巴瑟斯特、配第和克勒克对死刑犯施救，一名叫安妮的女犯人被执行绞刑后没有完全断气，竟被他们救活，得以平安度过一生。[②]

　　两地聚会与大学体制并非没有冲突矛盾。大学里的神职人员曾怀疑波义耳在他的私人化学实验室施行巫术。[③] 而聚会成员也自认为与大多数大学教授道不同不相为谋：

　　　　他们气度不凡而富于探索精神，学院里的哲学仅仅是他们所拥有知识的最低层次。他们雄心勃勃，志在引领任何内涵丰富的研究项目；却又虚心受教，是善于总结经验教训的

---

① John Wallis, "Dr. Wallis's Account of Some Passages of His Own Life," *The Works of Thomas Hearne*, *M. A. Containing the First Volume of Peter Langtoft's Chronicle*, Printed for Samuel Bagster, iii, 2019, p. CLXII.

② C. S. Breathnach and J. B. Moynihan, "Intensive Care 1650: The Revival of Anne Greene (c. 1628-59)," *Journal of Medical Biography*, Vol. 17, No. 1, 2009, pp. 35-38.

③ Andrew Dickson White, *A History of the Warfare of Science with Theology in Christendom*, Cambridge: Cambridge University Press, 2009, Vol. I, p. 405.

天才。所以他们不愿直接被人说成拥有浅薄的知识，他们要以理性为基础提出见解……①

与此同时，这些新一代自然哲学家似乎又意识到自身与传统学术之间是延续而不是彻底断裂的关系：

我们无论如何也不愿被认为轻视或低估了多个世纪以来学校里传授的亚里士多德哲学。我们理应崇敬他，事实上我们也的确崇敬他。他是一位伟人，那些低估他的人不够了解他，他也是一位伟大的自然志学家。但是我们不认为（他自己也不认为）他穷尽了所有的知识，以致后人再没有什么可探索的了。我们这个时代的人也做不到这一点。还有许多知识要靠后人来追求。②

第三节　伦敦皇家学会

1651 年，牛津聚会的成员拟定了一个书面章程，规定任何人若要加入聚会，须经大多数人不记名投票表决，须有一定人数的老成员在场；所有成员缴纳相同数目的费用；连续六周缺

① Charles Richard Weld, *A History of the Royal Society with Memoirs of the Presidents*, London: John W. Parker, West Strand, MDCCCXLVIII, Hardpress, 2019, Vol. 1, p. 39.

② Charles Richard Weld, *A History of the Royal Society with Memoirs of the Presidents*, London: John W. Parker, West Strand, MDCCCXLVIII, Hardpress, 2019, Vol. 1, p. 35.

席者被取消成员资格；没有在指定日期完成实验的成员被没收
2 先令 6 便士的实验费用。① 自此，牛津聚会从普通沙龙变成有
组织结构的正式团体。

1658 年，克伦威尔下台，时局混乱，伦敦聚会一度中断。
1659 年，牛津聚会的大部分成员回到了伦敦，在格雷歇姆学院重
启聚会。活动次数从每周一次增加到两次，内容是周三雷恩做天
文学报告，周四鲁克做几何学报告。

此时的聚会又吸纳了一些身份特殊的新成员，如布隆克尔
（William Brouncker，1620—1684）子爵、伊弗林（John Evelyn，
1620—1706）、亨肖（Thomas Henshaw，1618—1700）、克拉克
（Timothy Clarke，? —1672）和希尔（Abraham Hill，1633—1721）
等。布隆克尔子爵热爱数学，提出过连分数和双曲线的正交轨线
理论，还翻译过笛卡尔的《音乐集》（*Musical Compendium*）。伊
弗林是著名作家，日记作品涵盖社会、文化、宗教和政治大量内
容。布隆克尔和伊弗林都与国王查理二世讨论过科学问题。亨肖
是查理二世的政务次官，后来又为威廉三世服务过，他以"太阳
光环"（Halophilus）为笔名所写的炼金术作品在 17 世纪下半叶
的英国十分出名。克拉克是查理二世宠信的御医，曾在国王面前
演示过解剖学实验。希尔是商人兼英国商务部官员，因为爱好实
验哲学特意租住在格雷歇姆学院。此前牛津聚会成员曾得到克伦
威尔的器重，而这些新成员的加入让查理二世开始关注本团体

---

① Charles Richard Weld, *A History of the Royal Society with Memoirs of the Presidents*, London: John W. Parker, West Strand, MDCCCXLVIII, Hardpress, 2019, Vol. 1, pp. 33–34.

活动。

1660 年 11 月 28 日，41 位聚会成员在格雷歇姆学院鲁克的寓所表决同意"成立一个促进物理学和数学知识发展的学会"。[①]新学会规定：聚会时间为每周三下午三点下午茶时间，平时聚会地点在鲁克寓所，假日在天文学家巴勒（William Balle，1631—1690）宅邸。每位会员入会时缴纳 10 先令，每周无论参会与否都交 1 先令。学会推选威尔金斯为会长，巴勒为财务主管。会员人数先是限定在 55 人，后来不再限制人数。

1662 年 7 月 15 日，学会得到了国王特许状，被获准可直接接受国王的资助，印刷品无须经过政府审查，可以与外国公民自由通信。1663 年 4 月 22 日以及 1669 年，国王特许状又经两次修改。学会正式更名为"伦敦皇家学会"，自此成为一个正规公共团体。

第一任会长是布隆克尔子爵，第一任秘书是威尔金斯和奥登伯格（Henry Oldenburg，1619—1677），巴勒是第一任财务主管。学会会长由学会自主产生，无须国王任命，也没有任期规定。1820 年之前，学会共产生了 21 位会长，任期短则 1 年，长则 42 年（见表 4-1）。历任会长当选与卸任的过程以及任期内的主张与表现既受学会内外环境的影响，也与个人气质和人生境遇有关，故而差异很大。学会第一届学术委员会有 21 人，包括波义耳和马里（Robert Moray，1608—1673）。马里是政治家和外交官

---

① Charles Richard Weld, *A History of the Royal Society with Memoirs of the Presidents*, London: John W. Parker, West Strand, MDCCCXLVIII, Hardpress, 2019, Vol. 1, p. 65.

员，为学会拿到国王特许状立下了汗马功劳。新会员人选由学术委员会提名，全体会员投票表决，获得三分之二以上票数者可以入会。学会的研究主题由会员先提出建议，再由学会会长和学术委员会商定。1663 年，学术委员会召开第一次会议，提名产生了 115 位会员，不久之后又增至 131 人。当时一位署名为 W. G 的作者（或为 William Granvill）作诗云：

　　在格雷歇姆学院这个学问之地/独一无二的设计诞生了/他们将自己变成了一个机构/通过实验知晓一切事物//这些人绝非平庸之辈/他们想扬名立万，但视金钱为粪土/格雷歇姆学院自此/成为整个世界的大学//牛津和剑桥成为我们的笑料/他们的学问只是迂腐的空谈/这些新的团体真的让我们知道/亚里士多德只是伊壁鸠鲁的笨学生。①

　　于是，倡导科学教育的哈特利布圈、热衷于新哲学实验的"1645 小组"、研究应用数学和机械力学的重镇格雷歇姆学院、深受哈维心血运动论影响的皇家医学院，这几支学术机构的资源整合了起来，人员关系也串联在一起，成为英国历史上第一所正规科学机构。

---

①　Charles Richard Weld, *A History of the Royal Society with Memoirs of the Presidents*, London: John W. Parker, West Strand, MDCCCXLVIII, Hardpress, 2019, Vol. 1, n. 79.

表 4-1　1820 年之前皇家学会历任会长

单位：年

序号	姓名	当选时间	任期
1	布隆克尔子爵 William Lord Viscount Brouncker	1663	14
2	威廉逊 Sir Joseph Williamson，Kt	1677	3
3	雷恩 Sir Christopher Wren，Kt	1680	2
4	霍斯金 Sir John Hoskins，Bart	1682	1
5	威奇 Sir Cyril Wyche，Bart	1683	1
6	佩皮斯 Samuel Pepys，Esq	1684	2
7	卡伯里伯爵 John，Earl of Carbery	1686	3
8	彭布罗克与蒙哥马利伯爵 Thomas，Earl of Pembroke and Montgomer	1689	1
9	索斯韦尔 Sir Robert Southwell，Kt	1690	5
10	哈里法克斯伯爵 Charles Montague，Est.（Earl of Halifax）	1695	3
11	索默斯男爵 John，Lord of Somers	1698	5
12	牛顿 Sir Issac Newton，Kt	1703	24
13	斯隆 Sir Hans Sloane，Bart	1727	17
14	福克斯 Martin Folkes，Esq	1744	8
15	麦克莱斯菲尔德伯爵 George，Earl of Macclesfield	1752	12
16	莫顿伯爵 James，Earl of Morton	1764	4
17	巴罗 James，Burrow，Esq	1768	1
18	威斯特 James West，Esq	1768	4
19	巴罗 James Barrow，Esq	1772	1
20	普林格尔 Sir John Pringle，Bart	1772	6
21	班克斯 Sir Joseph Banks，Bart	1778	42

注：此表对原表略有调整。

资料来源：Thomas Thomson，*History of the Royal Society：From Its Institution to the End of the Eighteenth Century*，London：Robert Baldwin，1812，Cambridge：Cambridge University Press，2011，p.12。

第四节　实验方法、评价体系与新知识权威

皇家学会成立后，以更强的组织能力贯彻实验方法论，学会徽标上"勿听人言"（Nullius in Verba）的箴言应和了培根关于口舌之辩不如实际行动的主张。学会成立之初，主要展开两类实验，一类是物理学实验，如波义耳的气体实验；另一类是包括生理学、生物学、医学和化学在内的"生命科学"实验，如克拉克医生将液体注入动物血管。波义耳定律和哈维的生理学理论都在这一时期通过实验得到了承认。

皇家学会的演示实验名为检验，实则是对科学成果的公布和展示，观众扮演见证人的角色。不过这不是单向的知识灌输过程，演示者发出的视觉信号和观众的评判言辞具备同等的影响力，双方处于相对平等的关系。观众之间也没有上下级隶属关系，身份均是会员，学会委员会作为集体享有高于普通会员的知识权威性。

见证人的名气地位帮助提高了实验结论的说服力。波义耳在论文《气泵实验》（"Experiments with the Air-pump"）中特意提到自己这项实验的见证人：

几天以后，在几位杰出、赫赫有名又当之无愧的数学教授在场的情况下，实验重复进行。这几位教授是 J. 沃利斯、沃德和雷恩，他们很愿意用在场的方式给予这项实验以荣誉。我不但认为这项实验能让他们知晓是一种荣幸，而且很

高兴我们的实验有了这样明断和出名的见证人。①

在原来的私人聚会中，观摩实验过程者不过寥寥数人，而在皇家学会有组织的演示实验中，见证者增至百十人，实质上令科学理论的确认过程变得更容易。特别是占会员总人数四分之一、又认同新哲学的医生支持哈维的《心血运动论》，让这一几十年来饱受争议的理论获得学界的普遍承认。

学会的第一本研究项目表上列有多项实验，包括观测不同海拔高度下同一物理过程的不同表现，如水银柱高度变化、气囊变化、钟摆走时、烛光和酒精火焰颜色与样态、铁和黄铜生锈现象、雪的样态、钟声和枪声、四分仪读数、望远镜观察恒星、同一种东西的气味和味道以及日出准确时间等。此外，还有导火线和火药燃烧现象、烟的迟滞时间、王水气化、石灰溶解、雪盐融合物的温度等项目。② 与帕拉塞尔苏斯医学有关的硫矿石燃烧和金属锑煅烧实验也列在内。③ 这些实验多属于过程简单易行、花费较小的实验，适合由组织化程度较低的科学组织来完成。

有些实验由会员亲自动手操作，有些由会员指定内容后，学会指派专门实验员操作，还有的由学术委员会指定内容，会员分

---

① Robert Boyle, "Experiments with the Air-pump," Brian Vickers ed., *English Science*, *Bacon to Newton*, Cambridge: Cambridge University Press, 1987, p. 61.

② Charles Richard Weld, *A History of the Royal Society with Memoirs of the Presidents*, London: John W. Parker, West Strand, MDCCCXLVIII, Hardpress, 2019, Vol. 1, pp. 97-100.

③ Charles Richard Weld, *A History of the Royal Society with Memoirs of the Presidents*, London: John W. Parker, West Strand, MDCCCXLVIII, Hardpress, 2019, Vol. 1, p. 102.

头进行，再将各自实验结果拿到学术委员会汇总讨论。① 学会还设立了一个专门委员会对各地送到皇家学会的实验仪器进行评估，包括空气泵、显微镜和望远镜等。韦尔德在《皇家学会史》中提及，各种实验安排越来越多，每次会议实验员必到，薪水也从每年 2 英镑涨到 4 英镑。②

除了借助工具仪器的操作实验外，皇家学会另外一个重要的研究方向是自然志、商业、贸易、技术问题。例如，1660 年 12 月，学会派配第、列恩、戈达德研究航运问题。③ 配第也正是在这一时期开始提出成熟的政治经济学理论和社会统计学方法，发表了《赋税论》（"Treatise of Taxes and Contributions"，1662）和关于货币理论的《通向智慧之语》（"Verbum Sapienti"，1665），后来又有《政治算术与爱尔兰政治调查》（*Political Arithmetick and Political Survey or Anatomy of Ireland*，1672）和《货币略论》（*Quantulumcunque Concerning Money*，1682）两部重要作品问世。

在动物学、植物学、地理学、地质学等领域，会员的研究五花八门、深浅不一，充分显示出"没有什么人类事物对我来说是遥远陌生的"（Nihil humanum a me alienum puto）这样一种求知态度。1667 年第一期《哲学学报》上刊载的文章除了波义耳的《研究冷的实验史》（"An Experimental History of Cold"）以外，还有关

---

① Thomas Sprat, *The History of the Royal Society of London for the Improving of Natural Knowledge*, 3rd edition, London: Printed for J. Knapton, 1722, pp. 83–85.

② Charles Richard Weld, *A History of the Royal Society with Memoirs of the Presidents*, London: John W. Parker, West Strand, MDCCCXLVIII, Hardpress, 2019, Vol. I, p. 102.

③ Charles Richard Weld, *A History of the Royal Society with Memoirs of the Presidents*, London: John W. Parker, West Strand, MDCCCXLVIII, Hardpress, 2019, Vol. 1, pp. 95–97.

于汉普郡屠夫发现像怪兽一样的牛犊、德意志地区出产的一种可以用在炼铜上的铅矿石、产自匈牙利的一种黏土、西印度群岛百慕大群岛印第安猎人捕鲸等内容的文章。

于是，无论对于自然哲学还是自然志，无论对于自然科学还是社会科学，新成立的皇家学会都贯彻了一种全新的实验科学纲领，并将其作为本机构区别于其他学术机构的特点。奥登伯格、斯布莱特和 J. 格兰维尔（Joseph Glanvill，1636—1680）等人宣称，皇家学会已经推翻了传统的演绎式自然哲学，让事实居于因果论和形而上学之上，自此知识不再是空辩、教条，不再搞个人主义和权威崇拜，也不再枯燥乏味。①

有一种代表性的观点认为，皇家学会的研究主题过于宽泛，不利于科学的发展。科学史学家沃尔夫说：

> 皇家学会早期会员对一切新奇的自然现象普遍感到好奇，这被证明造成了他们的软弱。他们把研究的网撒得太宽，因此丧失了统一地长期集中研究一组有限问题的好处。所以，应当说，这个年轻学会对于发展科学的真正意义，与其说在于它对科学知识的累积做出了共同贡献，还不如说在于它对它所聚集的那些杰出人物产生了激奋性的影响。②

---

① Joseph Agassi, "The Very Idea of Modern Science: Francis Bacon and Robert Boyle," *Boston Studies in the Philosophy and History of Science*, Vol. 298, Springer, 2013, pp. 158-160.
② 〔英〕亚·沃尔夫：《十六、十七世纪科学、技术和哲学史》，周昌忠等译，商务印书馆，1997，第 76 页。

　　然而，从另一方面来看，皇家学会在研究主题上的宽泛、兼容正是对应于其组织结构的松散和灵活。在齐曼托学院（1657—1667 年存在），九位成员共同从事某一项特定研究，如温度计、湿度计、钟摆、托里拆利实验等。实行院士制度的巴黎科学院在研究方向上也相对集中，成立后不久便启动了重修植物志的大型集体项目。该项目动员了当时巴黎科学院众多院士，植物学家对植物样本进行归类与性质描述，化学家对植物样本进行蒸馏实验以获知其组分，最后项目组再将每一种植物的性质与其组分对应起来。可惜这一宏大目标在 30 年后被证明无法实现，就连巴黎科学院也几近解体。而皇家学会会员依据自己的兴趣和可用资源展开研究，集体协作较少。有时候某些人的工作会成为吸引众人的热点，但是不是所有人都参加这项工作。可以大概推测，在组织结构性强的科学机构，内部竞争围绕某一科学理论的合理性与合法性展开，如居维叶与拉马克的进化论之争；而在不具备严整组织结构的科学团体，内部竞争集中在某研究主题的价值意义和科学成果的首创权方面，如胡克与牛顿关于万有引力理论的首创权之争。

　　皇家学会这一科学人联盟尽管松散，却能够通过科学出版的方式在一个比学会范围更宽的科学共同体发起同行评议。1665年，皇家学会的学报《哲学学报》首卷刊行，学会秘书奥登伯格担任主编。该刊文章篇幅较长，文风简洁平实，内容围绕科学发现和科学实验，形式与风格都十分接近于今天标准意义上的科学期刊。1751 年以前，该刊组稿工作由学会秘书负责，不定期刊

行，视论文多寡和分量以及有无出版经费而定，两年或者三年出
一卷，偶有停刊和刊物更名的情况发生（见表4-2）。1750年，
学会成立《哲学学报》编委会，对《哲学学报》进行正规管理，
刊行过程逐渐规范。从1763年开始，《哲学学报》变为一年一
卷，每卷分为两个部分（见表4-3）。步入正轨之后，《哲学学
报》也由感谢资助人或学会会长、秘书个人的题献，变成了《哲
学学报》编委会面向全体读者发出的公告声明（见表4-4）。

表4-2 1751年以前《哲学学报》出版情况

时间	期号	卷号	编辑	时间	期号	卷号	编辑
1665	1—7		奥登伯格 Oldenburg	1675	110—120	10	奥登伯格 Oldenburg
1666	8—20	1			121—122		
1667	21—22			1676	123—132	11	奥登伯格 Oldenburg
1668	23—40	2	奥登伯格 Oldenburg				
1669	41—44	3	奥登伯格 Oldenburg	1677	133—137	12	奥登伯格 Oldenburg, 格鲁 Nehemiah Grew
1670	45—56	4	奥登伯格 Oldenburg	1678	138—142		
1671	57—68	5	奥登伯格 Oldenburg	1679			
				1680			
1672	69—80	6	奥登伯格 Oldenburg	1681	1—3①		胡克 Robert Hooke
	81—91	7	奥登伯格 Oldenburg	1682	4—7②		胡克 Hooke
1673	92—100	8	奥登伯格 Oldenburg	1683	143—154	13	普劳特 Robert Plot
				1684	155—166	14	普劳特 Plot
1674	101—109	9	奥登伯格 Oldenburg	1685	167—178	15	马斯格雷夫 William Musgrave

---

① *Philosophical Collections*, 1-3
② *Philosophical Collections*, 4-7

续表

时间	期号	卷号	编辑	时间	期号	卷号	编辑
1686	179—186	16	哈雷 Edmond Halley	1714	338—342	29	哈雷 Edmond Halley
1687	186—191			1715	343—346		
1688				1716	347—350		
1689				1717	351—354	30	哈雷 Halley
1690				1718	355—358		
1691	192—194	17	沃勒 Richard Waller	1719	359—363	31	朱林 James Jurin
1692	195			1720	364—366		
1693	196—206			1721	367—369		
1694	207—214	18	沃勒 Waller	1722	370—374	32	朱林 Jurin
1695	215—218	19	斯隆 Hans Sloane	1723	375—380	32	朱林 Jurin
1696	219—223			1724	381—385	33	朱林 Jurin
1697	224—235			1725	386—391		
1698	236—247	20	斯隆 Sloane	1726	392—396	34	朱林 Jurin
1699	248—259	21	斯隆 Sloane	1727	397—398		
1700	260—267	22	斯隆 Sloane	1728	399—406	35	鲁蒂 William Rutty
1701	268—276						
1702	277—282	23	斯隆 Sloane	1729	407—411	36	莫蒂默 Cromwell Mortimer
1703	283—288			1730	412—416		
1704	289—294	24	斯隆 Sloane	1731	417—421	37	莫蒂默 Mortimer
1705	295—304			1732	422—426		
1706	305—308	25	斯隆 Sloane	1733	427—430	38	莫蒂默 Mortimer
1707	309—312			1734	431—435		
1708	313—318	26	斯隆 Sloane	1735	436—439	39	莫蒂默 Mortimer
1709	319—324			1736	440—444		
1710	325—328	27	斯隆 Sloane	1737	445—446	40	莫蒂默 Mortimer
1711	329—332			1738	447—451		
1712	333—336			1739	452—455	41	莫蒂默 Mortimer
1713	337	28	斯隆 Sloane	1740	456—459		

续表

时间	期号	卷号	编辑	时间	期号	卷号	编辑
1741	460—461	41	莫蒂默 Mortimer	1746	478—481	44	莫蒂默 Mortimer
1742	462—467	42	莫蒂默 Mortimer	1747	482—484		
1743	468—471			1748	485—490	45	莫蒂默 Mortimer
1744	472—474	43	莫蒂默 Mortimer	1749	491—493	46	莫蒂默 Mortimer
1745	475—477			1750	494—496		

注：对原表有调整。

资料来源：Thomas Thomson, *History of the Royal Society：From Its Institution to the End of the Eighteenth Century*, London：Robert Baldwin, 1812, Cambridge：Cambridge University Press, 2011, pp. 9–11.

表4-3 1751—1800 年《哲学学报》出版情况

时间	部分	卷号	时间	部分	卷号	时间	部分	卷号
1751	1	47	1768	1、2	58	1785	1、2	75
1752	2		1769	1、2	59	1786	1、2	76
1753	1	48	1770	1、2	60	1787	1、2	77
1754	2		1771	1、2	61	1788	1、2	78
1755	1	49	1772	1、2	62	1789	1、2	79
1756	2		1773	1、2	63	1790	1、2	80
1757	1	50	1774	1、2	64	1791	1、2	81
1758	2		1775	1、2	65	1792	1、2	82
1759	1	51	1776	1、2	66	1793	1、2	83
1760	2		1777	1、2	67	1794	1、2	84
1761	1	52	1778	1、2	68	1795	1、2	85
1762	2		1779	1、2	69	1796	1、2	86
1763	1、2	53	1780	1、2	70	1797	1、2	87
1764	1、2	54	1781	1、2	71	1798	1、2	88
1765	1、2	55	1782	1、2	72	1799	1、2	89
1766	1、2	56	1783	1、2	73	1800	1、2	90
1767	1、2	57	1784	1、2	74			

资料来源：Thomas Thomson, *History of the Royal Society：From Its Institution to the End of the Eighteenth Century*, London：Rober Baldwin, 1812, Cambridge University Press, 2011, p. 11。

表 4-4 18 世纪《哲学学报》的非论文部分

卷号	出版年份	题献对象	题献作者	资助人	刊头声明	刊尾附录
XXIV	1704,1705	亲王①	皇家学会秘书斯隆(Hans Sloane)		题献	
XXV	1706,1707	亲王	皇家学会秘书斯隆(Hans Sloane)		题献	
XXVI	1707	皇家学会会长牛顿	皇家学会秘书斯隆(Hans Sloane)		题献	
XXVII	1710,1711,1712	安妮女王	皇家学会秘书斯隆(Hans Sloane)		题献	本卷索引
XXVIII	1713	皇家学会会长牛顿	皇家学会秘书斯隆(Hans Sloane)		题献	本卷索引
XXIX	1714,1715,1716	皇家学会会长牛顿	皇家学会秘书哈雷(Edmond Halley)		题献	本卷索引
XXX	1717,1718,1719	麦克莱斯菲尔德男爵帕克(Thomas Parker)	皇家学会秘书哈雷(Edmond Halley)		题献	本卷索引
XXXI	1720,1721	皇家学会会长斯隆(Hans Sloane)	皇家学会秘书朱林(James Jurin)		题献	本卷索引
XXXII	1722,1723	皇家学会会长斯隆(Hans Sloane)	皇家学会秘书朱林(James Jurin)		题献	本卷索引
XXXIII	1724,1725	皇家学会副会长米德(Richard Mead)	皇家学会秘书朱林(James Jurin)		题献	本卷索引

① 应指安妮女王的丈夫乔治亲王。

续表

卷号	出版年份	题献对象	题献作者	资助人	刊头声明	刊尾附录
XXXIV	1726,1727	皇家学会副会长福克斯（Martin Folkes）	皇家学会秘书朱林（James Jurin）		题献	本卷索引
XXXV	1728	威尔士亲王弗里德里克（Frederick）	皇家学会秘书鲁蒂（William Rutty）		题献	本卷索引
XXXVI	1729,1730	皇家学会会长斯隆（Hans Sloane）	皇家学会秘书莫蒂默（Cromwell Mortimer）		题献	本卷索引
XXXVII	1731,1732	里士满公爵查理（Charles）	皇家学会秘书莫蒂默（Cromwell Mortimer）		题献	本卷索引
XXXVIII	1733,1734	皇家学会副会长盖勒（Roger Gale）	皇家学会秘书莫蒂默（Cromwell Mortimer）		题献	本卷索引
XXXIX	1735,1736	莱顿大学医学教授博尔哈弗（Herman Boerhaave）	皇家学会秘书莫蒂默（Cromwell Mortimer）		题献	本卷索引
XL	1737,1738	皇家学会会员温斯洛普（John Winthrop）	皇家学会秘书莫蒂默（Cromwell Mortimer）		题献	出版商信息、本卷索引
XLI	1740,1741	皇家学会会长斯隆（Hans Sloane）	皇家学会秘书莫蒂默（Cromwell Mortimer）		题献	本卷索引
XLII	1742,1743	皇家学会会长福克斯（Martin Folkes）	皇家学会秘书莫蒂默（Cromwell Mortimer）		题献	本卷索引
XLIII	1744,1745	皇家学会副会长威斯特（James West）			题献	本卷索引、书讯

续表

卷号	出版年份	题献对象	题献作者	资助人	刊头声明	刊尾附录
XLIV	1746			神圣罗马帝国皇帝弗朗茨一世等	资助人名单	本卷索引,勘误表
XLV	1748			奥兰治亲王弗里斯索等	资助人名单	本卷索引
XLVI	1749,1750				勘误表	本卷索引,勘误表
XLVII	1751,1752				编委会公告	本卷索引,勘误表
XLVIII	1753,1754				勘误表	本卷索引,勘误表
XLIX	1755				勘误表	本卷索引,勘误表
L	1757				勘误表	本卷索引
LI	1759					本卷索引
LII	1761				编委会公告	本卷索引
LIII	1763				编委会公告	本卷索引,勘误表
LIV	1764				编委会公告,勘误表	本卷索引,勘误表
LV	1765				编委会公告	本卷索引
LVI	1766				编委会公告	本卷索引,书讯
LVII	1767				编委会公告,勘误表	本卷索引,书讯
LVIII	1768				编委会公告	本卷索引

续表

卷号	出版年份	题献对象	题献作者	资助人	刊头声明	刊尾附录
LIX	1769				来稿清单、编委会公告	本卷索引、书讯
LX	1770			乔治三世、波兰国王瓦斯坦尼斯夫麦二世、丹麦国王克里斯安七世等	编委会公告、来稿清单	本卷索引、资助人名单、学术委员会会员名单、国内会员名单、外国会员名单
LXI	1771				编委会公告、来稿清单	本卷索引、书讯
LXII	1772				编委会公告、来稿清单	本卷索引、书讯
LXIII (part I)	1773			乔治三世、波兰国王瓦斯坦尼斯夫麦二世国王克里安蒂斯七世等	编委会公告	来稿清单、本卷索引、书讯、资助人名单、学术委员会名单、本国会员名单、外国会员名单
LXIV (part I)	1774			乔治三世、波兰国王瓦斯坦尼斯夫麦二世国王克里安蒂斯七世等	编委会公告	来稿清单、本卷索引、勘误表、书讯、资助人名单、学术委员会名单、本国会员名单、外国会员名单

资料来源：Thomas Thomson, History of the Royal Society: From Its Institution to the End of the Eighteenth Century, London: Rober Baldwin, 1812, Cambridge University Press, 2011, p. 11。

新成立的《哲学学报》编委会显然已经意识到皇家学会在同行评议体系中的角色作用。他们声明，选登论文的依据是"主题的重要性和特殊性或者研究方法的有益程度"。编委会谨慎地限定了自身的责任范围，表示"不对所发表文章的事实是否翔实和推理是否合理负责"，将文章内容真实性归于"作者本人的判断和信誉"，还表示"学会作为一个团体不对有关自然或者技术的任何主题发表意见"。编委会还强调，当人们在学会会议上提交论文、提出研究项目或展示发明时，学会会长的感谢之词只是一种"礼节性的表示"，不代表学会对研究成果本身的认可。① 通过这类声明，皇家学会表明自己只是知识媒体，不是绝对权威。但是，在另一方面，这类声明让学会之外的人士失去了自己宣称得到学会承认的机会，原先个人可以调用的声誉资源被让渡出来，这进一步巩固了学会的学术中心地位。

《哲学学报》很快成为欧洲各地其他语种期刊效仿的对象。《哲学学报》刊行两个月之后，比其题材范围更广、偏重科普和文学的法文期刊《学者期刊》（*Journal des Sçavans*）问世。1668年，博洛尼亚又出现了效仿《学者期刊》的意大利文《罗马文学报》（*Giornale de Litterati di Roma*，1668—1679）。1668年，意大利文《文学年报》（*Il Giornale de Litterati per tutto l'anno*，*Parma*，1668—1690）在帕尔马（Parma）印刷，此后又在摩得拿（Modena）、里米尼（Rimini）、费拉拉（Farrar）等地印刷。

---

① Anonymous, "Advertisement", *Philosophical Transaction of the Royal Society of London*, 1665-Present, Vol. 47, http：//rstl. royalsocietypublishing. org/.

1686年，法文《医学期刊》（*Journaux de Medecine ou Observations des plus Fameuxmedecine*）作为《学者期刊》普及版开始刊行。1682年，《学者学报》（*Acta Eruditorum*，1682—1782）开始在莱比锡按月刊行。专业类期刊也开始出现，如德文《自然探奇杂述》（*Miscellanea Naturae Curiosorum*）和法文《医学新发现》（*Nouvelles Descouvertes sur Toutes les Parties de la Medecine*）。1673年，斯堪的纳维亚地区第一份医学与科学期刊《医学与哲学学报》（*Acta Medica et Philosophica Hafniensia*）在哥本哈根出版。在科学专业化之前，这些期刊共同构建了一个空前壮大的欧洲科学人共同体。

除了《哲学学报》以外，皇家学会还出版专著。在学会刚成立的十年之内，出版了一大批会员作品，包括伊弗林的《林地研究》（*Sylva*，1664）、胡克的《显微图》（*Micrographia*，1665）、威尔金斯的《论一种真正的字符和哲学家的语言》（*An Essay towards a Real Character and a Philosophical Language*，1668）、格朗特（John Graunt，1620—1674）的《对死亡率的自然和政治观察报告》（*Natural and Political Observations upon the Bills of Mortality*）等。

1709年，皇家学会设立"科普利"（Copley）奖。该奖项以已故会员科普利（Godfrey Copley，1653—1709）的名字命名，每年一度，奖给最杰出的实验设计者。例如，1757年的获奖者C.卡文迪许（Lord Charles Cavendish，1704—1783）设计的实验是"在没有观测者的情况下用温度计显示同时产生的高温和低温"，

1758 年的获奖者多兰德（John Dolland，1706—1761）发现了光线的不同反射性。富兰克林、普利斯特列、伏特、戴维、法拉第都获得过这一奖项。1800 年，皇家学会又设立"拉姆福德"（Rumford）奖。该奖项奖励实验物理学家，获奖者不限于英国科学家，例如研究气体热力学性质的法国人勒尼奥（Henry Victor Regnault，1810—1878）就曾获奖。"科普利"奖和"拉姆福德"奖至今仍然是皇家学会授予科学家的极高荣誉。

实验方法、《哲学学报》和两个科学奖项是皇家学会引以为荣的特色。凭借实验方法，学会可以检验并确认有争议的科学理论，也可以开辟新的研究领域；通过《哲学学报》和授奖，学会建立起对科学人的评价体系。于是，新成立的皇家学会在传统大学之外树立起知识权威。

第五章　新兴科学组织的双重性

早期皇家学会作为英国新兴科学组织的代表，要实现知识的公共性，却又因袭传统的私人资助和业余研究方式，免不了在组织定位、人员结构和科学资源调用问题上存在矛盾和不一致。它既是科学机构，又是英国上层人士的俱乐部；学会会员有波义耳一类绅士哲学家，也有胡克等不可或缺的专职实验员；学会既要保持机构独立，还要从外界获取资源用以展开各类科学活动，二者难以平衡时便面临资金短缺的问题。

第一节　科学机构还是上层人士俱乐部

一个正式、专门科学机构的出现，意味着机构成员亲密合作，通过集体努力创造出可靠的经验知识，面对外界展示出统一的身份形象，这是"所罗门宫"暗示的科学组织模式。但是，成立之初的皇家学会与培根的理想模式存在很大差异。1663 年，皇家学会由学术委员会提名产生第一批会员，其中有贵族（nobleman）18 位、准男爵（baronet）或骑士（knight）22 位、绅士（esquire）47 位、内科医生 32 位、神学学士（bachelor of theology）2

位、艺学硕士（master of arts）2 位和外国人 8 位（见表 5-1）。

表 5-1　1663 年皇家学会第一批会员的名衔或职业

单位：人,%

会员名衔或职业	人数	占会员总人数比例
贵族	18	14
准男爵/骑士	22	17
绅士	47	36
内科医生	32	24
神学学士	2	2
艺学硕士	2	2
外国人	8	6
总和	131	100

资料来源：Bernard Becker, *Scientific London*, New York：D. Appleton & Co., 1875, p. 4.

在第一批会员当中，贵族、准男爵或骑士以及绅士约占会员总数的三分之二（见表 5-1）。[①] 之后这一比例有增无减，整个 17 世纪贵族，朝臣或者政府官员以及绅士的比例为 49%（见表 5-2）。18 世纪在牛顿卸任会长之后至班克斯担任会长之前，会员中贵族、男爵或骑士、军官、政府官员和绅士的比例约为二分之一（见表 5-3）。这些上层人士身世显赫，生活富足，不需要

[①]　16 世纪末英国社会约分四个等级：一、国王；二、大贵族（nobilitas maior）和小贵族（nobilitas minor），大贵族包括公爵（duke）、侯爵（marquess）、伯爵（earl）、子爵（viscount）和男爵（baron）；三、绅士（esquire），其成分比较复杂，包含还没获得头衔的贵族子弟和有佩戴徽章资格的人；四、农民（yeomanry），包括一部分地主。除了农民之外，国王、大小贵族和绅士三个阶层都被看作上层人士（gentleman）。参见 Steven Shapin, *A Social History of Truth：Civility and Science in Seventeenth-century England*, Chicago and London：The University of Chicago Press, p. 44。

从事任何一项谋取报酬的工作，是"自由而不受约束"的人。[①]
这一人员结构与皇家学会从自发聚会发展而来不无关系。伦敦和
牛津两地聚会的主要成员 J. 沃利斯、威尔金斯等人本身社会地
位很高，成员之间多为私人交往。英国内战结束之后，统治者对
新知识予以重视，又有一批贵族人士加入学会。当时英国的上层
文化不但不排斥这种需要动手、具体琐细的知识形式，反视为风
雅时髦。加上会员平等交流、联系松散，更让学会看上去像是一
般意义上的绅士俱乐部。

表 5-2 17 世纪皇家学会会员的名衔或职业

单位:%

会员名衔或职业	占会员总人数比例
贵族	14
朝臣或者政府官员	20
绅士	15
律师	4
内科医生	16
外科医生和药剂师	0
神职人员、学者、著作者	20
商人	7
其他	3

资料来源: R. Sorrenson, "Towards a History of the Royal Society of London in the Eighteenth Century," *Notes and Records of the Royal Society of London*, 1996, p. 36, 转引自 Dwight Atkinson, *Scientific Discourse in Socio-historical Context: The Philosophical Transactions of the Royal Society of London*, 1675—1975, Mahwah, New Jersey: Lawrence Erlbaum Associate, Inc., 1999, p. 52.

---

① Thomas Sprat, *The History of the Royal Society of London for the Improving of Natural Knowledge*, 3rd Edition, London: Printed for J. Knapton, 1722, p. 67.

表 5-3　1735—1780 年伦敦皇家学会会员的名衔或职业

单位:%

会员名衔或职业	占会员总人数比例
贵族	20
男爵/骑士、军官、政府官员	15
绅士	15
律师	5
内科医生	16
外科医生、药剂师	9
教士、主教和教师	16
其他	4

资料来源: R. Sorrenson, "Towards a History of the Royal Society of London in the Eighteenth Century," *Notes and Records of the Royal Society of London*, 1996, p. 36, 转引自 Dwight Atkinson, *Scientific Discourse in Socio-historical Context*: *The Philosophical Transactions of the Royal Society of London*, 1675—1975, Mahwah, New Jersey: Lawrence Erlbaum Associate, Inc., 1999, p. 52。

　　第一批会员中，约四分之一是内科医生。内科医生在当时已是成熟的职业，享有较高的社会声望。在哈维的血液循环理论影响下，不少医生都是活跃的科学人，相应占据皇家学会较高的会员比例。相较之下，普通大学教授几乎没有被学会吸纳，只有一些有身份名衔的会员兼有大学教职。工匠、航海家和商人也不在第一批会员之列，尽管其工作是实验科学重要的资料来源。

　　皇家学会的外籍会员多是在特定领域有建树的科学人。1663年荷兰物理学家惠更斯入会，1664 年德国天文学家赫维留入会，1666 年法国天文学家奥祖（Adrian Auzout，1622—1691）入会，1668 年意大利生物学家马尔比基（Marcello Malpighi，1628—1694）成为会员，1672 年法国天文学家卡西尼入会，1676 年莱

布尼茨（Gottfried Wilhelm Leibniz，1646—1716）加入学会，1679
年列文虎克（Antony van Leeuwenhoek，1632—1723）加入学会，
1698 年法国化学家日夫鲁瓦（Étienne-François Geoffroy，1672—
1731）加入学会，这极大提高了学会的科学水平和学术声誉。

　　皇家学会几乎明确说明其准入制涉及非科学因素。学会特许
状序言表明："他们越是在各种知识和学问上有卓越的贡献，越是
以热忱之心提高学会的声誉、推动学会的研究，并且越是能够增
加学会的利益……我们越是希望他们被认为适合并有资格成为本
学会成员。"[1]尽管每年吸纳多少新会员以及以何种原则筛选候选
人带有很大的随机性（见表 5-4），但是会员基本上只分为两类，
即为学会带来荣誉、资助和资源的人和在科学方面有追求、有成
就的人。这两类会员其实也都是以传统社会身份或者职业身份出
现的，一个统一、崭新的科学家身份并没有因为皇家学会的成立
而出现。

表 5-4　17 世纪皇家学会每年新增会员人数

单位：人

年份	新增会员数	年份	新增会员数	年份	新增会员数
1663	33	1668	24	1673	14
1664	30	1669	5	1674	6
1665	14	1670	4	1675	5
1666	16	1671	5	1676	9
1667	33	1672	4	1677	12

---

[1]　Charles Richard Weld, *A History of the Royal Society with Memoirs of the Presidents*, London:
John W. Parker, West Strand, MDCCCXLVIII, Hardpress, 2019, Vol. I, p. 121.

续表

年份	新增会员数	年份	新增会员数	年份	新增会员数
1678	12	1686	5	1694	3
1679	12	1687	4	1695	9
1680	6	1688	7	1696	18
1681	26	1689	4	1697	12
1682	9	1690	1	1698	23
1683	8	1691	5	1699	3
1684	9	1692	12	1700	7
1685	8	1693	8		

资料来源: *Record of the Royal Society*, 1901, pp. 227ff, 转引自 Martha Ornsterin, *The Role of Scientific Societies in the Seventeenth Century*, Chicago: The University of Chicago Press, 1928, p. 107。

因此，早期皇家学会既是科学机构，又是上层人士俱乐部。"上层人士"反映人员结构，"俱乐部"是组织形式。上层人士俱乐部实质上代表一种非职业化、弱组织结构的知识团体模式。皇家学会的这一特点自成立之初便饱受诟病。有人质疑：学会会员众多，兴趣却未必一致，有追求学术者，有不以学术为念者。后者多了，学会必将偏离科学理想，"在不知不觉中成为一种喧闹浮夸"。① 还有人提出："皇家学会有这么多人，会不会令某些人不敢把有价值的秘传知识传播给他们？因为这样一来，这些知识就变得平淡无奇，获得的收益就会比保密情况下大大减少。"②

① Thomas Sprat, *The History of the Royal Society of London for the Improving of Natural Knowledge*, 3rd Edition, London: Printed for J. Knapton, 1722, p. 71.
② Thomas Sprat, *The History of the Royal Society of London for the Improving of Natural Knowledge*, 3rd Edition, London: Printed for J. Knapton, 1722, p. 71.

　　针对上述种种质疑，1667 年斯布莱特出版了《皇家学会史》。他曾在牛津大学沃翰姆学院求学，深受牛津聚会的影响，于 1663 年经威尔金斯推荐成为第一批皇家学会会员。内战结束后，他担任威尔金斯的资助人、白金汉公爵二世维利尔斯（George Villiers，1628—1687）的牧师，后来又任威斯敏斯特教堂主任牧师、罗切斯特市主教，在英国政、教两界颇有影响。在《皇家学会史》中，斯布莱特论述了学会的理念和科学方法，还节选出 1661—1664 年皇家学会宣读的论文。他的目的不在于记述皇家学会的活动，而是要为学会正名，对外树立这一新团体的正当形象。

　　斯布莱特指出，学术的倒退分为两种。一种是知识过快地趋向现实利益，急于与技术联姻。其弊端在于：

　　　　还没有成年便要生子，这样会带来极大的问题。它们（即知识）的力量被削弱，不均衡地增长，兴盛起来的不是最好的而是最有利可图的部分。关键是人们为之奋斗的那部分利益大打折扣，人们为蝇头小利所驱使，却对自然的巨大宝库视而不见。就好比一个愚蠢的监狱看守为了拾得逃犯口袋中掉出的几个铜板却任其跑掉，而他本可得到一大笔赎金。①

　　另外一种学术倒退是学院教育缺乏独立思考与平等交流：

① Thomas Sprat, *The History of the Royal Society of London for the Improving of Natural Knowledge*, 3rd Edition, London: Printed for J. Knapton, 1722, pp. 67-68.

在学院里，有人讲课，其他人点头同意，其结果有害无益。首先，众多有知识的人的双手和头脑都无用武之地，全靠教师来完成检验和观察工作，学生们只默默地接受教师给出的结论。[①]

斯布莱特紧接着指出，要避免这种情况，最好是将探求知识的责任交付给另外一些"自由而不受约束"的人，他们"受教育自由，家资丰厚，出身高贵且慷慨大度，最有可能脱离低级的想法"。[②] 意即知识生产者个人的经济独立保证了知识内容本身的中性。他进一步断言，理想的知识生产场所既不是手工工场，也不是大学，而是实验室，也只有在实验室才有"自由的哲学讨论"。[③]

至于皇家学会的弱组织结构能否支撑起它的科学理想，斯布莱特建议把眼光放得更长远一些：

在我们身处的时代，这种顾虑已经没有什么必要了。因为实验天才已经遍布全国，如果再有一两个这类组织出现的话也不会显得人才稀缺。现在，所有地方都热情十足地加入这项事业当中，珍奇物品源源不断地被提供进来。有的出自学者和教授之手，有的来自店铺、商旅途中、农夫的铧犁

① Thomas Sprat, *The History of the Royal Society of London for the Improving of Natural Knowledge*, 3rd Edition, London: Printed for J. Knapton, 1722, pp. 68-69.

② Thomas Sprat, *The History of the Royal Society of London for the Improving of Natural Knowledge*, 3rd Edition, London: Printed for J. Knapton, 1722, p. 68.

③ Thomas Sprat, *The History of the Royal Society of London for the Improving of Natural Knowledge*, 3rd Edition, London: Printed for J. Knapton, 1722, p. 68.

间，还有的来自运动场、鱼池、公园以及绅士们徜徉的花
园……简言之，此机构由不同知识背景的人组成，这绝不是
它的缺陷，而是了不起的地方。①

换言之，当科学已经成为时代主题，学会作为社会各界人士的
松散联盟得以在更广泛的范围内获得科学资源。斯布莱特继承了培
根的观点，强调知识的外在公共性本身正在发生改变。知识不再只
属于私人，不再被限制在小范围内，而将为全社会所共同拥有。他
说："祖传秘方的全部或者最有价值的那部分，连同人们的好奇心一
起，都将很快流向公共财富的宝库。"② 这一转变的原因在于知识生
产者对首创权的追逐，即"对荣誉的渴望和对署名的愿望战胜了
一切"。③ 他又说，被公布有新发现的人"不但能够获得实实在
在的荣誉，而且仍然可得到收益的最大一部分"。④ 他甚至还提
到，在知识为全社会所共有的过程中，皇家学会应扮演重要的中
间人角色，购买新的发明，将其展示、储藏，供所有人随时取
用。⑤ 他的这些观点无疑是富于洞见却又过于超前的，科学的社会
动员要到工业革命时期才真正启动，而知识形式只有发展到一定

① Thomas Sprat, *The History of the Royal Society of London for the Improving of Natural Knowledge*, 3rd Edition, London: Printed for J. Knapton, 1722, pp. 71-72.

② Thomas Sprat, *The History of the Royal Society of London for the Improving of Natural Knowledge*, 3rd Edition, London: Printed for J. Knapton, 1722, p. 74.

③ Thomas Sprat, *The History of the Royal Society of London for the Improving of Natural Knowledge*, 3rd Edition, London: Printed for J. Knapton, 1722, p. 74.

④ Thomas Sprat, *The History of the Royal Society of London for the Improving of Natural Knowledge*, 3rd Edition, London: Printed for J. Knapton, 1722, p. 75.

⑤ Thomas Sprat, *The History of the Royal Society of London for the Improving of Natural Knowledge*, 3rd Edition, London: Printed for J. Knapton, 1722, p. 75.

阶段（如今天），才有大众知识与数理模型的平分秋色。

　　无论如何，在斯布莱特看来，皇家学会的业余、闲散状态不但不是问题，反倒是独特优势。"除了实验员以外，他们不需要任何会员付出自己的全部时间。除了实验员以外，他们并不要求会员做多于自己分内工作的事情，甚至也不希望打扰他们的休闲时间。他们靠的正是哲学工作的这种连续性和持久性。"[1] 这种信心一直延续到 19 世纪上半叶。1812 年，汤姆森在另一版《皇家学会史》中，仍然不无骄傲地称伦敦皇家学会是"迄今为止所有同类社团当中规模最大、最自由的一个"。[2]

　　斯布莱特的文本代表了早期皇家学会的自我定位：学会既是科学机构，又是上层人士俱乐部。上层身份保证知识的中性，演示实验带来平等的知识交流。从更深的思想层面来看，当时英国上层文化推崇平等观念，而经验方法论本身又强调事实面前人人平等，所以这种自我定位在上层精英文化与实验科学方法论之间建立起一种微妙却实在的内在联系。

第二节　谁来资助科学——科学机构的资源与困境

　　现代实验科学是一种昂贵的学问，它迈出的每一小步都难以回避谁来出资的问题。在 1627 年开普勒发表的《鲁道夫年表》

[1]　Thomas Sprat, *The History of the Royal Society of London for the Improving of Natural Knowledge*, 3rd Edition, London: Printed for J. Knapton, 1722, p. 333.

[2]　Thomas Thomson, *History of the Royal Society: From Its Institution to the End of the Eighteenth Century*, London: Robert Baldwin, 1812, Cambridge: Cambridge University Press, 2011, p. B.

扉页上，绘有一座立柱神殿，殿内有哥白尼、第谷等人正在研究《鲁道夫年表》，穹顶上一只雄鹰撒下口衔金币（见图 5-1），意指神圣罗马帝国皇帝鲁道夫二世慷慨资助年表修订工作。可见，知识与资金、科学家与资助人的紧密联系从近代早期便开始了。

图 5-1　开普勒的《鲁道夫年表》扉页插图

资料来源：http：//en. wikipedia. org/wiki/Rudolphine_ Tables，2014. 8. 28.

1657 年成立的齐曼托学院由美第奇家族提供资助。1666 年巴黎科学院成立时，法国政府为院士发放固定年金，法国财政大臣、路易十四的重臣柯尔贝尔（Jean-Baptise Colbert，1619—1683）常被视为科学院的奠基人。1663 年法兰西文学院和 1671 年巴黎建筑学院成立，也是柯尔贝尔向中央政府争取财政补贴的结果。皇家学会却没有这样的资源支持：查理二世颁布的国王特许状并没有经费条款，"皇家"二字仅仅起到了为学会正名的作用。这一正名方式固然有助于学会维持一定的组织形式，提高组织声誉，再用组织名誉向社会各阶层换取科学资源。但是，从成立之初到19世纪上半叶的近两百年间，英国政府未对皇家学会提供稳定、持久的经费，学会活动所需资金、资源和资料主要来自私人资助，因而学会有时候被当作非官方、非正式机构。这一资助方式与皇家学会的组织结构一样，既因袭传统，也出于现实权衡。

　　文艺复兴后期，国王和贵族开始为知识分子提供资助。近代早期的著名科学人身后往往都有一个更为出名的资助人：伽利略与美第奇家族、霍布斯与卡文迪许家族、洛克与沙夫茨伯里伯爵、笛卡尔与瑞典女王、培根与埃塞克斯伯爵。科学人在接受资助的同时，为出资者提供一定的服务，例如授课、出谋划策或者处理家族事务等，但是这并非一种标准意义上的雇佣关系。特权阶层之所以愿意资助科学人，与其说是基于对知识实用价值的考虑，毋宁说要借助科学人在知识界的威望来显示自身的气派。科学人在得到科学资助的同时，也提高了自身的社会地位，在同时代的人眼中他的观测结论和新理论就显得更可信。[①] 双方的关系在本质上是一种声望的交换、一种身份地位的相互提携。这种资助依赖私人关系，对被资助人的教育背景和学术资历不做硬性要求，注定带有很大的随机性。

　　私人资助制度在皇家学会得到了延续。只不过科学人团体代替个人进行声望交换，对声望交换的附属品即科学资金和资源在

---

① Shapin, "The Man of Science," Katharine Park and Lorraine Daston, eds., *Cambridge History of Science*, Vol. 3, 2006, pp. 194−195.

组织机构内部再行分配。皇家学会在研究议题上的丰富性与实用导向为其赢得了较多的资助机会。皇家学会成立之初，上至国王和贵族，下至商人，都显示出愿意支持新学会的热情。胡克不无兴奋地说：

> 他们所做的事情往往得不到什么鼓励支持，因为人们通常选择哲学中似是而非和不着边际的那一部分，舍弃掉真实可靠的那部分。然而，他们成立机构恰逢其会，赶上这样一个所有人都求知好问的时代。这么多王公贵胄和数位行业杰出人物对他们大加支持，或捐赠物品，或列席在场。还有件事让我深信绝大多数人对这个学会真正充满敬意：几位商人（他们的宗旨是"我的、你的"这样的私有财产之分，这是人类事物的指导性原则）郑重其事地投入了一大笔钱，好让我们会员的发明能够得到应用，并对这项事业充满信心。要知道，只有不到百分之一的普通人相信他们的事业能够发展下去。①

在皇家学会的资助人当中，身份地位最高的是英国国王，其次是英国大贵族和其他国家的国王与贵族。例如，1779 年第 69 卷《哲学学报》出版时列出的资助人有乔治三世、波兰国王斯坦尼斯瓦夫二世（Stanislaus Augustus，1732—1798）、丹麦国王克里斯蒂安七世（Christian VII，1749—1808）、格洛斯特公爵亨利

---

① Robert Hooke, " Micrographia, " Brian Vickers, ed., *English Science, Bacon to Newton*, Cambridge: Cambridge University Press, 1987, p. 107.

（Will Henry，1743—1805）、勃兰登堡伯爵弗雷德（Christian Fred）和巴登伯爵查尔斯。①

皇家学会负责人往往正是学会最可靠的资助人，历任会长都提供过不同形式的资助。1761 年，皇家学会组织观测金星轨道，在任第十五届会长即麦克莱斯菲尔德（Macclesfield）伯爵二世帕克（George Parker，1695—1764）个人出资购置天文仪器，在牛津郡的西伯恩堡（Shirburn）建立了天文台，学会会员皆赞善莫大焉。天文学家布拉德雷（James Bradley，1693—1762）向学会提交论文《论章动》时特意附信感谢他：

> 西伯恩堡的仪器非常有价值，我可以参照在那里取得的结果来判断我在皇家天文台观测到的结果的准确性。作为一个科学爱好者，我希望我们国家能够多一些像阁下这样的人——有地位、有能力、又愿意促进此项研究以及其他自然知识发展的人，因为这些知识会为我们的国家增光添彩、带来实惠。②

皇家学会的普通会员通过缴纳会费来支持学会。会费最初为10 先令，后来涨到 20 先令。每周学会活动时，会员还要缴纳座

① Anonymous, "The List of the Royal Society, MDCCLXXX," *Philosophical Transactions of the Royal Society of London*, Vol. 69, December 1779, p. 1.

② Charles Richard Weld, *A History of the Royal Society with Memoirs of the Presidents*, London: John W. Parker, West Strand, MDCCCXLVIII, Hardpress, 2019, Vol. 2, p. 2.

位费。[①] 1766 年，皇家学会理事会将座位费从 21 基尼涨到 26 基尼，年费涨到 2 英镑 12 先令，入会费也涨到了 5 英镑 5 先令。[②] 到 19 世纪初，皇家学会的会费涨到 50 英镑。后来成立的爱丁堡皇家学会、都柏林皇家学院、皇家文学院、古代研究学会、林奈学会、地质学会、天文学会、动物学会等也都收取 20—50 英镑不等的会费（见表 5-5）。

表 5-5　19 世纪英国主要科学团体的入会费（包括每年的座位费）

机构名称	会员资格称号	入会费
皇家学会	F. R. S.	50 英镑
爱丁堡皇家学会	F. R. S. E.	25 英镑 4 先令
都柏林皇家学院	M. R. I. A.	26 英镑 5 先令
皇家文学院	F. R. S. Lit.	36 英镑 15 先令
古代研究学会	F. A. S.	50 英镑 8 先令
林奈学会	F. L. S.	36 英镑
地质学会	F. G. S.	34 英镑 13 先令
天文学会	M. A. S.	25 英镑 4 先令
动物学会	F. Z. S.	26 英镑 5 先令
皇家研究院	M. R. I.	50 英镑
皇家亚洲研究会	F. R. A. S.	31 英镑 10 先令
园艺学会	F. H. S.	48 英镑 6 先令
医学植物学会	F. M. B. S.	21 英镑

资料来源：Charles Babbage, "Reflections on the Decline of Science in England and on Some of Its Causes," Martin Campbell-Kelly, ed., *The Works of Charles Babbage*, New York: New York University Press, 1989, p. 41.

---

① Londa Schiebinger, "Women of Natural Knowledge," *Cambridge History of Science*, Vol. 3, p. 197.
② Charles Richard Weld, *A History of the Royal Society with Memoirs of the Presidents*, London: John W. Parker, West Strand, MDCCCXLVIII, Hardpress, 2019, Vol. 1, p. 43.

　　大多数皇家学会会员自筹经费开展研究，有家资者自助，无家底者再找资助人。英国政府偶尔提供资助，但是只针对特定研究项目，并且没有形成常态。学会的纯科学活动，如实验演示、论文宣读、陈列柜展示、课程教学、野外考察、建立植物园、实验室搭建和维护、图书馆藏书、颁发奖章、《哲学学报》刊行、专著出版等，几乎无不依赖一个庞大的私人资助网络。这一网络以学会会员为中心，辐射至整个欧洲以及海外殖民地。

　　皇家学会的办公场所也由私人资助或者会员自助。学会前身即"1645 小组"在伦敦格雷歇姆学院或者伦敦伍德大街戈达德医生的住所举办活动。牛津聚会的场所几经辗转：1648—1649 年在配第的住处，1652 年配第离开牛津去爱尔兰后改为威尔金斯的住所，威尔金斯搬到剑桥后又改为波义耳的住所。皇家学会正式成立后，一开始在格雷歇姆学院开会、做实验。1665 年，伦敦大瘟疫暴发，学会活动地点改到了波义耳在伦敦的宅邸。1666 年，伦敦发生大火，大批难民住进格雷歇姆学院校区，学会迁至原阿伦德尔（Arundel）伯爵宅邸。这一新址由阿伦德尔伯爵二十二世之子、后来的诺福克公爵六世霍华德（Henry Howard，1628—1684）捐赠，伯爵府图书馆系文艺复兴时期匈牙利"哲学王"科尔维乌斯（Mathew Corvinus）斥资所建，藏有大量珍贵书籍和手稿，对学会会员开放。但是，学会的大量实验仪器和标本样品放在格雷歇姆学院，举办活动仍然十分不便。1673 年，伦敦市政委员会和格雷歇姆教授邀请皇家学会搬回格雷歇姆学院。查理二世将切尔西大学的一块地方划拨给学会，学会在阿伦德尔也得到一块地，但是两次募款建房均以失败告终，只能在福利特大街的鹤庭（Crane Court）购得廉价房安顿下来。18世纪80年代，英国政府将萨默赛特宫的几间屋子拨给学会使用，学会这才将会议厅、图书馆、实验仪器和标本藏品集中在一处。而当时政府也仅仅提供了办公地，再无资金或其他支持。

这种居无定所本身是资金不稳定、资源不充足的表现。1686年，牛顿的《自然哲学的数学原理》手稿完成后呈送给皇家学会，学会本欲出资印刷出版，但是出版威洛比（Francis Willoughby，1635—1672）的《赤道鱼类》（De Historia Piscium Libri Quatuor）刚刚花光了经费，就连一般办公人员的工资也发不出，后来还是哈雷（Edmond Halley，1656—1742）慷慨解囊，这部科学史上的不朽名篇才得以面世。[①] 牛顿本人当上皇家学会会长之后，学会仍未摆脱窘境。1708年，"热动浆新式船"即蒸汽机船设计方案提交至学会，学会尽管看到其巨大的潜在价值，却无力出资展开进一步研究。牛顿后历任会长也都没有彻底解决经费问题，即便在社会活动能力最强、资源人脉最广的班克斯（Joseph Banks，1743—1820）任内，学会也不过是盈亏参半，勉力维持（见表5-6）。总之，捉襟见肘的皇家学会远不是培根笔下富可敌国的所罗门宫，与财力雄厚的牛津大学和剑桥大学也形成鲜明对比。

---

① Bernard Becker, *Scientific London*, New York: D. Appleton & Co., 1875, p. 10.

表 5-6 1781—1800 年皇家学会的收支状况

单位：英镑

年份	收入	支出	盈/亏（+/-）
1781	891	727	+
1782	1101	1130	-
1783	1104	958	+
1784	1106	1309	-
1785	1168	1337	-
1786	2433[①]	1914	+
1787	1486	1169	+
1788	1631	1455	+
1789	1160	1300	-
1790	1298	1318	-
1791	1516	1047	+
1792	1393	1121	+
1793	1544	1119	+
1794	1809	1299	+
1795	1557	1486	+
1796	1491	1557	-
1797	1917	1703	+
1798	1956	2197[②]	-
1799	1342	1563	-
1800	1652	1535	+
1781—1785	5370	5461	-
1786—1790	8008	7156	+
1791—1795	7819	6072	+
1796—1800	8358	8555	-

注：① 1786 年皇家学会收入的 2433 英镑包含学会会员、第三代斯坦霍普伯爵（Charles Stanhope，1753—1816）捐赠的 500 英镑。

② 1798 年皇家学会支出的 2197 英镑中包含 500 英镑战争捐款。

资料来源：Charles Richard Weld, *A History of the Royal Society with Memoirs of the Presidents*, London：John W. Parker, West Strand, MDCCCXLVIII, Hardpress, 2019, Vol. 2, p. 227.

究其根本，皇家学会的"穷"是因为它的机构性质具有双重性。作为科学机构，科学活动的有组织性要求持续、稳定和大量的资金投入与资源支持，显然像查理二世那样将一块奇石、一套玻璃器皿送到皇家学会是远远不够的。但是作为上层人士俱乐部，为确保机构独立和成员自主，外来资源绝非多多益善，实际上英国科学人"自己也常常拒绝担任学院里的职位或者受到官方的限制"。[①] 私人资助制度不是佣金与服务的交换，而是声望与声望的交换。科学资金和资源只是这一交换的附属品，如果再对其以一定的组织结构进行内部再分配，势必无法为某些科学项目提供充分支持，这一点随着科学知识体系本身的发展越来越明显。所以在皇家学会会员看来，助源总是很多，可是助力却微乎其微。20 世纪初化学家兼史学家梅茨（John Theodore Metz，1840—1922）如此评论英国的科学精神："英国的社团或许有时候尊敬和崇拜他们的杰出代表人物，但是却没有为他们提供支持。"[②]

第三节　早期科学家的几种类型

皇家学会尽管强调"自由而不受约束的人"最适合做学问，但是实际上由于资金来源多样，学会会员的科学生涯也各色各样。17 世纪下半叶，学会会员既有波义耳等上层贵族兼自然哲学

---

① John Theodore Metz, *A History of European Thought in the Nineteenth Century*, 4 vols, New York: Dover Publications, 1965, Vol. I, p. 251.

② John Theodore Metz, *A History of European Thought in the Nineteenth Century*, 4 vols, New York: Dover Publications, 1965, Vol. I, p. 251.

家，也有胡克这样受聘于学会和私人的专职实验员，还有牛顿等有正式学术职位的专业学人。

一 "尊敬的波义耳"

17 世纪 30 年代，培根的《新大西岛》出版时，几乎每一个有名或无名的科学人都有固定的社会位置。吉尔伯特和哈维是御医，开普勒是皇家天文学家、历书制定者、占星术士，伽利略是宫廷数学家，而波义耳出身贵族，没有社会职业，身份是"尊敬的波义耳"。①

波义耳是第一代爱尔兰科克（Cork）伯爵的幼子，其父 R. 波义耳（Richard Boyle，1566—1643）是都铎王朝后期兼并爱尔兰土地的受益者，受封得到爵位。波义耳没有继承伯爵封号，只每年得到其父地租收入的一部分。科克伯爵在爱尔兰和英格兰拥有大片土地，17 世纪 30 年代中期波义耳每年的地租收入高达 2000 英镑。到了 40 年代，由于爱尔兰农民起义，这笔收入受到影响。② 父亲死后，波义耳又继承了父亲名下的斯托尔布里奇（Stalbridge）庄园，这是多塞特郡著名的五大庄园之一。

波义耳早年接受家学教育，又就读于贵族子弟学校伊顿公学，后来在日内瓦和意大利等地游历。他在佛罗伦萨游学期间，接触到伽利略的《论两大世界体系的对话》，遂对新自然哲学深深着迷。地租收入保证了这位年轻的自然哲学爱好者持续地进行

---

① 17 世纪英国贵族子弟无论有无爵位继承权都享有敬称。

② Steven Shapin, *A Social History of Truth：Civility and Science in Seventeenth-century England*, Chicago and London：The University of Chicago Press, 1994, p. 131.

研究，斯托尔布里奇庄园成为他的实验基地。17 世纪 40 年代，波义耳成为"哈特利布圈"的重要人物。1656 年，他来到牛津，参加威尔金斯组织的哲学聚会。他聘用胡克等人做气体实验，于 1660 年提出波义耳定律。1663 年，他凭借气体研究成就进入皇家学会第一届学术委员会。

自 17 世纪 50—90 年代的整整 40 年间，波义耳一直坚持不懈地进行气体实验。尽管莱恩（Franciscus Line，1595—1675）和霍布斯（Thomas Hobbes，1588—1679）对波义耳有关空气弹力、气压、空气组成、真空存在等观点提出疑问，斯塔布（Henry Stubbe，1632—1676）也指出空气组分具有异质性而无法服从统一规律，但是波义耳的连续实验却让他能够不断拿出更具说服力的解释。1660 年，他发表了《对空气的弹力和重量理论的辩护》，提出波义耳定理的基本形式。1669 年和 1692 年，他两次进行实验来证明该定律。实验研究的这种连续性和持久性需要大量资金投入，单就这一点他的批评者便无法企及。

气体实验的关键装置是抽真空泵。波义耳雇用胡克，胡克参照肖特（Caspar Schott，1608—1666）《流体力学》（*Mechanica Hydraulico-pneumatica*，1657）中记录的冯·盖里克设计的抽真空装置，制造出一个新型气泵。这一过程耗资巨大，波义耳后来说："我已经预料到进行这种实验困难大、耗时长，更不要说制造机器和聘用操作人员所需的费用，很多人都会望而却步。"①

---

① Robert Boyle, "Experiments with the Air-pump," Brian Vickers, ed., *English Science, Bacon to Newton*, Cambridge：Cambridge University Press, 1987, p.46.

　　这位名字含有敬语的贵族人士深谙社交礼仪，也重视学术自由平等，视两者为一回事。在他看来，激烈的争论不但无助于增加知识或者消除疑惑，更不符合绅士风度。伽利略在《论两大世界体系的对话》中采用对话体是为了留下余地进行自我辩护，而波义耳在《怀疑的化学家》中让亚里士多德主义者、帕拉塞尔苏斯派和微粒论者平等对话，只为贯彻一种"用文雅方式争论的路线"。① 在《怀疑的化学家》文末，几位讨论者最终达成一致，不加区分地使用"元素"（elements）和"基质"（principles）两个词，因为"他们作为绅士，本身不喜辩论，不愿在用词或者术语上做无谓的争吵"。②

　　本着这种平等交流的态度，波义耳在《气泵实验》（"Experiments with the Air-pump"，1660）等文章中没有过多的修饰性语言，也不引经据典，而是直接描述实验装置的机构、实验现象、操作过程和实验结果，就事论事，避免建构庞大空洞的理论体系。这种文风成为后来科学论文的写作标准。

　　在拒斥理论建构的同时，波义耳提出"化学的哲学化"，这仍然显示出一种更宽泛意义上的理性秩序的趋向。他认为，化学不应该只是一种制造贵金属和药物的经验技术，而应该成为一门科学，化学家也应该被看作哲学家。针对这一领域派系林立、理论混乱的状况，他毫不客气地批评道：

---

① Robert Boyle，"The Sceptical Chymist," Brian Vickers，ed.，*English Science*，*Bacon to Newton*，Cambridge：Cambridge University Press，1987，pp. 69，71.

② Robert Boyle，"The Sceptical Chymist," Brian Vickers，ed.，*English Science*，*Bacon to Newton*，Cambridge：Cambridge University Press，1987，p. 72.

　　我注意到最近兴起的化学。从前很多有知识的人不喜欢它，现在都开始研究，它确实也值得研究。很多人好像没有研究过它，其实也并非一无所知。这样一来，那些非常有名的著作者、自然志学家兼医生对关于物质哲学的各类化学理论欣然接受、应用或者采纳。依我之见，这恐怕会对哲学的真正进步产生不利影响。[1]

　　波义耳被同时代人看作科学人的楷模，被后世称为实验科学先驱、微粒哲学代表人物、近代化学之父。他的科学生涯印证了斯布莱特有关"自由而不受约束的人最适合从事科学研究"的断言。他代表了17—19世纪科学共同体中比例很高的一部分人，他们不是职业学者、教师、医生、神职人员，不在某机构领取薪酬，而是利用自己的家世和家资进行自主性的科学研究，在当时常被称为"慷慨的名家雅士（virtuoso）与实验哲学爱好者"。[2]

二　胡克的专职实验员生涯

　　波义耳一生完成了大量实验：为实验室选址，决定实验的内容，聘用实验助手，撰写文章发布实验信息，最后进行自我限制

① Robert Boyle, "The Sceptical Chymist," Brian Vickers, ed., *English Science, Bacon to Newton*, Cambridge: Cambridge University Press, 1987, p. 72.

② Henry Power, "Experimental Philosophy," Brian Vickers, ed., *English Science, Bacon to Newton*, Cambridge: Cambridge University Press, 1987, p. 95.

的理论阐述。但是，这位贵族人士却极少亲自动手操作，[①] 真正"做"实验的是像胡克这样的能工巧匠。

胡克早年就读于威斯敏斯特教会学校和牛津克里斯教会（Christ Church）学校。17 世纪 50 年代，他参加了牛津的哲学聚会，被 J. 沃利斯聘用为实验助手，后来又经 J. 沃利斯推荐成为波义耳的实验助手。胡克与 J. 沃利斯、波义耳之间是"技师助理和哲学家雇主"的关系。[②] 前者动手操作，后者出资。双方共同设定实验内容、控制实验过程。实验结果以后者名义公布，理论建构也由后者完成。这种关系类似于近代早期欧洲社会常见的主仆雇佣关系。处于从属地位的胡克尽管研制出新气泵，完成了波义耳气体实验的关键步骤，却始终无法享有首创权。

1662 年，新成立的皇家学会聘用胡克为学会的"实验员"（curator）。[③] 他的工作职责是在学会举办活动时进行演示实验。胡克所做实验涉及物理学、化学、生物学、光学、地图绘制和地理学等广泛领域。他不但动手做实验，还自己设计和制造仪器，例如弹簧表、轮形气压表、带有照明装置的显微镜、望远镜的虹膜式光栅、风力计等。他设计出的实验装置精密度高，又易于操作。

实验员的职责范围十分清晰，只负责完成实验环节，不进行

① Steven Shapin, *A Social History of Truth*：*Civility and Science in Seventeenth-century England*, Chicago and London：The University of Chicago Press, 1994, p. 379.

② Steven Shapin, *A Social History of Truth*：*Civility and Science in Seventeenth-century England*, Chicago and London：The University of Chicago Press, 1994, p. 398.

③ Charles Richard Weld, *A History of the Royal Society with Memoirs of the Presidents*, London：John W. Parker, West Strand, MDCCCXLVIII, Hardpress, 2019, Vol. 1, p. 138.

理论预设和结论推导。波义耳有将经验技术改造成自然哲学的热望，而胡克却安于一种动手的角色。他参与草拟的皇家学会章程明确规定实验就是实验：

所有提交给学会的实验报告或者自然观察报告都必须开门见山，没有任何序言、辩词和修饰语。就以这种形式记录到学会的研究项目登记簿上。如果有会员认为应该对某一实验现象形成的原因提出假设，假设部分应该与实验部分分开，假设部分单独录入登记簿。①

不过，身为实验员的胡克也偶尔表现出自主性。1663 年，胡克在皇家学会进行动物活体解剖实验，将风箱和管子插入狗的气管，观察心脏跳动，以证明肺的呼吸作用。胡克很不愿意做这种实验，但是受雇于人，只得忍耐。1664 年，他终于写信给波义耳说："我很难开口，可是我还是不得不再说一次，这是残忍的……我不想再被介绍做这种实验了，它折磨动物……"②

胡克利用自己心灵手巧和观察入微的特长，出版了著名的《显微图》。该书出版时，胡克特别感谢威尔金斯、雷恩等皇家学会会员为他提供工资。③ 不过，这样一位实验天才并没有赋予工

---

① "Statues," Sec. IV, Charles Richard Weld, *A History of the Royal Society with Memoirs of the Presidents*, London: John W. Parker, West Strand, MDCCCXLVIII, Hardpress, 2019, Vol. 1, pp. 146ff.

② Dominique Vinck, *The Sociology of Scientific Work*, Cheltenham, UK: Edward Elgar, p. 232.

③ Robert Hooke, "Micrographia," Brian Vickers, ed., *English Science, Bacon to Newton*, Cambridge: Cambridge University Press, 1987, p. 107.

具以特别的意义，只是简单提及工具操作能够"对因为人粗心大意或者肆意违背自然规律而带来的坏处和缺陷进行补偿"，"让人们的手工劳动变得轻松和快捷"。[①]

胡克并没有停留在实验员的位置上。1664 年，皇家学会专门针对实验科学的需要设立力学终身讲席，"力学"（mechanics）包含物理学、天文学等广泛领域。学会不主张教与学的方式，这是学会设立的唯一讲席，出资人授权学会会长、学会委员会以及全体学会会员决定授课内容和次数。胡克成为第一任力学教师，每年得到50 英镑报酬。1665 年，胡克成为格雷歇姆学院几何学教授。1666 年，伦敦大火之后，他与雷恩被任命为城市观察员。1677—1682 年，他担任皇家学会秘书长，兼任学会图书馆馆长，管理学会的标本，并开始拥有自己的实验助手。

胡克的进阶之路尽管十分少见，但仍在一定意义上反映出当时专职实验员工作的开放性和灵活性。其他人如法国人帕潘（Denis Papin，1647—1712）在做波义耳的实验助手之前，已经是皇家学会会员候选人。波义耳的另一位实验助手斯拉尔（Frederic Slare，1648—1727）是早期伦敦聚会发起人汉克的侄子，后来成为医生，又和胡克一样被聘为皇家学会实验员。[②] 在波义耳实验中负责准备仪器的格雷特雷克斯（Ralph Greatorex，1625—1675）和梅奥（John Mayow，1641—1679）都有属于自己

---

① Robert Hooke，"Micrographia，" Brian Vickers，ed.，*English Science*，*Bacon to Newton*，Cambridge：Cambridge University Press，1987，pp. 100，106.

② Steven Shapin，*A Social History of Truth*：*Civility and Science in Seventeenth-century England*，Chicago and London：The University of Chicago Press，1994，pp. 372–373.

的研究领域和科学成就。可见近代早期的专职实验员不同于传统的仆从或者受雇者，前者已经开始初步拥有一定的社会上升通道和科学职业阶梯。

胡克代表了近代早期第一批职业科学家，他们以科学活动为业，依靠其他人出资获得科学资源，尽管没有足够的研究自主权，但是却可以争取到更高的科学职业地位。

三　以知识为业者

17世纪70年代，一批新会员加入皇家学会。1671年，牛顿和格鲁（Nehemiah Grew，1641—1712）入会；1676年，弗拉姆斯提德（John Flamsteed，1646—1719）入会；1678年，哈雷加入学会。这些会员在学会以外有一个相对稳定的学术职位，通过履行学术职位的职责便可以进行自己感兴趣的科学研究。他们在有了一定的科学发现后，通过皇家学会公布自己的成果，扩大自己的学术影响力。

格鲁的父亲是考文垂圣麦克尔教区的不遵从国教牧师O. 格鲁（Obadiah Grew，1607—1689）。他本科毕业于剑桥大学，1671年在莱顿大学获得医学博士学位。毕业后先在考文垂行医，后来又到了伦敦。格鲁与同时代的医生一样，在学校里上过解剖学课程。但是，他将动物与人体解剖学训练用于解剖植物。1670年，他向皇家学会提交了《豆类植物解剖学》（"Anatomy of Vegetables Begun"），分析了豆子的内部结构，提出了胚根、胚芽、薄壁组织、细胞等新概念。后经威尔金斯推荐，他成为皇家学会会员。

1672 年，格鲁被皇家学会聘为实验员，成为胡克的同事。1676 年，格鲁向皇家学会提交了《胃与胆的比较解剖学》（"Comparative Anatomy of Stomachs and Guts"）。1677 年，格鲁接替奥登伯格成为皇家学会秘书。1678 年，格鲁受皇家学会委托，将学会存放在格雷歇姆学院的标本样品进行整理并编写了《珍奇品名录》（*Description of Rarities*）。1682 年，格鲁最有影响的著作《植物解剖学》（*Anatomy of Plants*）问世。在这部作品中，他提出了花的雄蕊和花粉是雄性器官，雌蕊是雌性器官。

弗拉姆斯提德生于富商之家，少年时身体孱弱，未上大学，在家庭教师指导下学习了数学和天文学。1671 年他开始进行天文观测，政府勘测官员穆尔（Jonas Moore，1627—1679）是他的资助人。1675 年，格林威治天文台建立后，他经穆尔引荐，成为天文台聘用的第一任皇家天文学家，年薪 100 英镑。装备天文台的观测仪器由这位天文学家自行筹措，他自己有一个四分仪和一个六分仪，穆尔送给他两个时钟，还有一部分仪器是从皇家学会借来的。他从 1684 年开始从萨里郡伯斯托教区领取生活费，1688 年得到父亲留下的一笔遗产，自己平日还招收学生以提高收入，靠这样东拼西凑维持了天文台的运转。弗拉姆斯提德有一位得力的实验助手，即数学家夏普（Abraham Sharp，1653—1742）。夏普帮助他制造了格林威治天文台当时最精密的一台仪器，即标有 140 度的墙象限仪，将望远镜安装在上面，对准子午线方向，可以精确观测天体的中天高度。1725 年，弗拉姆斯提德去世六年后，他毕生的心血《不列颠天宇志》（*Historia Coelestis Britannica*，

1725）出版。这部作品列出了 3000 个恒星的确切位置，在恒星数量和精确度上超出了以往所有星表。

哈雷生于富商之家，父亲是伦敦有名的肥皂制造商。1676年，还在牛津大学读书的哈雷经人引荐，结识了在格林威治天文台工作的弗拉姆斯提德，自此对天文学产生浓厚兴趣。弗拉姆斯提德计划绘制北天球星图，哈雷遂决意绘制一幅南天球星图。1676 年，他得到父亲和国王查理二世的资助，乘坐东印度公司的航船，远赴南大西洋圣赫勒拿岛，历时 18 个月，绘制出一幅包含 341 颗恒星的南天球星图。1678 年，哈雷成为皇家学会会员，被学会派往但泽，通过实地观察解决胡克与赫维留斯（John Hevelius，1611—1687）的争论。胡克相信望远镜观测最精确，而赫维留斯认为肉眼观测更好，哈雷使用自己的望远镜、四分仪与赫维留斯同步观测，认定他的肉眼观测方法也很精确。哈雷对地磁场引力很感兴趣，与牛顿交往甚密，鼓励并支持牛顿提出力学理论。他还发现 1531 年、1607 年、1682 年的彗星轨道十分相似，推测其为同一颗彗星，并预测它在 1758 年回归，这颗彗星便以他的名字命名。1703 年，他成为牛津大学萨维尔几何学教授。1720 年，哈雷接替弗拉姆斯提德成为格林威治天文台皇家天文学家，在这一岗位上一直工作到去世以前的 1740 年。

第二批会员当中最出名的是牛顿。牛顿生于林肯郡伍尔索普村的自耕农之家，早年六亲无靠，也不善稼穑，在语法学校学习过一段时间。1661 年，他进入剑桥大学三一学院，读书期间深受笛卡尔、波义耳和剑桥柏拉图主义者摩尔（Henry More，1614—1687）等人的影响。1665 年，牛顿回乡避疫，开始研究微积分、光学和万有引力。1669 年，牛顿接替自己的老师巴罗成为剑桥大学卢卡斯数学教授。1671 年，牛顿经沃德推荐成为皇家学会会员。1672 年，牛顿交不上皇家学会的座位费，想要退会，学会破例豁免了他的费用。

当选为皇家学会会员后，牛顿提交了自己发明的反射望远镜。奥登伯格向巴黎科学院通告这一信息，并保证牛顿享有首创权。接着，牛顿向皇家学会提交了对光学和颜色的研究，即光不是一种单纯的物质，而由多种物质组成，不同光线的反射角不同，红、绿、蓝、紫光混合形成白光。学会与以往一样利用自己的组织程序让这一新理论得到确认，牛顿感谢道：

> 我相信皇家学会对哲学问题能够做出最清晰和高明的判断，这促使让我向学会提交了我的光与颜色理论。学会很积极地接受了这一理论，我衷心感谢。从前我觉得，成为这个光荣团体的一名成员是接受了极大的恩惠。现在我感到，这个恩惠其实比原来想的还要大。相信我，先生，我不但认为与学会一道推动真正知识的进步是一种责任，还觉得这是一项特权。我不需要在那些存在偏见和爱批评人的大多数人面前展示这些理论（要是那样的话，真理就受到阻碍而消失不见了），而是自由地将自己奉献于这样一个具有远见卓识且毫无偏见的团体。①

---

①　Charles Richard Weld, *A History of the Royal Society with Memoirs of the Presidents*, London: John W. Parker, West Strand, MDCCCXLVIII, Hardpress, 2019, Vol. 1, pp. 238–239.

尽管牛顿的光学理论受到胡克和惠更斯的批评，牛顿自己也说不再做实验了，但是他的论文仍然不断发表在《哲学学报》上。1675 年，牛顿再一次发表了关于光和颜色的论文，并提出微粒论。

牛顿与胡克关于万有引力定律有一场著名的首创权之争。胡克在《试证明地球运动》（"An Attempt to Prove the Motion of the Earth"，1674）一文中提出，天体之间距离越近，彼此吸引力越大。他与哈雷和雷恩私下交谈时谈到了吸引力与距离的平方成反比，而且给出准确的数学描述。哈雷来到剑桥，向牛顿询问服从这一定律的物体运动轨迹是什么，牛顿给出的答案是椭圆。牛顿在《论运动》（"De Motu"，1686）一文中详细论述了这一点，并将论文提交给皇家学会。这一观点后来出现在牛顿的《自然哲学的数学原理》中，当皇家学会想要出版这本书时，胡克宣称自己拥有首创权。历史总归是胜利者的历史，1687 年拉丁文版《自然哲学的数学原理》问世，牛顿享誉欧洲，而胡克郁郁而终。1703 年，牛顿担任皇家学会会长。1704 年，学会出版了英文版和拉丁文版《光学》。在牛顿的影响下，18 世纪上半叶皇家学会对自然哲学的研究达到了顶峰。

格鲁、弗拉姆斯提德、哈雷、牛顿这些皇家学会第二代会员是以知识为业的人。他们的学术职业所要求的知识内容与皇家学会的实验科学纲领已经非常接近，科学人的自由探索与知识分子的公共责任显示出高度契合。他们是新旧知识更替的受益者，其成就是皇家学会、大学和政府优势资源集中的结果。

第六章　知识、权力与帝国事业

认可是科学界的通币，而培根实用主义的信徒更希望科学共同体外部的各种认可能够自由兑换。特别是科学机构出现后，科学家的集体自觉与政治参与意识相互强化。皇家学会会员帮助复辟的国王树立威信，为政府管理出谋划策，为殖民地贸易和海外扩张提供技术支持以及修辞武器，反过来又利用国家资源推动学科发展，借助政治权力巩固自身的知识权威地位。这是一种既密切又不乏矛盾冲突的互动，几乎贯穿近代英帝国的霸权之路。也正是由于皇家学会在政府事务中扮演着重要的角色，霍尔等历史学家认为它既是私人团体，又是国家性质的实体。①

第一节　理性、王权与国家利益

一　国王作为最大资助人

从培根开始，科学家就非常希望最能够理解和欣赏自己工作

---

① Marie Hall, *All Scientists Now*: *Royal Society in the Nineteenth Century*, Cambridge: Cambridge University Press, 1984, p. IX.

的是国王。培根将《新工具》题献给詹姆士一世，并对这位
"最安详、最强大的国王"进言：

　　各门科学的重生与复兴恰恰发生在最睿智、最博学的国
王治下。我还有一个请求，这个请求并非不值得陛下您注
意，而且与我们现在的主题有着密切的关系。您与所罗门王
在很多方面都不分伯仲，论审时度势，论王国安定，论心胸
宽广，甚至论著书立传，您和他都旗鼓相当。您还可以用另
外一种方式超过这位国王，那就是一步一步地让一种自然与
实验志（natural and experimental history）建立并完善起来。
这是一种真正的、严格意义上的历史（它不包含哲学问题），
它是通向哲学基础的路径，我们将就其本身来描述这种历
史。这样一来，等到很多个世纪以后，哲学和各门学科就都
不再是空中楼阁，而是能够牢固地建立在每一种被合理考虑
的经验事实的基础之上。[1]

　　英国内战时期，理性与王权分别作为思想和政治最高秩序的
代表，很容易与保皇党人联系在一起。斯布莱特说："哲学在最
艰难的时刻总是最忠实的。国王的敌人们虽然在其他方面占了上
风，他们有驻防区、舰队、弹药、金银和军队，但是却不曾拥有

---

① Francis Bacon, *The New Organon*, eds., Lisa Jardine and Michael Silverthrone, Cambridge:
Cambridge University Press, 2003, pp. 4-5.

人类理性中的这一部分。"①　而克伦威尔的军队被认为代表着混乱和无知，斯布莱特在写给雷恩的信中说：

> 我去格雷歇姆学院，发现那里变得肮脏、污秽、臭不可闻……士兵们在创作女神的座椅上实施暴力，在知识世界里丑态百出，就算我们忽略他们对这个国家的破坏，也绝不能原谅他们在这里的行径。②

1660 年，查理二世重返伦敦，复辟王朝迫切需要稳定人心的力量。人们注意到新科学的独特作用："它们是对人们在最近的内战和乱局中所蒙受的无尽灾难的补偿，带给人们益处。它们唤醒人们的心灵，令人们不再怠惰，变得积极向上、勤学好问，如同这个国家暴风骤雨过后的清新空气。"③

查理二世国王显然也意识到这一点。他对于新成立的皇家学会十分重视，不时向学会会员指出其工作的重要性，并保证以国王权力施加影响。他列出值得会员们研究的问题，观看皇家花园里进行的演示实验，有时候还亲自动手操作。查理二世有时候会责备皇家学会的工作进度太慢，而这被皇家学会会员视为一种特

① Charles Richard Weld, *A History of the Royal Society with Memoirs of the Presidents*, London：John W. Parker, West Strand, MDCCCXLVIII, Hardpress, 2019, Vol. 1, p. 56.
② Charles Richard Weld, *A History of the Royal Society with Memoirs of the Presidents*, London：John W. Parker, West Strand, MDCCCXLVIII, Hardpress, 2019, Vol. 1, p. 41.
③ Thomas Sprat, *The History of the Royal Society of London for the Improving of Natural Knowledge*, London：Printed for J. J. Knapton, 1722, p. 152.

殊关怀。①

1662 年，查理二世向皇家学会颁发国王特许状，并赐给学会一个银制权杖。权杖在议会中代表最高权力，只有权杖在场的议会会议才具备合法性。在下议院，参与者就座，权杖置于桌上，在场任何人都可以发言。当权杖移走，会议讨论便不再被视为有效。皇家学会得到御赐权杖，表示自然法则与国家法律一样神圣，科学家找到自然规律的意义不亚于议会议员维护国家的公平与秩序。该权杖今天仍然摆放在皇家学会走廊的陈列柜里，连同查理二世的半身塑像一起成为皇家学会的光荣历史。

1667 年，斯布莱特将《皇家学会史》题献给查理二世国王，称其为"欧洲第一位以身作则、通过（成立）一个公共机构来肯定这种高贵实验设计的国王"，并强调说："这样一项事业是明君的最大功绩。因为增强整个人类的力量并将他们从谬误的奴役中解放出来是无上荣光的，胜于扩大整个帝国或者将锁链套在被征服国家的脖颈上。"② 该书封面插画中有四个人物，居中为查理二世，左侧为培根，右侧是皇家学会第一任会长，他手指国王坐像基座上的几个字"查理二世，皇家学会的缔造者与资助者"，三人身后的天使正要将桂冠戴在国王头上（见图 6-1）。

---

① Charles Richard Weld, *A History of the Royal Society with Memoirs of the Presidents*, London：John W. Parker, West Strand, MDCCCXLVIII, Hardpress, 2019, Vol. 1, p. 119.

② Thomas Sprat, "To the King," *The History of the Royal Society of London for the Improving of Natural Knowledge*, London：Printed for J. J. Knapton, 1722.

图 6-1　斯布莱特《皇家学会史》扉页插图
资料来源：Colin A. Ronan, *The Cambridge Illustrated History of the World's Science*, Cambridge：Cambridge University Press, 1983, p. 363.

　　查理二世之后，每当新王登基，皇家学会都致信表示热烈拥护。信中常提及查理二世，借此巧妙地向新国王请求资助。1812年出版的《皇家学会史》中，共列出了学会史上五位最重要的资助人：查理二世、詹姆士二世、乔治一世、乔治二世和乔治三世。① 国王不干涉学会的活动，也无权任免学会会长，对皇家学会的恩惠与其说来自最高国家权力的首肯和要求，毋宁说是学会获得所有私人资助当中最有分量的一份。

---

① Thomas Thomson, *History of the Royal Society：From Its Institution to the End of the Eighteenth Century*, Cambridge：Cambridge University Press, 2011, p. lxx.

对于国王的赞助，皇家学会报之一种心忧天下的责任意识。皇家学会的第三任会长雷恩说：

借着天意和我等臣民的忠诚之心，皇室承袭头衔得以恢复，没有什么比"国父"这一称谓更令人敬畏、更适合我们虔诚秉性的了。这个名称既意味着宽容，又包含着统治，我们将其比作天之善行，即降雨既带来雷霆万钧，又滋养出紫罗兰，令雪松颤抖战栗之后旋即云开日出滴下松油。由于我们会员得到父亲般的关爱，法律偏重政府的良性管理，人们对我们拥护支持，我们决定加入最高法。它不仅意味着民众服从，还意味着每一个臣民获得个人幸福，关乎每个人今生的满足和享受。①

他进一步明确说明了这种责任的具体内容：

我们所知道的最能够令人满意的政府管理方式便是推动有用的技术和科学的发展。这些将被一再证明是公民群体和自由政府的基础。它们通过一种好听的咒语将大批人吸引到城市，将他们联系在一起，组成各个团体，以几种技术和工业方法的累积为基础，通过相互交换各自的技能，来供应所有人的生活。这样一来，有了各种便利条件，脆弱人生的穷

---

① Charles Richard Weld, *A History of the Royal Society with Memoirs of the Presidents*, London: John W. Parker, West Strand, MDCCCXLVIII, Hardpress, 2019, Vol. 1, pp. 120-121.

困和苦役便可以得到改进或者减少，实现普遍的富裕充足，而个人根据其勤奋程度得到应得的。①

1688 年英国光荣革命之后建立君主立宪制，皇家学会最重要的出资人由国王变为英国政府。威廉三世之后，英国政府将军费、皇室用度和政府开支区分开来。政府每年从政府开支中拨出1000 英镑，由皇家学会负责分配管理，用于实施具体研究项目。这笔钱不是政府提供给皇家学会的研究基金，也不用于支付皇家学会会员的工作报酬，属于由学会代管的政府开支。

皇家学会与政府的密切关系十分典型地反映在格林威治天文台的运行和管理过程中。1675 年，查理二世采纳军械局官员的建议，斥资兴建格林威治天文台。自此，伦敦的格林威治天文台与巴黎天文台遥相呼应，不时联合观测，为欧洲的海外贸易和殖民扩张提供了重要的技术支持。格林威治天文台的皇家天文学家由政府任命，享受政府薪金，年俸 100 英镑。上文述及，第一任皇家天文学家弗拉姆斯提德是皇家学会的重要会员，他在格林威治工作了 45 年。

安妮女王在位时，指定皇家学会会长是皇家天文台的"常规访问者"。皇家学会拟定皇家天文学家的职责范围，呈送女王批复。皇家天文学家若要请假离开几日，须经皇家学会同意。皇家天文台的观测数据呈送给皇家学会会长，学会对天文台的观测内

---

① Charles Richard Weld, *A History of the Royal Society with Memoirs of the Presidents*, London: John W. Parker, West Strand, MDCCCXLVIII, Hardpress, 2019, Vol. 1, pp. 120–121.

容进行指导。皇家学会甚至还负责天文台内仪器的维护工作。格林威治天文台需要增设或者修理仪器时，可由皇家学会为军械局总工程师提供方案。格林威治天文台的观测仪器和配套工具不足时，可从皇家学会会员那里借取。一个是官方准军事机构，一个是带有俱乐部性质的私人团体，两家机构在人事、流程和资源上相互嵌入。

1712 年，皇家学会《哲学学报》第 27 卷出版时，学会会长斯隆（Hans Sloane，1660—1753）在献词中感谢在位的安妮女王。除提到女王的叔叔即查理二世对学会的恩德之外，斯隆强调女王对于学会赋予"一种特殊的信任"，并且明确承诺：

> 皇家学会会员深知他们的团体深受女王隆恩。在陛下的诸多重要事务中都会考虑到他们，并让他们掌管格林威治皇家天文台。是我王修建天文台并资助和创办了他们的机构，为的是促进其实现目标，尤其在天文学和航海方面为这个贸易王国带来利益和好处。[①]

二　科学与海外扩张

17 世纪初，英国人开始在北美建立殖民地。1602 年，英属东印度公司成立。18—19 世纪，英国在海外的殖民地扩大到印度、非洲和南太平洋的广大地区，"大英帝国"（British Empire）

---

① Hans Sloane, "Dedication," *Philosophical Transactions of the Royal Society of London*, Vol. XXVII, London, MDCCXII.

的概念出现。这 300 年间，自然科学与大英帝国的海外活动齐头并进，相互提供合理性说明、物质资料和人才储备。

　　欧洲人关于"自然的治理"（nature's government）的观念古而有之。①《创世记》中描述，人类的始祖在被逐出伊甸乐园之前，上帝交代给他们的任务是"生育繁殖，充满大地，治理大地，管理海中的鱼、天上的鸟、各种在地上爬行的生物"，并将"全地面上结种子的各种蔬菜，在果内含有种子的各种果树"作为人类食物（《创世记》1：28-29）。上帝还将牲畜、飞鸟和走兽带到人类面前，由人类给它们一一都取了名字（《创世记》2：20）。但是，这样一种特权却因为两个罪人偷吃禁果完全丧失了，人类境遇自此一落千丈，"一生日日劳苦才能得到吃的，因地里生出荆棘和蒺藜，要吃田间的蔬菜，只能汗流满面才能有饭吃"（《创世记》3：17-19）。这段描写向基督徒暗示：人类应该重新认识并掌控自然，这是过去没有完成的天命，也是未来重返天堂的救赎之路。

　　16—17 世纪，伴随资本主义的发展和新自然哲学的兴起，这一观念又被向前推进了一步。培根的《新工具》扉页上远洋航船驶离赫拉克勒斯石柱的画面有双重含义，既指知晓未知之事，也指征服未知之地。培根将人的雄心壮志分为三种，一是在自己的国家壮大个人的力量，二是在全人类范围内扩张自己国家的势力，三是扩展人类统摄宇宙万物的能力和范围。他说，第三种才

---

　　① Richard Drayton, *Nature's Government*：*Science*，*Imperial Britain*，*and the*"*Improvement of the World*"，New Haven：Yale University Press，2000，pp. 2-19.

是最了不起的，而实现这一种有赖于科学和技术。①

在皇家学会的国王特许状中，有一段文字明确指出，帝国扩张与科学进步是彼此相通且同等重要的事情：

> 长期以来，我们充分下定决心，不但要扩展帝国的边界，还要开拓真正的技术和科学的领域。所以，我们喜爱各种形式的知识，但是我们却施以特殊的恩惠，鼓励哲学研究，特别是旨在让一门新哲学诞生或者旧哲学完善的实际做实验的哲学研究。②

皇家学会第一批会员中声望最高的波义耳是东印度公司董事会成员和北美哈得孙湾公司股东，他还在新成立的北美新英格兰公司任主席。这位虔诚的教徒相信，上帝的设计就是让人征服并完全统治整个世界。他主持新英格兰公司用当地土著语言阿尔贡语（Algonquian）翻译《圣经》。到了洛克那里，这种"征服"有了更加具体也更加世俗化的含义，即人通过付出自己的劳动，便可以将共同财产变成私有财产。

这样一来，为求知、为赞美上帝、为猎奇、为财富等多种动机便在殖民地活动中得到了统一，让天文观测、地理发现、航海探险、野外考察成为满足各方利益需求的复合事业。

---

① Francis Bacon, *The New Organon*, eds., Lisa Jardine and Michael Silverthrone, Cambridge：Cambridge University Press, 2003, Book I, CXXIX, p.100.

② Charles Richard Weld, *A History of the Royal Society with Memoirs of the Presidents*, London：John W. Parker, West Strand, MDCCCXLVIII, Hardpress, 2019, Vol.2, p.481.

19 世纪中叶之前，殖民地的科学活动基本由海外公司或个人发起，很少由英国政府主导。即便是政府资助，也通常由其他非官方机构或者个人组织完成。因此，殖民地的科学实践依托一个由科学组织、英国政府、海外公司以及有兴趣也有经济能力的个人组成的复杂网络。就科学活动的规模和频次来看，每一个实体或个人都可能在某一特定时间成为中心，因而该网络具有多中心的特点。

海外活动形成的科学成果也需要评价体系，所以皇家学会依然是不可替代的中轴。皇家学会在伦敦没有专属的动物园、植物园和大型实验室，但是世界各地的旅行见闻、考察报告、动植物标本、矿石和土样源源不断被寄送到皇家学会，被收集整理后存放起来。这一收藏过程即对成果价值的认定和排序，像 1678 年皇家学会命植物学家格鲁编写的《珍奇品名录》其实就是一个评价体系。

皇家学会还成立了专门委员会负责研读和整理来自殖民地的信息资料。学会在很多殖民地都有自己的联络人，例如，小温斯洛普（John Winthrop the Younger，1606—1676）即马萨诸塞湾殖民地创始人温斯洛普（John Winthrop，1587—1649）之子于 17 世纪 60 年代负责皇家学会在北美的联络事宜。皇家学会还设计问卷，向水手和旅行者了解他们所到之处有哪些资源、可以做哪些改造等。

持有特许状的海外贸易公司是发起科学活动的重要一方。这些贸易公司可以选择与学会和政府合作，如北美哈得孙湾公司从

17世纪60年代就与皇家学会有较多联系。东印度公司具有高度自治性，有能力独立组织科学活动，在世界各地搜索自然和人文信息，建立自己的研究中心，聘用一大批优秀科学家。

海外贸易公司从事贸易活动，需要掌握殖民地的经济作物和观赏植物信息。1764年，西印度群岛的圣文森特建立了第一个殖民地植物园，园中栽培各种本地植物。1786年，加尔各答植物园建成。1793年，植物学家罗克斯堡（William Roxburgh，1751—1815）成为加尔各答植物园园长。圣文森特植物园、加尔各答植物园与伦敦裘园（Kew Garden）保持密切的联系与合作，不断有学术通信和样本传递。19世纪，裘园的科学家利用殖民地送来的信息和样本，成功合成了靛蓝染料，还种植了橡胶树和金鸡纳树。印度、巴西和秘鲁等殖民地的当地经济因而蒙受巨大损失。

殖民地的科学活动更容易超越国界。罗克斯堡对印度植物的研究通过学术期刊传到哥本哈根、斯特拉斯堡、哈雷和柏林。到了19世纪，英国与北欧国家的联系十分紧密。罗克斯堡在加尔各答植物园的接替者是丹麦植物学家瓦利奇（Nathaniel Wallich，1786—1854），此后欧洲植物学界有关亚洲植物的重要信息都来自瓦利奇。德国植物学家穆勒（Ferdinand von Mueller，1825—1896）在澳大利亚功成名就，并与世界各地的植物学家都保持频繁的信息交流。

相对于专门的动植物研究，综合性地方志的受众更广，也更直接地服务于海外扩张战略。18世纪之前，英国人有关奥斯曼帝国最权威的著作是外交官赖考特（Paul Rycaut，1629—1700）撰写的《奥斯曼帝国现状》(*The Present State of the Ottoman Empire*, 1665)。1755 年，英国驻伊斯坦布尔大使波特 (James Porter, 1710—1776) 作为皇家学会的通讯作者，提供了关于奥斯曼帝国的一些信息，纠正了当时流传的旅行日志中的一些谬误。1768, 波特出版了《土耳其宗教、法律、行政与礼仪见闻录》(*Observations on the Religion, Law, Government, and Manners of the Turks*)。[①] 1756 年，受聘于英国黎凡特公司 (British Levant Company) 的苏格兰医生 A. 罗素 (Alexander Russell，1715—1768) 自中东回到伦敦后，出版了《阿勒颇自然志》(*The Natural History of Aleppo*) 一书。该书详细描述了黎凡特地区的中心城市阿勒颇的植物、动物、社会风俗以及疾病等情况。不同于之前出版的旅行日志，该书不但结合了作者的专业知识和实地考察经验，而且援引和比对了不少阿拉伯文献与古典文献。该书出版的这一年，罗素当选为皇家学会会员。《阿勒颇自然志》第一版出版后，班克斯与大英博物馆助理馆员索兰德 (Carl Solander，1736—1782) 对书中所载阿勒颇地区植物按照林奈的植物分类法重新进行了整理和分类。A. 罗素去世后，其弟 P. 罗素 (Patrick Russell，1727—1805) 也作为黎凡特公司聘用医生在阿勒颇长期居住考察，并继续兄长的研究。1777 年，P. 罗素当选为皇家学会会员。离开阿勒颇后，P. 罗素又受聘于东印度公司，在安得拉邦的港口城市维萨拉帕特南 (Vizagapatam) 居住，对当地动植物进行研究，1794 年，兄弟二人联合署名的两卷本《阿勒颇自然

---

① Mautits H. van den Boogert, *Aleppo Observed: Ottoman Syria through the Eyes of Two Scottish Doctors, Alexander and Patrick Russell*, The Arcadian Library and Oxford University Press, 2010.

志》出版。1794 年的第二版采用了林奈的植物分类法。《阿勒颇自然志》是当时最成功的中东地方志作品，在欧洲广为流传。

广阔的海外殖民地为英国培养和储备了一批科学人才。例如，英国顶尖的内科医生和科学家林德（James Lind，1736—1812）曾是东印度公司的外科医生。林德在温莎堡做皇家医生期间教过诗人雪莱（Percy Bysshe Selley，1792—1822）自然哲学，后人推测他可能是玛丽·雪莱（Mary Shelley，1797—1815）《科学怪人》（*Frankenstain*，1818）中科学家的原型。东印度公司其他外科医生如斯考特（Helenus Scott，1757—1821）、马克林（Charles Maclean，1768—1826）等人与英国激进人物贝多斯（Thomas Beddoes，1760—1808）交往，受其影响支持美国独立和法国大革命，反对英国对印度的压迫。不过，很少有殖民地科学家认为他们的人道主义与帝国的直接要求之间有什么矛盾。[①] 还有些人相信帝国统治是一种有益的专制形式。1867—1877 年，大不列颠与爱尔兰皇家亚洲学会整理出版了前殖民地官员埃利奥特（Henry Miers Elliot，1808—1853）的生前手稿《印度史》，该作者的写作意图正是通过点评阿拉伯与波斯史学家对于印度的历史记述，证明当前英国对印度的统治比伊斯兰统治者要温和、平等得多。

1805 年特拉法尔加海战之后，英国海上霸主的地位得以巩固。1854 年，英国战略部将殖民地事务分离出来，成立单独的殖民部。1857 年，印度大起义后，东印度公司的影响力下降，英国政府在伦敦成立了印度部，代替海外贸易公司成为殖民地

---

① Mark Harrison, "Science and the British Empire," *Isis*, Vol. 96, No. 1, 2005, pp. 56-63.

的管理者。19 世纪 90 年代中期，英国政府开始推行一种"建设性帝国主义"的政策。在英国政府的主导下，原来分散的殖民地科学网络开始整合和集中起来，直到 20 世纪 40 年代殖民地体系解体。

很难说科学与英帝国是谁成就了谁。科学为殖民地的发现、扩张、管理和控制提供了意识形态和技术支持，成为英帝国统治的有力工具。反过来，殖民地提供的原始数据、物质材料以及文化资源直接推动了科学的发展，特别是像植物学、动物学、地理学、地质学、人类学这类非常依赖样本采集和比较的学科。如果没有这些领域的研究者遍布于世界各地的数据采集，19 世纪中叶未必能够产生达尔文的生物进化论。当代历史学家德雷顿甚至说："如果仅仅依赖住在总部附近的人们所提供的物质和文化资源的话，西方的科学革命、工业革命、商业银行以及大学就根本无法兴起。"①

第二节 有祖国的科学人

一 皇家学会的金星轨道考察活动

通过金星轨道数据可以确定日地距离并推算出太阳系的大小。早在 1639 年，霍罗克斯和克拉布特里就对金星轨道进行过预测和观测。1716 年，哈雷提出当 1761 年和 1769 年金星凌日现

---

① Richard Drayton, *Nature's Government：Science，Imperial Britain，and the "Improvement of the World"*，New Haven：Yale University Press，2000，p. ⅩⅧ.

象发生时，在不同地点进行观测可以推算出日地距离。18 世纪 60 年代，皇家学会依据哈雷的理论，组织了两次远洋观测。英国政府为这一大型科考活动提供了罕见的支持。

1760 年，皇家学会会长麦克莱斯菲尔德伯爵致函英国财政部，申请组织船队远渡重洋观测金星轨道。为了争取政府的支持，学会会长以为国争光作为申请理由，并特意提及"法国以及欧洲其他几个宫廷都派人分赴世界各地的不同观测点"。[①]

申请的主要内容自然是经费：

> 如果派两个人携带必要的仪器只去圣赫勒拿岛的话，这一关乎本国荣誉的光荣事业花费约 800 英镑，如果再派同样多的人去明古鲁的话，花费再加一倍。以皇家学会的情况，无法拿出这一数目。学会会长、委员会和会员恳请诸位大人与国王陛下商量，看是否能够让计划付诸实施，这将显示陛下的英明睿智。[②]

会长补充说：

> 为了陛下和国家的荣誉，学会明确希望这笔开销不出自私人，因为这项事业是为了推动科学进步和响应世界大趋

---

① Charles Richard Weld, *A History of the Royal Society with Memoirs of the Presidents*, London：John W. Parker, West Strand, MDCCCXLVIII, Hardpress, 2019, Vol. 2, p. 11.

② Charles Richard Weld, *A History of the Royal Society with Memoirs of the Presidents*, London：John W. Parker, West Strand, MDCCCXLVIII, Hardpress, 2019, Vol. 2, p. 12.

势。学会斗胆以为，凭借陛下的隆恩和对国家荣誉的重视，经由阁下您为了这一目标所进行协商，他们的希望不会落空。①

在向财政部申请的同时，皇家学会会长还请当时学会的资助人纽卡索尔公爵直接去劝说国王。②

英国财政部很快批复，如数拨给皇家学会 1600 英镑，并令海军派出军舰护送。这笔来之不易的专项拨款预算周期为一年，内容十分详细，包括"船员工资每天 6 先令，一年共计 109 英镑；酒水每天 5 先令，一年共计 91 英镑 5 先令；浆洗每天 9 便士，一年共计 27 英镑 7 先令"等等。③皇家学会自己筹备仪器设备，派天文学家马斯基林（Nevil Maskelyne，1732—1811）去圣赫勒拿岛④，梅森（Charles Mason，1728—1786）和迪克斯（Jeremiah Dixon，1733—1779）等去印尼西海岸的明古鲁。

但是，去明古鲁的"海马号"途中与法国舰队交火，致使船上 11 人死亡，37 人重伤，所有桅杆受损。⑤领队梅森想放弃这次考察，却遭到了皇家学会委员会的严厉申斥：

——————————

①　Charles Richard Weld, *A History of the Royal Society with Memoirs of the Presidents*, London：John W. Parker, West Strand, MDCCCXLVIII, Hardpress, 2019, Vol. 2, p. 14.

②　Charles Richard Weld, *A History of the Royal Society with Memoirs of the Presidents*, London：John W. Parker, West Strand, MDCCCXLVIII, Hardpress, 2019, Vol. 2, p. 13.

③　Charles Richard Weld, *A History of the Royal Society with Memoirs of the Presidents*, London：John W. Parker, West Strand, MDCCCXLVIII, Hardpress, 2019, Vol. 2, p. 15.

④　圣赫勒拿岛为非洲西南海岸以西的南大西洋岛屿，于 1659 年被东印度公司占领。

⑤　Charles Richard Weld, *A History of the Royal Society with Memoirs of the Presidents*, London：John W. Parker, West Strand, MDCCCXLVIII, Hardpress, 2019, Vol. 2, p. 15.

　　您接受这样一项崇高的使命，也收到几笔支付费用，您是在履行契约上规定的责任。这次航行举世闻名，您若中途退出，对整个国家、对皇家学会以及对您个人都不利。国王慷慨支持这一事业，拨给一笔资金，海军派出了战舰，本国和其他国家都密切关注着这次航行。您在这个关键时刻退出，不可能有人接替您，也不可能不会给您个人带来负面评价，甚至有可能会彻底毁了您。①

　　委员会还表示，如果梅森坚持要退出考察队的话，学会方面"一定会报之以憎恶，执行最严厉的法律"。学会要求梅森："为了不让您再有迟疑退缩，委员会坚决要求您登上'海马号'，马上起航！"② 压力之下，梅森只好继续航行，最后勉强在好望角完成观测。但是这一次金星凌日现象发生时，金星轨道难于精确观测，考察还是未达到预期目的。

　　1769 年，皇家学会再次向英国政府申请组织考察队。这次政府派出了库克（James Cook，1728—1779）船长率队的三艘海军战舰。天文学家格林（Charles Green，1735—1771）和自然志学家班克斯负责项目，观测地选在南太平洋的塔西提岛。该岛刚被英国上尉 S. 沃利斯（Samuel Wallis，1728—1795）和法国人布干维尔（Louis-Antoine de Bougainville，1729—1811）

① Charles Richard Weld, *A History of the Royal Society with Memoirs of the Presidents*, London: John W. Parker, West Strand, MDCCCXLVIII, Hardpress, 2019, Vol. 2, p. 17.

② Charles Richard Weld, *A History of the Royal Society with Memoirs of the Presidents*, London: John W. Parker, West Strand, MDCCCXLVIII, Hardpress, 2019, Vol. 2, p. 17.

发现，是一块新殖民地。这次天文学家得到了精确的观测资料，库克船长率"奋进号"也完成了第一次太平洋航行（1768—1771），发现了夏威夷群岛。此后，班克斯成为皇家学会会长，库克船长又进行了两次远洋探险，对所到之处的地理状况进行了详细的勘测。

类似金星轨道观测这样的政府专项拨款并不常有，更多时候是科学家参加政府或者海外公司已经启动的项目。例如，1765年，英国政府派出梅森和迪克斯去美洲进行地理勘测。皇家学会为两位科学家另外支付报酬，要求他们在完成政府任务之外进行纬度测量。项目周期4个月，预算200英镑。学会一面命马斯基林预先拟定具体测量规范，一面将测量仪器运往纽约，精打细算最大限度地利用了国家资源。

二 "尖与钝"之争

知识权威与政治权力能够相互加持，却也不乏矛盾冲突。18世纪最后四分之一世纪，当北美独立战争和法国大革命强化了英国人头脑中的国家观念时，一项并不复杂的技术发明也可以引发学界与朝野上下的政治立场斗争。

1727年，富兰克林（Benjamin Franklin，1706—1790）发现金属棍棒等尖锐物体能够导电。1749年，他公布了这一发现：

> 有关尖锐物体具有导电能力的知识或许可以被人类所利用，在雷电交加的时候保护住宅、教堂和舰船等。只需要将

铁棍竖立在建筑物最高处，铁棍制成针尖形状，镀上防锈层，底端连线通到建筑物外的地面，或者沿船舷和船壳放到水里。[①]

这一发现在巴黎科学院并没有得到认可，因为科学院的电学专家诺雷（Jean-Antoine Nollet，1700—1770）认为导电器形状对于导电性没有任何影响。在巴黎科学院高度集中的体制下，权威人士的意见是判决性的。然而，在英国，实际需要压倒一切。1769年，圣布莱兹（St. Brides）教堂遭到雷击，圣保罗（St. Paul）教堂主任牧师因而写信给皇家学会，请学会设计出一个避雷装置。皇家学会成立了一个临时委员会，成员为五位电磁学专家：坎顿（John Canton，1718—1772）、德拉瓦尔（Edward Delaval，1729—1814）、沃尔顿（William Walton，1715–1787）、威尔逊（Benjamin Wilson，1721—1788）和富兰克林。委员会提出制造导电器的方案，但方案未涉及导电器形状。

1772年，意大利布里西亚（Brescia）火药库遭雷电破坏，英国政府得知消息后，考虑到珀弗利特（Purfleet）火药库也存在类似安全隐患，于是要求皇家学会提供避雷方案。学会仍组成临时委员会来负责此事。临时委员会成员富兰克林和沃尔顿等四人根据富兰克林早年的研究，建议采用锐形避雷装置。但是，另一位成员威尔逊不同意，他认为锐形导电器导电量大，

---

① Charles Richard Weld, *A History of the Royal Society with Memoirs of the Presidents*, London: John W. Parker, West Strand, MDCCCXLVIII, Hardpress, 2019, Vol. 2, p. 93.

安装后反倒令建筑物遭到雷击的可能性更大。威尔逊本人是画家，但因为研究电气石而一举成名，是欧洲多个科学院的名誉院士。为阐明自己的观点，他在《哲学学报》上发表一篇长文，论述钝形导电装置的好处。后来，英国政府还是采纳了"锐形"方案。

1777 年，珀弗利特火药库果真遭到雷击，军械局要求皇家学会再出新方案。这一次富兰克林已不是临时委员会成员，但是委员会还是给出锐形导电器方案。威尔逊感到愤愤不平，开始借助外援。他写了一篇论文呈送给军械局，军械局再将论文返送学会宣读讨论。而学会不为所动，依然坚持原结论。威尔逊继续上书，1778 年，军械局致信皇家学会：

> 他们（军械局官员）被告知，最近成立的新委员会在皇家学会公布报告时，多数人认为这份报告不应该代表学会的意见，因为学会里有很多会员不同意报告的结论。[1]

这是对皇家学会的知识权威性的质疑，带有官方压力，免不了让这些科学人感到面上无光。富兰克林又在学会会员中间很受欢迎，[2] 所以军械局的来函在皇家学会引起了反感和愤怒。[3] 学会

---

[1] Charles Richard Weld, *A History of the Royal Society with Memoirs of the Presidents*, London: John W. Parker, West Strand, MDCCCXLVIII, Hardpress, 2019, Vol. 2, p. 98.

[2] 1756 年，富兰克林本人尚在费城，没有主动申请加入皇家学会，学会却一致同意吸纳他为会员。

[3] Charles Richard Weld, *A History of the Royal Society with Memoirs of the Presidents*, London: John W. Parker, West Strand, MDCCCXLVIII, Hardpress, 2019, Vol. 2, p. 98.

秘书回信毫不客气地说：

> 皇家学会自成立以来，从来没有以全体会员的名义提供
> 咨询意见，通常都是以委员会的形式。关于近日军械局提出
> 的特殊问题，学会没有理由对委员会的报告表示不满意。①

但是事情并没有就此平息。随着英国与美洲殖民地的关系日
趋紧张，对技术问题的分歧迅速演变成政治立场的对立。富兰克
林的理论被等同于他本人，等同于他背后的美洲殖民地。上至国
王贵族，下至平民百姓，无论有没有科学知识，"要是提倡使用
锐形导电器，就会被当作发动叛乱的殖民地人，如若反对钝形导
电器，就被看作不忠的臣民"。②

乔治三世在王宫中安装了钝形导电器，并召见当时的皇家学
会会长普林格尔（John Pringle，1707—1782），希望他倒向"钝
形"一边。普林格尔却不卑不亢地表示：从职责角度和个人意愿
出发，他会竭尽所能遵从和执行国王的命令，可是他个人也逆转
不了自然运行的规律。③ 这一回答看似强调科学的中性和自足性，
其实和普通人的意见一样也难于分辨究竟是科学结论还是政治立
场。事实上，在美洲问题上普林格尔的确与国王政见不同，后来

---

① Charles Richard Weld, *A History of the Royal Society with Memoirs of the Presidents*, London：
John W. Parker, West Strand, MDCCCXLVIII, Hardpress, 2019, Vol. 2, p. 99.
② Charles Richard Weld, *A History of the Royal Society with Memoirs of the Presidents*, London：
John W. Parker, West Strand, MDCCCXLVIII, Hardpress, 2019, Vol. 2, p. 100.
③ Charles Richard Weld, *A History of the Royal Society with Memoirs of the Presidents*, London：
John W. Parker, West Strand, MDCCCXLVIII, Hardpress, 2019, Vol. 2, p. 101.

很快辞去了学会会长一职。国王倒是留下了以政治凌驾于科学让的"恶名"。当时有一首流传甚广的小诗，借描述避雷针导电来讽刺国王对科学的干预：

> 您，伟大的乔治，追寻知识/导电器锐形改钝形/整个国家就乱了套/富兰克林才对路/而您的差劲想法如同雷霆万钧/全都集中在那个小尖头上了。①

"尖与钝"之争再一次说明，特定历史条件下政治因素能够影响科学内容本身。在这一过程中，皇家学会力图保持其机构独立性与知识权威地位。而锐形导电装置沿用至今，看似是真理战胜了威权，却仍难以排除北美独立战争局势与结果的影响。无论如何，皇家学会早期的自由模式越来越难以为继。

三 班克斯的科学启蒙

"尖与钝"事件之后，班克斯接替普林格尔成为皇家学会会长。1778—1820 年，他执掌大权，有意吸纳贵族会员，积极参与政府事务，将皇家学会推向业余科学传统的高峰。

班克斯早年就读于哈罗公学、伊顿公学、基督教堂学院和牛津大学，未受过系统的数理训练。② 但他凭借丰厚家资，从不需

---

① Charles Richard Weld, *A History of the Royal Society with Memoirs of the Presidents*, London: John W. Parker, West Strand, MDCCCXLVIII, Hardpress, 2019, Vol. 2, pp. 101–102.

② John Gascoigne, *Joseph Banks and the English Enlightenment*: *Useful Knowledge and Polite Culture*, Cambridge: Cambridge University Press, 1994, p. 2.

要太多专业训练的自然志入手，很快得到了科学界的承认。① 班克斯多次参与远洋探险考察，1766 年乘"尼日尔"（Niger）号赴纽芬兰和拉布拉多，1768 年和 1771 年乘"奋进"（Endeavour）号赴太平洋岛屿，1769 年随库克船长赴塔希提岛，1772 年赴冰岛。这些考察让班克斯采集到大量珍稀样本，令同行望尘莫及。

班克斯当选为皇家学会会长时年仅 35 岁，没有发表过任何一篇研究论文。他与乔治三世关系密切，这对他当选起到关键的作用。他上任后，有意吸纳上层人士入会，重申皇家学会早期口号"让自由而不受约束的人来做学问"。不过这样做不是为了防止斯布莱特所说的"两种学术倒退"，维护知识生产者的自由和知识的客观中性，而是要为学会争取研究经费。他说：

> 他们在获得荣誉的时候也给予（学会）荣誉，他们的捐赠用来实现学会可贵的目标。他们的身份是哲学知识的资助者，并有办法促进它的发展，而这不是很多人能够做到的。②

但是，此时的科学早已不是 17 世纪中叶的新自然哲学。科学的各个分支学科迅速发展，枝繁叶茂，远非博学多才的悠闲绅士能够轻易攀附的。学会内部分为"真正的哲学家"、"写各类

---

① 到 1807 年，班克斯的年收入是 14000 英镑，其中包括里夫斯比（Revesby）庄园收入 8000 英镑、德贝郡的奥佛顿（Overton）庄园收入 3000 英镑和从妻子那里获得的土地收入 3000 英镑。

② John Gascoigne, *Joseph Banks and the English Enlightenment*: *Useful Knowledge and Polite Culture*, Cambridge: Cambridge University Press, 1994, p. 11.

文章的一般著述者"和"拥有贵族头衔和财富的上层人士"。①
"真正的哲学家"经过长期艰苦的数理训练，身份地位却较
低，所以对专业水平低的人得到入会优先权感到不满。班克
斯独揽大权，作风专断，学会秘书提名的会员候选人可以被
他一票否决。所以学会内部批评之声常有，会长位置一度不
稳。但是班克斯的盟友更多，他依然牢固掌握学会主导权长
达 40 年之久。

这位皇家学会会长将英国启蒙思想发挥到了极致。这一思想
强调：自由和秩序保持平衡，国王和议会的权力并立，商业少受
国家干预，理性与信仰共鸣。法国大革命之后，英国知识分子对
法国大革命造成的暴力和混乱持否定态度，很少再用"启蒙"一
词，但是从维护国家利益和社会秩序的角度比从前更强调科学的
进步意义。

受法国大革命和北美独立战争的影响，"科学为国家服务"
的观念开始深入人心。尽管培根早就提出"知识进步""知识就
是力量"的实用主义知识观，但是科学服务于国家政权的宗旨却
到班克斯时代才凸显出来。所以在法国建立起国家科学与艺术学
院、巴黎高师、巴黎理工学校的同时，皇家学会也较之以往更加
积极地参与政府事务。

班克斯任枢密院顾问，又是国王密友，一言九鼎。1779 年，
他在众议院主张将澳大利亚波特尼湾作为流放罪犯的地方，后来

---

① John Gascoigne, *Joseph Banks and the English Enlightenment*: *Useful Knowledge and Polite Culture*, Cambridge: Cambridge University Press, 1994, p. 11.

又提议澳大利亚总督人选和对澳勘查，直接影响了新殖民地的历史，因而被称为"澳大利亚之父"。[①] 1788 年，他推动非洲学会成立，让英国政府自此更加关注非洲。1793 年，班克斯成为英国新设的农业部专家顾问。1797 年，他又成为枢密院贸易委员会和造币委员会顾问。在他的努力下，皇家学会的科学活动内容与政府造币局和商务部的实际业务结合起来，直接促进了英国殖民地的生产。他劝说乔治三世将皇家裘园变成一所植物园，研究经济作物，这极大增加了殖民地的经济收益。直到去世前一年，他还担任众议院防伪钞和度量衡两个委员会的主席。

对于当时已经出现的科学专业化和平民化趋势，班克斯持否定态度。地质学会等专业科学机构相继成立时，班克斯竭力将其纳入皇家学会，希望能够稳固皇家学会的核心地位。1809 年，在皇家学会的庆祝仪式上，他提出：皇家学会会员加入动物化学会（Society of Animal Chemistry）等专业学会之前，须先履行自己对于"总学会"（Mother Society）的责任。无论人们如何组成团体来发展一个分支学科，都应"有利于皇家学会"。[②]

尽管被指为不专业却专制，皇家学会却依然在他任内 40 年发挥了最大的创造活力。班克斯去世后，1821 年居维叶（Georges Cuvier，1768—1832）在悼文中评价：

①　John Gascoigne, *Joseph Banks and the English Enlightenment*: *Useful Knowledge and Polite Culture*, Cambridge: Cambridge University Press, 1994, p. 2.

②　Charles Richard Weld, *A History of the Royal Society with Memoirs of the Presidents*, London: John W. Parker, West Strand, MDCCCXLVIII, Hardpress, 2019, Vol. 2, p. 242.

这一时期在人类思想史上非常值得纪念，英国哲学家像其他国家哲学家一样光荣地参与了智力劳动，这些智慧为所有文明人所共有。他们面对两极冰原，足迹遍布两大洋每一个角落，让人类对自然的视域扩大了十倍。他们研究天宇中的行星、卫星并探索未知的现象，计算银河系恒星的数量。如果说化学呈现出新面貌的话，他们对此有着重要的贡献。可燃气、纯气体和燃素气的发现都归功于他们。他们还发现了如何分解水，大量新金属也是他们分析得出的结果，证明固定碱的性质非他们莫属。他们的力学研究产生了令人惊叹的成果，让他们在制造业的每一个方面都超出别的国家。[①]

当班克斯提倡科学首先是一种文明进步的力量时，他预设这种力量只有通过上层精英人士在国家政治中发挥作用才能实现。但是，工业革命的开始意味着知识化为力量需要依靠全体社会成员。18 世纪末 19 世纪初，英国社会发生深刻变化。在边沁实用主义观念影响下，班克斯自上而下的科学启蒙观念和纯粹的上层人士俱乐部模式逐渐成为海上孤舟。

---

① Georges Cuvier, "Éloge Historique de M. Banks," *Mémoires de l'Académie des Sciences de l'Institut de France*, Tome 5, Paris: Gauthier-villars, 1821, p. 223.

第七章　科学和技术的联姻与科学的
社会总动员

在班克斯将科学的私人业余传统推向高峰的 40 年间，英国进入工业革命时期。伴随着工业革命带来的经济、政治和文化剧变，科学在各个层面都实现了一种"权力下放"。科学知识体系极大丰富，纯科学与应用技术结合，科学文化向社会中下层传播。科学机构原来只集中在伦敦，现在大量出现在各个新兴工业城市。专业学会不断成立，分享了综合学会的权威地位。新老学术机构中，平民出身的专业人士势头日渐超过了贵族和有闲阶层。

第一节　新产业、新城市与新阶层

17 世纪，英国的城市开始繁荣起来。伦敦人口从 1550 年的 12 万增加到 1700 年的 49 万至 58 万，几乎占英格兰和威尔士总人口的十分之一。① 布里斯托尔、约克、曼彻斯特、纽卡斯尔等

---

① Jonathan Daly, *The Rise of Western Power: A Comparative History of Western Civilization*, London: Bloomsbury Academic, 2014, p.279.

都成为人口过万的大城市。^① 城市里商铺各色各样、货物充裕，普通人开始购买原来只有特权阶层才能享用的书籍、镜子、陶器等奢侈品。^② 商业、贸易、银行业、交通运输、邮政服务都兴旺发达起来。到了 18 世纪下半叶，蒸汽机、高炉、动力纺织机、化学蒸馏釜等新机器、新技术和新工艺用于生产，采矿业、钢铁冶炼、制酸业、制碱业、陶瓷工业、纺织工业等迅速发展。机器代替了人力和马力，农业生产转向工业制造，乡村人口进入城市，英国开始了轰轰烈烈的工业革命。

1771 年，阿克莱特（Richard Arkwright，1732—1792）用水力驱动纺纱机，建立了第一个现代工厂。1776 年，瓦特和博尔顿改进的蒸汽机用于康沃尔矿井的抽水。1807 年，伦敦街道开始铺设煤气灯，夜晚举办商业和文化活动更加便利。1830 年，斯蒂芬孙父子（George Stephenson，1781—1848，Robert Stephenson，1803—1859）制造的火车头用于利物浦至曼彻斯特之间的铁路。1838 年，布鲁内尔（Isambard Kingdom Brunel，1806—1859）设计的蒸汽船"大西部"号下水，紧接着是"大不列颠"号和"大东部"号。1845 年，F. 史密斯（Francis Pettit Smith，1808—1874）设计了使用螺旋桨的"皇家拉特尔"号（HMS Rattle）。1760—1801 年，英国的生产率是之前 40 年的 2

① Jonathan Daly, *The Rise of Western Power: A Comparative History of Western Civilization*, London: Bloomsbury Academic, 2014, p.279.

② Jonathan Daly, *The Rise of Western Power: A Comparative History of Western Civilization*, London: Bloomsbury Academic, 2014, p.280.

倍，1800—1860 年生产率是 1700—1760 年的 3 倍。[1]

大多数工厂先是兴建在水资源丰富的英格兰北部，18 世纪 80 年代蒸汽机投入使用后，又在英格兰中部和北部的产煤区发展起来。新兴城市的工业产品不需要从伦敦集中便可以直接送达各地，资金也可以从本地银行直接获取，因而逐渐拥有了独立的经济地位。曼彻斯特、利物浦、格拉斯哥、伯明翰、利兹、爱丁堡、布里斯托尔等城市欣欣向荣。到 19 世纪 30 年代，英国已经是工厂烟囱林立，运河航道纵横，矿山绵延不绝了。

英国工业革命的速度之快、规模之巨从当时一些负面评价中可见一斑。19 世纪初，浪漫主义诗人布莱克（William Black, 1757—1827）在《耶路撒冷》一诗中诘问："可曾有耶路撒冷营建于此，在这些黑暗、地狱般的工厂之间？"19 世纪 20 年代，蒸汽机火车在利物浦和曼彻斯特之间通车，被描述为"把这个国家割裂开来，让大地变丑陋，吓死牛羊，驱散农民，干扰贵族猎狐，置整个国家于万劫不复之地"。[2] 1837 年，第一次来到英国的德国化学家李比希在家书中说："利兹和曼彻斯特一带简直就是一个大烟囱……运河纵横，布满船只，煤矿当街开掘……（曼彻斯特烟火笼罩）宛如地狱。"[3]

在新兴的工业城市，工厂主、技术发明家、商人和产业工人

① Margaret Jacob, *Scientific Culture and the Making of the Industrial West*, Oxford: Oxford University Press, 1997, p. 4.

② Bernard Becker, *Scientific London*, New York: D. Appleton & Co., 1875, p. 108.

③ W. V. Farrar, K. Farrar and E. L. Scott, "The Henrys of Manchester. Part 6. William Charles Henry: The Magnesia Factory," *Ambix*, 1977, XXIV, 1-26, p. 5, 转引自 Jack Morrel and Arnold Thackray, *Gentlemen of Science: Early Years of the British Association for the Advancement of Science*, Oxford: Clarendon Press, 1981, p. 2。

是主角。上升的资产阶级迫切希望提高自身的政治、宗教和文化地位。1688 年光荣革命后，代表土地贵族和伦敦金融家与商人的辉格党掌控了英国议会。1760 年乔治三世国王继位后，着手打击辉格党势力，数次撤换首相。国王和议会相互角力，却都没有足够的意愿鼓励工业和城市发展。代表乡绅和教区教士的托利党掌管了地方治理，却只求沿袭旧制。公司和行会的许可状条文一成不变。不遵从国教者在入学、从商等诸多方面受到限制，如不能进入牛津大学和剑桥大学，而皇家医学院只接纳这两所大学的毕业。因此，资产阶级力图在庙堂和乡野改变现状、打破束缚。这一努力的成果是 1832 年英国议会改革，新兴工业城市获得了更多议会席位，工业资产阶级和富裕农民获得了选举权。

新兴工业城市开始拥有过去伦敦才有的教育、文化和科学资源。为了提高工人及其子弟的识字率，满足工业生产的需要，出现了各种学校和教育机构。文化市场空前活跃，书刊报纸迅速增多。1750—1775 年，英国需要缴纳印花税的报纸份数几乎翻了一倍。[①] 各地都开始举办文化沙龙、学术讲座、公开实验等。地方学会发展起来，不少城市都出现了综合性的文学和哲学学会，会员以工厂主、商人、专业技术人员、医生和中产阶级科学爱好者为主。这些人通过学会活动结识自己潜在的商业合作伙伴，讨论自己在生产车间遇到的技术问题，找到并宣传属于自己阶层的文化标签。

---

① Robert E. Schofield, *The Lunar Society of Birmingham: A Social History of Provincial Science and Industry in Eighteenth-century England*, Oxford: Clarendon Press, 1963, p. 11.

地方学会会员深受 16—17 世纪科学革命的影响，认可对自然万物进行数学编码的知识进路，接受了以牛顿力学为代表的机械自然观。他们往往没有条件在传统大学接受古典教育，或只能就学于不遵从国教者学院，对培根思想和实验科学方法的接受程度很高。加上他们的本行即实业，利益攸关，愿意将科学理论用于生产实践，钻研新机器、新技术、新工艺以及新管理手段。瓦特（James Watt，1736—1819）等工程师兼企业家改进和应用蒸汽机便是典型一例。历史学家雅各布认为，英国先于其他国家开始工业革命，正是近代早期科学革命完成后科学文化辐射的直接结果。他说："假设存在一个有限的宇宙，地球是宇宙中心，由精神引导自然秩序，宇宙虽然可以被观测，但是却不能够被数学化和机械化，这种有限宇宙观肯定不能令工业化发生。"[1]

第二节　明月社与工业启蒙运动

1765—1791 年，伯明翰地区活跃着一个由十几位成员组成的科学社团——明月社（Lunar Society）。该学会在每个月临近月圆的周一下午举办活动，活动散场后月光皎洁，便于会员走夜路回家，因此得名。

明月社的成员中，博尔顿（Matthew Boulton，1728—1809）是伯明翰地区的搭扣生产商。E. 达尔文（Erasmus Darwin，

---

[1] Margaret Jacob, *Scientific Culture and the Making of the Industrial West*, Oxford: Oxford University Press, 1997, p. 3.

1731—1802）是住在德比的医生，这位唯物主义进化论的先驱发表了《植物园》（"The Botanic Garden"，1789—1791）和《自然殿堂》（"The Temple of Nature"，1803）。普利斯特列（Joseph Priestley，1733—1804）是唯一神派牧师，发现了氧气，是 18 世纪下半叶气体化学研究的引领者，还因为坚持燃素论成为 18 世纪末化学革命中拉瓦锡（Antoine-Laurent de Lavoisier，1743—1794）的论敌。瓦特是从格拉斯哥迁居此地的工具仪器制造商。韦奇伍德（Josiah Wedgwood，1730—1795）是制陶商人，设计了能控制烧陶温度的高温计。威尔金森（John Wilkinson，1728—1808）是史塔福德郡（Staffordshire）的钢铁生产商。戴（Thomas Day，1748—1789）是作家和废奴主义者。埃奇沃思（Richard Lovell Edgeworth，1744—1817）是一个对机械设计感兴趣的爱尔兰贵族。

在后来加入的成员中，高尔顿（Samuel Galton，1753—1832）是枪炮制造商，他对颜色理论有研究，还写过一本鸟类学入门读物《鸟禽自然志》（*The Natural History of Bird*）。凯尔（James Keir，1735—1820）是苏格兰化学家。斯莫尔（William Small，1734—1775）在弗吉尼亚殖民地的威廉玛丽大学担任过自然哲学和数学教授，与富兰克林相识。怀特赫斯特（John Whitehurst，1713—1788）是德比的钟表制造商。威瑟林医生（William Withering，1741—1799）发现了洋地黄提取物能够治疗心力衰竭引发的浮肿，著有《关于洋地黄及其药用价值的报道》（*An Account of the Foxglove, and Some of Its Medical Uses,*

1785）一书。这位医生还研究过猩红热，分析温泉水和矿物质，"威瑟林石"（witherite）即碳酸钡以及开花植物"威瑟林茄"（Witheringiasolanacea）都是他的发现。威瑟林还翻译了瑞典化学家伯格曼（Torbern Bergman, 1735—1784）的矿物研究论文。斯托克斯（Jonathan Stokes, 1755—1831）是植物学家，他协助威瑟林完成了专门为业余植物学家撰写的《英国植物排列》（*An Arrangement of British Plants*, 1787—1792）。该书介绍了林奈分类体系的实际用途，还引入了威瑟林设计的野外考察显微镜。除了正式会员外，参加明月社活动的还有发明铅室制硫酸法的苏格兰化学生产商罗巴克（John Roebuck, 1718—1794）。富兰克林从美洲费城到访伯明翰时，也与明月社结下不解之缘。

明月社成员戏称自己为"狂人"（"月"的衍生词），其兴趣却非常务实。韦奇伍德带动成员讨论修建运河航道的问题，埃奇沃思在 1767 年设计了一个机械式船舶车钟，怀特赫斯特选择自己的居住地德比地区的一土一石进行地质学研究。当时热门的电学、测温学、地质学、气象学、生物学、化学等都是成员们讨论的主题。在《关于地层原始状态与形成的研究》（*An Inquiry into the Original State and Formation of the Earth*, 1778）一书序言中，怀特赫斯特重申了培根的观点：

　　　　这本书不是为玄思的心灵精心策划的，而是通过发现那些我们观察地表以下时隐蔽的事物，在一定程度上建立一个地层地理学体系，它最终能够服务于人类生活的各种目的。

既有的一些理论固然包含着重要的真理，但是必须承认，有些情况下这些理论对于一个只承认事实推导和自然法则的时代来说，采用了太多的假设。①

明月社成员最大的兴趣是将技术发明和创办实业有效地结合起来。他们最成功的实践便是博尔顿和瓦特对蒸汽机的改进和推广应用。瓦特生于苏格兰。1755 年，他在伦敦为一个仪器制造商工作了一年。1757 年，他在格拉斯哥大学开了一个店铺，专为大学制造实验所需工具。瓦特与苏格兰学者斯莫尔交好，1767—1775 年两人有大量书信往来，斯莫尔帮助瓦特在伯明翰安顿下来。1768 年，瓦特结识了博尔顿，加入博尔顿、斯莫尔、罗巴克等人的讨论。1769 年，瓦特的蒸汽机专利申请获得了批准，他与斯莫尔在信中讨论专利注册说明书的措辞问题。1769 年 2 月 7 日，博尔顿写信给瓦特说：

> 我的意见是在我自己的工厂旁边建一个制造厂，紧邻运河，这样我可以提供完成发动机制造需要的所有便利条件。有了这个制造厂，我们可以向全世界供应各种型号的发动机。②

---

① John Whitehurst, *An Inquiry into the Original State and Formation of the Earth*, London: Printed for the Author, MDCCLXXVIII, p. ii, https://www.revolutionaryplayers.org.uk/john-whitehurst-and-18th-century-geology/.

② Robert E. Schofield, *The Lunar Society of Birmingham: A Social History of Provincial Science and Industry in Eighteenth-century England*, Oxford: Clarendon Press, 1963, p. 69.

1775—1780 年，博尔顿和瓦特在苏豪区（Soho）开办工厂，着手改进蒸汽机制造工艺。明月社成员讨论蒸汽机的活塞密封圈、润滑、气缸镗孔等技术性问题。1775 年，怀特赫斯特还提出液压缸中空气和水泵出的问题。1776 年 5 月，博尔顿和瓦特合作设计的第一台蒸汽机在史塔福德郡的布鲁明地（Bloomingfield）煤矿区投入使用。威尔金森在什罗普郡（Shropshire）布罗斯利（Broseley）的钢铁厂也购买了这样一台蒸汽机，用于高炉鼓风。1776 年 11 月，他们设计的蒸汽机开始用在康沃尔的采矿区，能够从矿井中高效抽水。到了 1780 年，他们设计的蒸汽机有一半都在康沃尔的矿区使用。博尔顿和瓦特的工厂不直接制造蒸汽机，而主要是为其他厂商提供图纸，出售零配件，指导安装和试运行，或将蒸汽机租给其他厂商使用，收取技术咨询费和机器租金。这样获取的资金反过来再用于蒸汽机的进一步改造，形成从创新、应用到再创新的链式反应。1781—1791 年，博尔顿和瓦特的蒸汽机生意不断赢利，他们的蒸汽机开始应用于伦敦的阿尔比恩磨坊（Albion Mill）和压币机。

博尔顿和瓦特的工厂有时交由明月社另一位成员凯尔代为管理，而凯尔也有研究和生产结合的成功实践。他出身于苏格兰贵族，曾就读于爱丁堡大学，是该校第一代医学教授普拉默（Andrew Plummer，1697—1756）的学生，[1] 而普拉默

---

① Barbara M. D. Smith and J. L. Moilliet, "James Keir of the Lunar Society," *Notes and Records of the Royal Society of London*, Vol. 22, No. 1/2, Sep. 1967, pp. 144-154.

又受教于莱顿大学著名机械论化学家博尔哈弗（Herman Boerhaave，1668—1738）。七年战争期间，凯尔在西印度群岛服役，通过服食金属锑治好了自己的黄热病。他退伍回国后，在史塔福德郡入股了一家玻璃工厂。玻璃生产要用到碱，他做了不少实验来研究碱的属性。凭着对玻璃生产过程细致入微的观察，凯尔在《哲学学报》上发表了《对玻璃结晶体的观察》（"On the Crystallization Observed on Glass"，1776）一文，文中不但讨论了玻璃晶体的晶型、透明度、结晶速度、结晶过程的完成度和可逆性，还论及玄武岩的形成机理。[①] 1779 年，凯尔发明了一种铜、锌、铁合金（成分接近孟磁合金），并申请了专利，用于制作玻璃窗的窗棂。

1780 年，凯尔与昔日战友布莱尔（Alexander Blair）在达德利（Dudley）附近的提普敦（Tipton）开办了一家化学工厂。他们用硫酸钠（或硫酸钾）与熟石灰反应生成碱即氢氧化钠或氢氧化钾，在工业上第一次成功合成碱，并尝试从盐酸制取工艺中获取硫酸钠（或硫酸钾），以令这些制碱原料价格低廉。[②] 他们的工厂利润惊人，仅制碱工艺下游的肥皂厂就每年缴纳 1 万英镑货物税。[③] 这些生产实践让凯尔的化学研究兴趣集中在酸碱溶液，而这一领域其实是 18 世纪末化学革命的主战场。1787 年，他向皇家学会提交了

---

① James Keir, "On the Crystallization Observed on Glass," *Philosophical Transactions of the Royal Society*, Vol. 66, December 1776, pp. 530-542.

② Barbara M. D. Smith and J. L. Moilliet, "James Keir of the Lunar Society," *Notes and Records of the Royal Society of London*, Vol. 22, No. 1/2, September 1967, pp. 144-154.

③ Barbara M. D. Smith and J. L. Moilliet, "James Keir of the Lunar Society," *Notes and Records of the Royal Society of London*, Vol. 22, No. 1/2, September 1967, pp. 144-154.

《硫酸凝固实验》（"Experiments on the Congealation of the Vitriolic Acid", 1787），1788 年又提交了《有关酸性基质、水分解以及燃素的评述》（"Remarks on the Principle of Acidity, Decomposition of Water, and Phlogiston", 1788），还在《技术学会学报》（*Transactions of the Society of Arts*）上发表了《化石碱》（"Fossil Alkali"）一文。1790 年，凯尔向皇家学会提交了《金属在酸中的溶解和沉淀——一种用于分离金属技术的新酸溶液》（"Experiments and Observations on the Dissolution of Metals in Acids, and their Precipitations, with an Account of a New Compound Acid Menstruum, Useful in Some Technical Operations of Parting Metals"），该文为后来的电镀现象研究提供了重要参考。1771 年，他翻译了法国化学家马凯（Pierre Joseph Macquer, 1718—1784）的《化学词典》（*Dictionnaire de Chymie*），并加了很长的附注，这一工作奠定了他在化学界的地位。① 凯尔紧跟当时气体化学前沿，1777 年发表了《论不同种类的弹性流体或气体》（"Treatise on the Different Kinds of Elastic Fluids or Gases", 1777）。凯尔与当时很多杰出化学家一样，先是笃信燃素论，后来又放弃了，却也没有接受拉瓦锡的氧化理论。

博尔顿、瓦特、凯尔等人顺应并推动了工业革命时期科学理论与应用技术、技术创新与工业资本的结合。如果说早期皇家学会会员还只是在努力打破科学和技术的分野，工业革命时期的生产商兼技术发明家则真正开始掌握和利用科学、技术与实业三者

---

① Barbara M. D. Smith and J. L. Moilliet, "James Keir of the Lunar Society," *Notes and Records of the Royal Society of London*, Vol. 22, No. 1/2, September 1967, pp. 144-154.

的互惠关系。这种互惠关系成为他们个人乃至整个工业资产阶级的社会进阶之路，精明的商人与聪慧的技术专家两种角色相统一，生产制造者被认为是可以带动社会发展的引擎。而单就科学本身的发展而言，不但有了技术的实在支撑，也获得更广泛社会文化层面的意义认同。

明月社不但直接推动工业化进程，也带动了 18 世纪下半叶伯明翰以及英国中部地区涉及科学、经济、政治、文化、法律的启蒙运动。在这场"中部地区启蒙"、"中西部启蒙"或"伯明翰启蒙"中，明月社成员 E. 达尔文、博尔顿、瓦特、普利斯特列、韦奇伍德、凯尔、戴都有自己独特的思想贡献。例如，E. 达尔文热衷于社会改革，戴积极主张废除奴隶制度，普利斯特列直接支持法国大革命。这场启蒙的其他核心人物如作家西沃德（Anna Seward，1742—1809）、画家 J. 莱特（Joseph Wright of Derby，1734—1797）、美国植物学家 S. 莱特（Susanna Wright，1697—1784）、词典编纂者约翰逊（Samuel Johnson，1709—1784）、诗人申斯通（William Shenstone，1714—1763）等都结交过明月社成员。中部地区启蒙影响力虽不及法国启蒙和苏格兰启蒙，却能够在近代早期科学革命和工业革命之间建立起更为实质性的联系，让实验科学、应用技术和资产阶级代表的政治文化真正结合在一起，乃至推动了英国社会的现代化转型。

对于代表上层精英和土地贵族的首都文化圈来说，明月社代表的务实、求变的工业精神是另一种文化。1806 年，一篇载于《爱丁堡评论》的文章毫不客气地批评明月社成员：

地方上的天才人物身上普遍有一种自负感，很少能够像首都出来的有才华的人那样得体，后者不会对自己和自己的圈子评价过高。特别是在英格兰西部，有这样一批著作者，他们以为自己生来就能够为自己所在的知识领域带来非凡的变革。我们只需要扫一眼达尔文、戴、贝多斯、索西、柯勒律治、普利斯特列的名字，就能够把这一点说明白了。我们认为，这主要是不具备伦敦那种一切事物都遵循的健康的嘲笑原则。总是有一些东西，即始终基于财富、官阶和地位的持久牢固的贵族统治，教会那些有理想抱负的人在衡量自身的重要性时把眼界放得更宽、更远一些。①

明月社成员之间也屡有分歧。例如，斯托克斯与威瑟林有版税和署名权之争。威瑟林与 E. 达尔文关于洋地黄药用功能的发现也有优先权之争。对于法国大革命和北美殖民地的独立活动，成员们也有意见分歧。1791 年，"教会与国王"骚乱的矛头直指明月社成员，普利斯特列的实验室和住宅被烧毁，他不得不远走美洲，明月社也最终解散了。明月社没有能够维持下去，一部分原因是人数始终限制在 14 人左右，且规定成员居住地仅限于伯明翰附近。无论如何，这一科学组织完成了工业革命早期促进科学、技术与实业的短线结合以及推动新工业城市文化现代化的历史使命。

---

① Francis Jeffrey, "Memoirs of Dr. Joseph Priestley," *Edinburgh Review*, Vol. Ix, 1806, p. 147, 转引自 Robert E. Schofield, *The Lunar Society of Birmingham: A Social History of Provincial Science and Industry in Eighteenth-century England*, Oxford: Clarendon Press, 1963, p. 5。

第三节　科学传播与科学文化

1781 年，曼彻斯特文学与哲学学会（Manchester Literary and Philosophical Society，1781）成立。学会创始人是执业医生帕西佛（Thomas Percival，1740—1804），他较早关注工业污染对大众健康的危害问题，著有《医学伦理：基本原则与戒律》一书（*Medical Ethics*：*or a Code of Institutes and Precepts*，1803）。另一位创始人怀特（Charles White，1728—1813）是曼彻斯特医务所的外科医生，他是最早注意到产褥热的产科学先驱。学会活动内容涉及自然哲学、理论化学、实验化学、文学、民法、普通政治学、商业和技术等相关讨论。学会特别规定，话题不准涉及宗教、具体行医实践和国内政治。

曼彻斯特文学与哲学学会的会员分为核心会员和普通会员，还有一批荣誉会员。明月社成员普利斯特列和 E. 达尔文是该学会的荣誉会员。法国化学家拉瓦锡和美国科学家富兰克林也是第一批荣誉会员。[①] 该学会的早期正式会员最出名的当属道尔顿（John Dalton，1766—1844），他提出了原子量概念，结束了 18 世纪末拉瓦锡推翻燃素论之后化学界混乱的局面，让化学学科真正沿着定量化方向发展，因而与波义耳、拉瓦锡共享"近代化学之父"的称号。

---

① Donal Sheehan, "The Manchester Literary and Philosophical Society," *Isis*, Vol. 33, No. 4, December 1941, pp. 519-523.

从 18 世纪 80 年代到 19 世纪 20 年代，英国各地成立了多家文学与哲学学会：1783 年在德比、1793 年在纽卡斯尔、1800 年在伯明翰、1802 年在格拉斯哥、1812 年在利物浦、1812 年在普利茅斯、1818 年在利兹、1819 年在科克、1822 年在约克、1822 年在谢菲尔德、1822 年在惠特比、1822 年在赫尔、1823 年在布里斯托尔都成立了类似的学会。这些学会与明月社一样力图将科学理论、技术发明与企业生产结合在一起，但是组织形式要开放得多。随着工业革命进程的推进，越来越多工厂主和工程师希望将自己的生产经验诉诸理论，通过理论化的表达来提高自身的话语权。相比明月社和皇家学会，这些地方性学会更多是推动了科学传播。

除了各类专业学会以外，各地还出现了一些面向手工业工人的教育机构，规模较大的是机械师学院（Mechanics' Institute）。1800—1804 年，博克贝克（George Birkbeck，1776—1841）在格拉斯哥安德森学院（Glasgow's Adersonian Institute）开设机械工程课程。在他的推动下，1809 年伦敦科学、医学与技艺传播研究院（London Institute for the Diffusion of Science, Medicine and the Arts）成立。1817 年，克拉克斯顿（Timothy Claxton，1790—1848）在伦敦创建了机械研究院（Mechanical Institution），后来他又在波士顿和英格兰东南部的邦加（Bungay）创办了类似机构。1823 年，格拉斯哥机械工研究院成立，这家机构拥有自己的图书馆、博物馆，还定期举办报告和讲座。同年，伦敦机械师学院成立。19 世纪 30—60 年代，英国和美国各地出现了数百个此类机构。

地方性学会蓬勃发展，促使伦敦这一原来的文化中心做出改变。1800 年，皇家研究院（Royal Institution）在伦敦成立。这一科学机构的宗旨同样是传播和发展应用性科学知识。戴维在就任皇家研究院主席时说：

> 我们不指望若干个世纪后的遥远年代，不用流光溢彩却捉摸不定的幻梦来让我们自己高兴，我们没有妄想使人类的能力无限提高，不期盼能够消除辛劳、疾病乃至死亡。但是，我们可以用简单的事实做类比，依此来做出推断。我们只考虑从目前状况出发人类能够进步到什么样一种状态。我们期盼着一个我们可以合理期望的时代，而我们已经站在了这个光明时代到来之前的拂晓时刻。[1]

戴维和他的徒弟法拉第（Michael Faraday，1781—1867）在皇家研究院的报告厅演示科学实验，吸引了大量观众。观众多为贵族绅士，一部分人看罢实验，深受吸引而慷慨解囊。报告厅演示的实验内容是师徒二人事先在皇家研究院的地下室已经成功试验过的。戴维和法拉第的开创性科学发现多出自这个小小的地下室。1799 年，戴维发明了安全矿灯。1805 年，他发现了鞣革工艺用的鞣酸，获得"科普利"奖。他还研究如何提高农业生产率。戴维通过电解实验发现了钾，并断定化学亲和力与静电引力是同一种力。他还发现了氯气，并证明氢氯酸由氢气和氯气合成

---

① David Knight, *The Making of Modern Science*: *Science*, *Technology*, *Medicine and Modernity*: *1789-1914*, Cambridge: Polity Press, 2009, p.57.

而来，否定了拉瓦锡有关酸中必含有氧的判断。氯气用于漂白工艺，极大地推动了纺织与印染工业的发展。法拉第没有学过拉丁文、希腊文以及高等数学，反倒在电学和磁学方面迅速攻克难题。1821 年，法拉第发现通电线圈绕磁场转动的现象，制成第一台单机电动机。戴维与法拉第师徒二人的研究旨趣反映出 19 世纪科学理论发展逐渐赶上技术脚步的趋势。

比科学方法与科学知识更深入人心的是科学文化，科学以艺术和文学的形式广泛传播。戴维在皇家研究院大受欢迎的科学报告与实验演示带有舞台表演性质。E. 达尔文的诗《植物之情爱》（*Loves of the Plants*，1789）用通俗易懂的方式解释林奈以植物性器官为基础的分类和命名法。此外，科学的异化本质为浪漫主义作家所敏锐洞悉。布莱克、华兹华斯、柯勒律治等人的作品显示出对机械论所包含的还原论和决定论的深刻反思。玛丽·雪莱的《科学怪人》时至今日依然是一部独树一帜、意味深长的反科学文化作品。

第四节　英国科学促进会

19 世纪 20 年代后期至 40 年代，英国进入"改革时代"（age of reform）。以农业、乡村、土地贵族和基督教为主体的传统社会进一步向以工业、城市、资产阶级和世俗生活为主体的现代社会转型，阶级冲突和社会矛盾陡然加剧。1831 年在布里斯托尔、1832 年在约克、1834 年在奥尔德姆都有抗议、骚乱及军队镇压，1836—1848 年爆发了声势浩大的英国工人宪章运动。但是，国王与世袭制度、英国习惯法、英国国教的地位都得以延续，土地贵族主导的传统价值观依然压过工业精神。尽管新兴工业城市发展迅速，伦敦仍稳居政治和文化中心。第二代和第三代工业企业家与贵族阶层保持和睦的关系，仅仅期望对既有秩序进行温和的改革。为了缓和社会矛盾，资产阶级上层和乡绅阶层开始大力传播科学知识、推崇科学文化。因为历来有自然规律对应道德法则和政治秩序的观念，加之科学知识被认为具有能够超越阶级、宗教、身份、职业和政治的抽象性和普遍性，所以科学再一次扮演了共识基础的角色。

1831 年，英国科学促进会（British Association for the Advancement of Science）成立。该组织的发起者是苏格兰物理学家布鲁斯特（David Brewster，1781—1868），他对偏振光有研究，是皇家学会的资深会员，1815 年被授予"科普利"奖。另一位发起者是英格兰数学家及机械工程师巴贝治（Charles Babbage，1791—1871），他是差分机的发明者。布鲁斯特与巴贝治的研究都需要使用结构复杂而价格昂贵的科学仪器，因而对于英国业余科学传统下科学资金匮乏的问题感受最深，又恰逢 1830 年皇家学会内部改革失败，于是便想要另起炉灶，创办新学会。1830 年，布鲁斯特在写给巴贝治的信中说："成立一个联合会来保护和推动世俗对科学的兴趣，岂不是大有裨益？这样一个目标必能得到几位皇亲贵胄和议会议员的鼎力相助。"①

---

① Jack Morreland Arnold Thackray, *Gentlemen of Science: Early Years of the British Association for the Advancement of Science*, Oxford: Clarendon Press, 1981, p.35.

英国科学促进会的首次会议在约克举办。约克居于英格兰、爱尔兰和苏格兰之间，交通往来便利。更为重要的是，约克既拥有英国国教教会的大主教席位，也是不遵从国教者的大本营，在宗教和文化上兼容并蓄，有利于广泛吸纳社会各阶层会员。此次活动由约克郡哲学会（Yorkshire Philosophical Society）承办，哲学会的第一任会长哈考特（William Harcourt，1789—1871）为新成立的英国科学促进会草拟了章程，哲学会秘书菲利普（John Phillips，1800—1874）负责会议的筹备和组织工作。科学促进会的首次会议为期一周，注册人数353人。活动内容除了学术报告以外，还有展览和宴饮。

此后，英国科学促进会每年都选一城市举办活动，以巡游的方式传播科学。各个城市竞相举办年会，通常都会承诺在本地修建博物馆、图书馆或者成立学会机构。这类机构设施在年会结束后成为当地的科学文化中心，有的发展为技术学校甚至大学。科学促进会在成立后的四年间，沿着学术中心即牛津、剑桥、爱丁堡和都柏林巡游。1836—1844年，活动依次在工商业城市布里斯托尔、利物浦、纽卡斯尔、伯明翰、格拉斯哥、普利茅斯、曼彻斯特、考克和约克举办。年会设在夏季，吸引了大量游客。会议开幕时，先由促进会主席公布新发现和新技术，要求重视对科学技术的投入。每到一地，都成为当地盛极一时的文化与社交活动。①

---

① Jack Morreland Arnold Thackray, *Gentlemen of Science: Early Years of the British Association for the Advancement of Science*, Oxford: Clarendon Press, 1981, p.98.

英国科学促进会早期的核心人物多在大学里有正式教职，并在某专业领域有建树。例如，艾里（George Airy，1801—1892）是剑桥大学卢卡斯天文学教授、剑桥大学天文台普鲁米天文学教授（Plumian Professorship of Astronomy）以及后来的格林威治天文台第七任皇家天文学家，其著作《物理天文学的数学论述》（*Mathematical Tracts on Physical Astronomy*，1826）是 19 世纪 20—30 年代的大学课本。巴克兰德（William Buckland，1784—1856）是牛津大学矿物学教授，同时也是英国国教牧师，他将《圣经》中有关大洪水的描述与当时的地质发现结合了起来。福比斯（James Frobes，1809—1868）1833 年成为爱丁堡大学教授，对热传导有研究。汉密尔顿（William Hamilton，1805—1865）是都柏林大学三一学院天文学教授，他发现了代数的四元数，对后来量子力学的发展产生了重要影响。汉斯洛（John Henslow，1796—1861）是剑桥大学地质学教授和植物学教授。劳埃德（Humphrey Lloyd，1800—1881）从 1831 年起担任都柏林大学三一学院自然哲学与实验哲学教授，对锥形折射和地磁学均有研究。莫奇森（Roderick Murchison，1792—1871）是地质学家、伦敦富有绅士，1831—1836 年担任皇家地质学会会长。皮考克（George Peacock，1791—1858）是剑桥三一学院数学教师，著有《代数论》（*Treatise on Algebra*）一书。波维尔（Baden Powell，1796—1860）是牛津大学几何学教授，也是英国国教牧师。罗宾森（Thomas Robinson，1792—1882）

曾是都柏林大学三一学院代理自然哲学教授，当时是爱尔兰阿玛天文台（Armagh Observatory）天文学家。赛治维克（Adam Sedgwick，1785—1873）是剑桥大学伍德沃德地质学教授（Woodwardian Geology Prefessor），他最先确定了寒武纪和泥盆纪。休厄尔（William Whewell，1794—1866）是剑桥大学矿物学教授，以对伦理学和归纳理论的研究出名。道本尼（Charles Daubeny，1795—1867）是皇家医学院的学者，后来成为牛津大学化学教授和植物学教授，对地质学也有较大贡献。

与皇家学会一样，英国科学促进会同样也需要不做具体科学研究却手握社会资源的人。哈考特是约克大主教之子，时任克利夫兰的可科比教区牧师，后来又任约克大教堂驻堂牧师。菲茨威廉伯爵三世查尔斯（Charles William Wentworth Fitzwilliam，1786—1857）是有名的政治人物。北安普敦侯爵二世康普顿（Spencer Compton，1790—1851）曾在 1820—1828 年担任伦敦地质学会会长，又于 1838—1848 年担任皇家学会会长。另有一些核心人物没有正式教职，却在某专业领域有突出成就。例如，菲利普受雇于约克郡哲学会，是有家学传统的地质学家，他的叔叔史密斯（William Smith，1768—1839）有"英国地质学之父"之称，菲利普用统计学方法发展了史密斯提出的地层理论。贝利（Francis Baily，1774—1844）原在伦敦证券交易所做生意，后来转向科学，他在 1836 年发现了日全食的"贝利珠"现象，还创办了皇家天文学学会。

表 7-1 早期英国科学促进会的活跃人物及其身份背景

姓名	毕业于或任教于剑桥大学三一学院或都柏林大学三一学院	英国国教教徒	担任圣职	于19世纪三四十年代担任教会职务	于1831年后接受政府资助	自由派、辉格党人或者皮尔保守派	于19世纪三四十年代任大学教职
艾里 George Airy	是	是				是	是
贝利 Francis Baily		是					
布鲁斯特 David Brewster					是	是	是
巴克兰德 William Buckland		是	是	是	是	是	是
道本尼 Charles Daubeny		是				是	是
福比斯 James Frobes		是			是		是
汉密尔顿 William Hamilton	是	是	是	是	是	是	是
哈考特 William Harcourt		是	是	是			

续表

姓名	毕业于或任教于剑桥大学三一学院或都柏林大学三一学院	英国国教教徒	担任圣职	于19世纪三四十年代担任教会职务	于1831年后接受政府资助	自由派、辉格党人或者皮尔保守派	于19世纪三四十年代担任大学教职
汉斯洛 John Henslow		是	是		是	是	是
劳埃德 Humphrey Lloyd	是	是				是	是
菲茨威廉 伯爵三世查尔斯 Charles William Wentworth Fitzwilliam	是	是				是	
莫奇森 Roderick Murchison		是	是		是	是	是
北安普敦 侯爵二世康普顿 Spencer Compton	是	是			是	是	是
皮考克 George Peacock	是	是	是	是	是	是	是
菲利普 John Phillips		是					是

续表

姓名	毕业于或任教于剑桥大学三一学院或都柏林大学三一学院	英国国教教徒	担任圣职	于19世纪三四十年代担任教会职务	于1831年后接受政府资助	自由派、辉格党人或者皮尔保守派	于19世纪三四十年代大学任教职
波维尔 Baden Powell		是	是			是	是
罗宾森 Thomas Robinson	是	是	是				
赛治维克 Adam Sedgwick	是	是	是	是	是	是	是
泰勒 John Taylor						是	
休厄尔 William Whewell	是	是	是	是	是	是	是
巴贝治 Charles Babbage	是	是				是	是
道尔顿 John Dalton					是	是	
斯坦雷 Edward Stanley		是	是		是	是	

资料来源：Jack Morreland Arnold Thackray, *Gentlemen of Science: Early Years of the British Association for the Advancement of Science*, Oxford: Clarendon Press, 1981, p. 24.

　　根据历史学家莫雷尔和萨克雷的统计，英国科学促进会成立后六年间有 23 位核心人物，其中 10 人毕业于或任教于剑桥大学三一学院或都柏林大学三一学院，20 人是英国国教徒，10 人被授予圣职，属于"自由国教派"或"广派教会"。这些成员多有自己明确的政治主张，布鲁斯特、艾里、皮考克等 7 人是活跃的辉格党成员，巴贝治和泰勒是自由派，休厄尔等 6 人属于皮尔保守派。在英国科学促进会成立后，有 12 人接受过政府科学资助，有 13 人在 19 世纪三四十年代担任大学教职（见表 7-1）。可以说，这些科学家不但主导了当时英国科学研究的方向，同时为英国科学文化定下了基调。

　　除了核心成员，英国科学促进会有大批普通会员和难以计数的本地参与者。新近富裕起来的医生、棉布生产商、啤酒酿制商、冶铁厂主、煤矿主、化学品制造商、制陶商、工程师兼企业家、食品商人、药剂师、律师、宗教小团体领袖、学校教师都是科学促进会可以争取的对象。[①] 他们的加入意味着科学不再停留于特权阶层和上层文化，而是进入了广阔的社会范围，成为广大社会成员特别是工业资产阶级的文化价值观、生产和生活方式。各界人士各取所需，科学促进会的巡游活动因而调和了传统权力中心与周边现代化地区、工商业者与土地贵族、英国国教教会与不遵从国教者之间的尖锐矛盾。对于转型时期的英国社会来说，科学成为一服万金方，可以是"一项理性消遣、一种神学启迪、

---

① Jack Morreland Arnold Thackray, *Gentlemen of Science: Early Years of the British Association for the Advancement of Science*, Oxford: Clarendon Press, 1981, pp. 6-7.

一类高雅技艺、一种技术推动力、一味社会镇痛剂乃至一种思想上对新工业秩序的肯定"。①　史学家奈特总结说："科学既是公共知识，也是精英统治，是一种对社会进行动员的途径和一种通向现代化的工具。"②

　　科学的社会化发生时，必然要求对科学与其他人类活动进行划界以及设定从事科学活动人群的社会角色。此时这一主动权已经掌握在英国科学精英手中。1833 年，在英国科学促进会的会议上，他们造出了"科学家"（scientist）这一新英文词。休厄尔解释说：

　　　　过去三个夏季，在约克、牛津和剑桥的会议上，英国科学促进会的会员们明显感到存在一个问题：没有一个普通的词可以让这些绅士们用来形容自己以及别人的这种追求。"哲学家"（philosopher）这个词范围太宽、太高不可攀了，而且已经被柯勒律治先生恰当地排除在语言学家和形而上学学者之外。"学者"（savant）这个词显得太过傲慢，而且它是法文词而不是英文词。某些聪明的绅士提议，可以参照"艺术家"（artist）一词，造出"科学家"（scientist）这个新词。他们还补充说，自己造这个词没有太多顾虑，因为已经有了"一知半解的人"（sciolist）、"经济学家"（economist）和"无神论者"（atheist）

①　Jack Morreland Arnold Thackray, *Gentlemen of Science: Early Years of the British Association for the Advancement of Science*, Oxford: Clarendon Press, 1981, p. 12.

②　David Knight, *The Making of Modern Science: Science, Technology, Medicine and Modernity: 1789-1914*, Cambridge: Polity Press, 2009, p. ix.

这一类词，尽管它们没有被普遍接受。[1]

在此之前，英文中只有"科学人"（men of science）、"自然哲学家"（natural philosophers）、"化学家"（chemists）、"力学家"（mechanics）、"自然学家"（naturalists）等词。[2] 除了这些对专业人士的定义以外，占据修辞主流的还有一种启蒙时代知识分子的集体自觉。例如，"百科全书派"人物达朗贝尔在《论文人与伟人团体》（*Essai sur La Société Des Gens de Lettres et des Grands*）中说：

> 身为文人学者，如能明白最稳妥的赢得敬意的方式便是团结起来、自成一体，何其幸福！有了这个联盟，他们将不费吹灰之力在品位和哲学的所有方面为这个国家的其他人立法。[3]

柯勒律治在《教会与国家的构成》（*The Constitution of the Churchand State*）中也提出一个类似的"知识阶层"概念：

> 应该让少数人处于人文学科喷泉的喷头处来传播和增长

---

[1] William Whewell, "Review of the Connextion of Physical Sciences by Mrs. Somerville," *Quarterly Review*, London, 1834, pp. 58-59.

[2] 有关"科学人"（men of science）一词的含义，参见 Steven Shapin, "The Image of the Man of Science," *Cambridge History of Science*, Vol. 3, 2006, pp. 179-191。

[3] Jean le Rond D' Alembert, *Essai Sur La Société Des Gens de Lettres et Des Grands*, Loverval: Editions Labor, 2006, p. 73.

已经拥有的知识，来保护对物理学和科学的兴趣；再让他们成为组成教会各阶层的多数人的导师。这个群体应该分散到全国各地，让作为整体不可分割的一部分的最小教区的居民也不会没有向导、守护者和导师。①

相比具体专业人士称谓和启蒙时代的"文人学者团体"，"科学家"一词所代表的身份认同更具时代特色。它脱胎于英国科学促进会史无前例的科学造势活动，是英国工业革命和现代化过程中实现社会动员的实在要素。此外，这一新词在一定意义上是英国科学家对法国和德国已经领先的科学职业化进展做出的反应，但却不是英国科学职业化发展的结果或伴生物。

1858 年，在利兹举办的英国科学促进会第 28 届年会上，会长欧文（Richard Owen，1804—1892）回顾促进会成立 27 年来的活动，不无自信地说：

> 我们似乎正在实现培根的伟大哲学梦，这是他在《新大西岛》里面讲的。在这个崇高的寓言故事中，现代科学之父想象出一个他称为"所罗门宫"的机构，通过机构成员之口告诉我们，其成立是为了对事物和事物的神奇运动追根溯源，为人类帝国开疆扩土，直到最终能够实现一切可能实现的事物……实现"六天大学"伟大目标的途径是某些成员作

---

① Samuel Taylor Coleridge, *The Constitution of the Church and State*, 1830, p. 69, 转引自 Jack Morreland Arnold Thackray, *Gentlemen of Science: Early Years of the British Association for the Advancement of Science*, Oxford: Clarendon Press, 1981, p. 20.

为"光的商人""受委托巡访王国内各个主要城市"。这种培根式组织的特点正是英国科学促进会的主要形式。我们还努力实现了《新大西岛》中的其他目标，如对各个分支学科的成果进行系统性总结，我们出版的成卷报告便是证明。我们在裘园建立的机构在一定程度上实现了数学馆成员的想法。今天我们有了国家天文台、私人天文台、皇家学会、其他学会、英国博物馆、动物园、植物园、园艺花园，所有这些合起来实现了培根对遥远未来的设想。这一组织产生的最终结果大大超出了所有预期，我们实际运用归纳方法来拷问自然，结果是大获而归。[1]

---

[1] Richard Owen, "Report of the British Association for the Advancement of Science," London, pp. lii-liii, http://www.biodiversitylibrary.org/bibliography/2276.

第八章　学问元话语的解体与科学组织的专门化

自 18 世纪末开始，科学知识体系极大丰富，科学与非科学、科学的各个分支学科以方法论差异为基础开始分化，原来可供所有人交流的元话语逐渐消失。地方性和专业性科学机构蓬勃兴起，创造活力超过了皇家学会等几家老牌学会。而在更广泛的社会领域，科学期刊开始畅销不衰。英国科学发展从整体上呈现出一种地方城市超过首都、平民超过精英、专业代替综合的去中心化趋势。

第一节　第二次科学革命与科学分科

一　18 世纪末至 19 世纪上半叶的科学进展

18 世纪末至 19 世纪，科学以热和能量研究为先导，掀起了继近代早期科学革命之后的"第二次科学革命"。① 科学知识树迅速成长壮大，每一个分支学科都迅速再分化和整合。法国在理

① David Knight, *The Making of Modern Science*: *Science*, *Technology*, *Medicine and Modernity*: *1789-1914*, Cambridge: Polity Press, 2009.

论物理学和天文学方面保持领先地位，而英国的长项在实验科学方面，在化学、光学、热动力学、应用力学、数学、地质学等领域出现了一大批科学精英，提出了一系列新理论。

在化学领域，1774 年普利斯特列发现了"脱燃素气"（dephlogistic air）即氧气，1784 年 H. 卡文迪许（Henry Cavendish，1831—1810）又发现水由氢和氧化合而成。这两项发现成为拉瓦锡化学革命的关键证据。继拉瓦锡列出基础物质表之后，道尔顿于 1803—1804 年提出了原子理论，假定每一种基础物质拥有特定重量的原子。1816 年，蒲劳脱（William Prout，1785—1850）提出，所有物质原子的重量是氢原子重量的整数倍，原子理论从而得到了完善。新物质不断被发现：1804 年，沃拉斯顿（William H. Wollaston，1766—1829）发现金属钯及同族元素。戴维于 1806 年分离制得碱金属，1810 年发现单质氯，1813 年又发现碘。

牛顿开创的光学研究在这一时期有了飞跃发展。1801 年，托马斯·杨（Thomas Young，1773—1829）发表关于光与颜色的论文。1802 年，沃拉斯顿发表关于波动理论的论文。1802 年，托马斯·杨提出波的干扰理论。1810 年，托马斯·杨对晶体的不同折射角给出解释。1815 年，布鲁斯特分析得出偏光角计算定律。1817 年，托马斯·杨提出光的横向振动方式。1813 年，布鲁斯特研究光的折射和散射。1823 年，汉密尔顿（William R. Hamilton，1805—1865）发表关于焦散线的研究，为光学和经典力学做出重大贡献。

"能量"和"动力"成为科学家的研究对象，而这实际上也是工业革命的两个关键词。1775 年，布莱克（Joseph Black，1728—1799）测量潜热。1778 年，汤普森（Benjamin Thompson，1753—1814）完成摩擦生热实验。1799 年，戴维（Humphry Davy，1778—1829）发表关于热和光的论文。1801 年，道尔顿提出了蒸发理论，第二年他又解释了气体流体扩散原理。1803—1804 年，莱斯利（John Leslie，1766—1832）进行热辐射实验。1815 年，莱斯利进行地球温度实验。1800 年，尼科尔森（William Nicholson，1753—1815）和卡莱尔（Anthony Carlisle，1768—1840）用伏打电堆分解水，在电能和化学能之间建立起联系。1821 年，法拉第制成电动机，在电磁能和机械能之间建立起联系。

1775 年，马斯基林在苏格兰的希哈利恩山（Schiehallion）进行地球引力实验。1798 年，卡文迪许测算出地球密度。1819 年，凯特（Henry Kater，1777—1835）制造出可以测试当地重力加速度的秒摆仪。1821 年，萨拜因（Edward Sabine，1788—1883）周游世界，用秒摆确定实际地形偏离标准球形的程度，从而确定地球形状。

在天文学领域，1781 年，W. 赫舍尔（William Hershel，1738—1822）发现天王星。1786—1797 年，C. 赫舍尔（Caroline Hershel，1750—1848）发现 8 颗彗星。1802—1803 年，W. 赫舍尔观察到星云和双星。1824 年，J. 赫舍尔（John Hershel，1792—1871）观察双星；1825 年，J. 赫舍尔发表论恒星视差的论文。

地质学开始兴起。1785 年，地质学家哈顿（John Hutton，1726—1797）发表关于岩石形成理论的论文，到了 1802 年，普莱费尔（John Playfair，1748—1819）完成了《图说哈顿地质学理论》（"Illustrations of the Huttonian Theory"）。1815 年，史密斯（William Smith，1769—1839）引入"地层"一词。1830 年，赖尔（Charles Lyell，1797—1875）的多卷本《地质学原理》（*Principle of Geology*）出版。

在生物学方面，1810 年，布朗（Robert Brown，1773—1858）的《新荷兰与范迪门斯地植物志》（*Prodromus Florae Novae Hollandiae et Insulae Van Diemen*）出版。1811 年，贝尔（Charles Bell，1774—1842）论证了感觉神经和运动神经的差异。

到了 19 世纪 50 年代，化学、电学、磁学、热力学的研究成果整合后，产生了能量守恒定律。地质学、动物学、植物学、解剖学、生理学以及心理学的整合，使达尔文的生物进化论诞生。

科学进一步显示出方法上有别于其他知识类型的独特之处。19 世纪科学家对物质对象的严格定义与分类，对精密仪器和配套工具的制造和应用，对观察、实验和记录准确性的强调已经远远超出了培根的想象。复杂的数学计算、艰涩的术语、古怪的模型、抽象的符号渗入并开始主导培根式经验科学的发展。数学成为科学的通用语言，尽管科学家就数学仅仅是一种认识工具还是表达了事物的真实本质仍有分歧。J. 赫舍尔说："扎实而充足的数学知识，是满足各种精确探索的精良工具，不具备这些的话，没有人可以在科学的任何一个高级分支有丝毫进展，因为这些能够使他对这些学科范围内的讨论主题形成独到见解。"[1]

英国科学家与欧洲大陆同行相比，对数学工具的掌握不足。尽管牛顿开辟了数学与实验结合的典范，但是沿着他的路径走下去的英国科学家却不多。17世纪末在英国大学里讲授牛顿力学的，几乎只有爱丁堡大学天文学教授苏格兰学者格雷戈里和牛顿下一任的剑桥大学卢卡斯数学教授维斯顿。在数学的应用方面，只有哈雷（Edmund Halley，1656—1742）对牛顿原理中有关彗星轨道的工作感兴趣，并以其为基础计算出彗星轨道和回归周期。18世纪上半叶，英国的数学成就是爱丁堡数学家迈克劳林（Colin Maclaurin，1698—1746）对微积分的贡献。兰登（John Landen，1719—1790）于1775年证明双曲线的每一条弧都能够用椭圆的两条弧来表示。19世纪中期之前，英国科学家被认为对于理论力学和天文学没有很大贡献。[2]

英国科学家继承了培根的经验方法，对于数学方法的应用有一定排斥。在道尔顿提出原子量概念后，贝采利乌斯精确计算出物质反应的化学当量，然而汤姆森在肯定贝采利乌斯贡献的同时，却认为不必过于追求实验结果的数学精确性，他以一种简单

① David Knight, *The Making of Modern Science*：*Science*，*Technology*，*Medicine and Modernity*：*1789-1914*，Cambridge：Polity Press，2009，p.43.

② L. Pearce Williams and Henry John Steffens, *The History of Science in Western Civilization*，*Modern Science*，*1700-1900*，Vol.III，p.63.

方式得出了倍比定律的相关结论。①当时物理学领域已经引入四元数和矢量来描述力，但是休厄尔等剑桥学者却像 18 世纪狄德罗反驳达朗贝尔那样，认为数学的精确性遮蔽了事物的真相。道尔顿的原子模型和法拉第的电磁线都是最直观、最形象的科学语言，这也体现出培根科学传统只关注看得见、摸得着的实体对象的特点。

除了数学工具以外，实验过程同样用以保证科学论断的合理性和合法性。科学家越来越追求实验结果的精确性，对实验条件的要求也越来越高。17 世纪波义耳的实验室、18 世纪奥尔良公爵的实验室、18 世纪末普利斯特列的实验室都设在私人宅邸，与生活、社交空间不分开，而 19 世纪的实验室开始成为一个公共、独立的空间。实验室集中完成归纳和演绎、测试和记录、推导和验证等一系列步骤，成为科学知识生产的真正中心。1831 年，汤姆森在格拉斯哥大学建立实验室。1846 年，伦敦大学开设化学实验室。1860 年，牛津大学在博物馆有了实验设备。1871 年，卡文迪许实验室成立，成为世界顶尖的物理实验室。

化学、生物学、物理学实验室各自拥有专门仪器和配套装置。物理实验室对测量精度的要求高，生物实验室对无菌条件要求高，化学实验室的配置规格稍低。18 世纪末 19 世纪初化学实验室配有护目镜和围裙，19 世纪瓷坩埚、挥发皿、研钵、集气槽、通风橱成为标准装置。李比希在德国基森大学的化学实验室

①　Thomas Thomson，"On the Daltonian Theory of Definite Proportions in Chemical Combinations," *Annals of Philosophy*，Vol. 2，1813，p. 32.

改进冷凝管，发明了钾碱球。1860 年之后，光谱学被用于化学研究。沃拉斯顿发现金属铂后，将铂用于制造化学仪器。即便是法拉第在皇家研究院的《季刊》（*Quarterly Journal*）上发表的文章中的用于矿物分析的便携式实验箱，也拥有称重、研磨、加热、溶解、过滤、滴定、石蕊试纸等全套仪器。[①] 化学实验室仪器和试剂供应开始产业化，像阿卡姆（Frederick Accum，1769—1838）和耐特（Richard Knight，1768—1844）都是当时有名的供应商。实验室的造价不菲，19 世纪 60 年代苏黎世大学的实验室造价在 1 万英镑左右，波恩大学实验室造价约 2 万英镑，而柏林大学实验室造价更高。[②]

二　知识分类与划界

以方法论差异为基础，科学与非科学、科学各个分支学科之间的划界问题日益凸现出来。

17 世纪 60 年代，皇家学会成立之初，科学人所追求的"自然哲学"、"新哲学"、"科学"和"自然知识"是笼统的概念，包含各个知识门类。进入 18 世纪，有了"自然哲学"（natural philosophy）与"自然史或自然志"（natural history）之分，前者更强调数理知识传统，后者属于培根式经验科学。1703—1727 年，牛顿担任皇家学会会长期间，皇家学会在研究旨趣上明显偏

① David Knight, *The Making of Modern Science*：*Science*，*Technology*，*Medicine and Modernity*：*1789-1914*，Cambridge：Polity Press，2009，p. 132.

② David Knight, *The Making of Modern Science*：*Science*，*Technology*，*Medicine and Modernity*：*1789-1914*，Cambridge：Polity Press，2009，p. 144.

重自然哲学。牛顿卸任后，学会秘书朱林（James Jurin，1684—1750）在《哲学学报》第 34 卷致学会副会长福克斯（Martin Folkes，1690—1754）的题献中提及：

　　这位伟人（指牛顿）认识到：要成为一个哲学家，哪怕是最普通的那种，仅凭知道一只昆虫、一块卵石、一株植物或者一个贝壳叫什么名字、是何种形状并具备哪些性质是远远不够的，而要成为这个顶尖知识团体的领导者，需要具备的条件就更高了。我们所有人都记得他常说的一句话：自然志的确可以为自然哲学提供资源材料，但是自然志终归不是自然哲学……他还是把自然志看作哲学的婢女，她可以被雇来为她的女主人累积工具和材料，但是要彻底忽略自身，不在意自己地位卑下，哪怕有机会登上王位。①

18 世纪最后 20 年至 19 世纪头 20 年，班克斯担任皇家学会会长，皇家学会又偏重自然志。居维叶说：

　　到了这个时代，自然志开始站了起来，一改原来的恭谨卑下，或者说，那些急躁冒进的学科受到了抑制。②

---

① James Jurin, "Dedication," *Philosophical Transactionsof the Royal Society of London*, Vol. 34, No. 392, pp. A2 – A3, https://royalsocietypublishing.org/action/doSearch? AllField = dedication + to + Newton.

② Georges Cuvier, "Éloge Historique de M. Banks," *Mémoires de l'Académie des Sciences de l'Institut de France*, Tome 5, Paris: Gauthier-villars, 1821, p. 206.

　　进入 19 世纪，科学的分科更加细化，"自然哲学"成为一个过于笼统的概念。1808 年，法国国家研究院发布报告，对 1789 年法国大革命以来的科学成就进行总结。该报告将科学分为"自然科学"和"数学科学"两个部分，由研究院两位常任秘书即生物学家居维叶和天文学家达朗布赫（Jean Baptiste Joseph Delambre，1749—1822）分别草拟。"自然科学"对应原来的"自然志"，包括化学、解剖学、动物学、植物学等。"数学科学"包含天文学、地理学、数学物理学、力学和制造学等。化学在 17 世纪皇家学会成立之时还被笼统归于"自然哲学"，此时尽管已经实现了量化，却仍因为数学化水平低被归于"自然科学"。热力学和电学被归于化学一类。磁学自库仑发现库仑定理以来，偏重数学而不是简单的实验，反被归于"数学科学"。

　　1812 年，T. 汤姆森出版了《皇家学会史：从学会成立到 18 世纪末》（*History of the Royal Society，From Its Institution to the End of the Eighteenth Century*，1812）。该书将皇家学会成立以来的主要研究成果分为五类："自然志"、"数学"、"机械哲学"（mechanical philosophy）、"化学"以及"杂项"。"自然志"包含植物学、动物学和矿物学。"数学"相较于达朗布赫报告中的范围要小得多。"机械哲学"包含天文学、光学、力学、流体动力学、声学、航海技术、电学和磁学。"化学"包含纯化学（chemistry proper）、星相学、化学工艺与化工制造。"杂项"包含称重与测量、政治数学和古代学等。

　　根据汤姆森的分类，"自然志"仍然是一个范围很宽的科学分支领域，并且与 16—17 世纪一样依照研究对象分为动物、植物和矿物三类。但是，原来与"自然志"相并立的"自然哲学"已经不再被看作一个统一的领域。最纯粹的"数学"和最庞杂的"化学"都被单独列了出来。"机械哲学"比"自然哲学"的范围更加明确，不仅包含牛顿以来属于"自然哲学"的天文学、光学、力学，还包含电学和磁学等新门类。

"化学"原本是一门传统的工艺技术（art），17—18 世纪逐渐建立起了介于化学哲学和化学实践之间的化学理论体系，18 世纪末伴随拉瓦锡的工作初步实现了数学化。在这一过程中，由于化学深受自然哲学机械论的影响，化学研究通常被模糊地包含在自然哲学范围内。例如，《论火》的作者博尔哈弗被看作"自然哲学家"。1738 年，皇家学会秘书莫蒂默（Cromwell Mortimer，1693—1752）在《哲学学报》题献部分感谢自己的老师博尔哈弗，称他"将自己领上了哲学研究的道路"。[①] 进入 19 世纪，化学成为一个公认的独立科学门类，与自然哲学区分开来。汤姆森又进一步把"纯化学"单独列出，反映出当时纯粹化学与应用化学逐渐分离的大趋势。

"杂项"中的"古代学"（antiquities）包含考古、古币学、历史学、人类学、文物学。霍布斯将政治学和"文明哲学"并入自然哲学体系，然而汤姆森却将人文学科、社会科学与自然科学主流区分开来。

---

① Cromwell Mortimer, "Dedication to Herman Boerhaave," *Philosophical Transactions of the Royal Society of London*, Vol. 39, No. 436, London, MDCCXXXVIII.

到了 19 世纪 30 年代，休厄尔系统阐述了科学与非科学的划界、科学的分类以及科学统一性问题。1834 年，在为萨默维尔（Mary Somerville，1780—1872）的著作《各种物理科学之联系》（*On the Connexion of the Physical Sciences*）撰写评论时，他指出人类知识已经呈现出"分离和解体的趋势"。[1]

首先是自然科学与人文知识的分离。休厄尔说：

> 要是像霍布斯那样的道德学家涉足数学领域，或者像歌德那样的诗人步入实验科学的天地，他会遭遇矛盾或者被轻视。实际上，他闯入对自己来说是陌生的另外一个领域，得不到什么好处，因为感觉和思维习惯的分离已经导致令其中一方制胜的东西会对另一方造成破坏。[2]

继而是科学知识体系的分化以及研究者的专业化。他指出：

> 我们接受了"一个天才只适合一门科学"这个道理。数学家远离了化学家，化学家与自然志学家（naturalist）分开了。数学家又分为纯数学家和复合数学家（mixed mathematician），后者又很快离开了数学家群体。化学家可能是电化学家，如果是的话，他将普通化学分析留给了其他

① William Whewell, *Philosophy of the Inductive Sciences*：*Founded Upon Their History*, London, MDCCCXLVII, p. 58.

② William Whewell, *Philosophy of the Inductive Sciences*：*Founded Upon Their History*, London, MDCCCXLVII, p. 58.

人。在数学家和化学家之间，可以插进去"物理学家"
（physicien）（我们英文中没有这个词），他们研究热和潮湿
等问题。[①]

在这番评论中，休厄尔造出"物理学家"这个新词，将数
学、物理和化学并立为自然科学三大学科，还将"纯数学家"与
"复合数学家"区分开来。对这些语词的划分对应了19世纪的科
学发展趋势。

1837年，休厄尔出版了《归纳科学史》（*History of Inductive
Sciences*）。书中将"归纳科学"（inductive sciences）作为"自然
知识"的代名词。化学重分析，地质学重动态变化，植物学靠分
类，物理学重机械力学，所有这些学科看似不同，实则统一于对
归纳方法的运用上。1814年威尔斯（Charles Wells，1757—
1817）著名的露水实验，即在不同温度、压强等外界条件下分析
露水的性质，此时被看作归纳科学研究的典型范例。

1840年，休厄尔的两卷本《归纳科学哲学：以科学史为基
础》问世，书中将"物理科学"（physical sciences）当作"归纳
科学"的一个重要分支，通过研究前者的内史来寻找后者的本
质。除了物理科学，"归纳科学"还包含人类学、政治经济学、
语言学等，这些被他列为不够客观和中性的科学。根据休厄尔的
观点，各个分支学科的相通之处不在于它们都以物质世界的一部

---

① William Whewell, *Philosophy of the Inductive Sciences*：*Founded Upon Their History*，London，MDCCCXLVII，p. 59.

分为研究对象，也不在于它们都要应用经验方法，而在于一些基本的理论预设，即科学统一于"真理的本质"。[①]

　　科学分类与划界问题的出现，既是科学知识体系发展到一定阶段的必然结果，同时也是科学排他性出现的标志。无论在科学家的修辞上，还是在现实操作中，科学越来越成为一种需要高水平技能的学问，不但需要动手实验和精细观察的能力，还需要数学、逻辑学的严格训练，此外还需要花费相当长的时间来掌握本领域的术语和符号。即便是像植物学这类依赖世界各地田野考察的学科，也需要掌握复杂的命名体系。这样一来，浅尝辄止的业余爱好者越来越难以进入相关领域，原来可供所有人交流的一套"元话语"已经消失不见。

第二节　地方性与专业性科学机构的兴起

　　18 世纪 30 年代以前，皇家学会一直是英国科学的中心。大多数英国顶尖的科学家都是皇家学会会员。学会主办的《哲学学报》稳定刊行，引领了英国乃至整个欧洲的科学前沿。学会成员积极为官方献计献策，更加巩固了整个学会的权威地位。除了皇家学会以外，皇家医学院、格雷歇姆学院、格林威治皇家天文台也从事高水平的科学活动。然而，伴随科学知识体系的极大丰富和迅速分化，英国的科学资源不再集中于伦敦少数几家科学机

---

　　① 　William Whewell, *Philosophy of the Inductive Sciences*: *Founded Upon Their History*, London, MDCCCXLVII, p. vii.

构。新学会如雨后春笋一般出现在各个新兴的工业城市，专业学会的发展势头超过综合学会，平民出身的专家代替上层人士成为新的科学精英。整个科学体系呈现出一种去中心的发展趋势。

1754 年，技术、制造与商业促进会（Society for the Encouragement of Arts，Manufactures，and Commerce）又名技术学会（Society of Arts）在伦敦成立。该学会创办人希普利（William Shipley，1715—1803）原本只是住在北安普敦的无名画家，他见当地马市靠赛马兴旺，便想到通过奖励少数优胜者的办法带动整个工商业发展。他曾高买低卖燃煤来帮助当地穷人御冬，其人颇有一种公共精神，遂想出了众人筹款设奖的办法。① 于是他前往伦敦，联络植物学家和生理学家霍尔（Stephen Hale，1677—1761）等几位皇家学会会员，共同建立了具有上述功能的技术学会。技术学会实现了皇家学会成立之初发展工商业和实用技术的设想，它的成立意味着实用技术与应用科学在科学组织形式上走向独立。1817 年，艾金（Arthur Aikin，1773—1854）担任技术学会秘书后，学会增加了宣读论文、做专利广告等活动内容。1847 年，学会得到国王特许状，成为皇家技术学会。1851 年，技术学会参与举办了盛况空前的伦敦世界博览会。

1731 年，在苏格兰思想启蒙运动的推动下，爱丁堡哲学会（Philosophical Society of Edinburgh，1731）成立。苏格兰数学家迈克劳林效仿皇家学会和欧洲大陆的科学院，在原来苏格兰医学

---

① K. W. Luckhurst，"William Shipley and the Society of Arts：The History of an Idea，" *Journal of the Society of Arts*，Vol. 97，No. 4790，March 1949，pp. 262-283.

会的基础上创办了该机构。莫顿伯爵十四世道格拉斯（James Douglas，1702—1768）成为第一任会长。1739年，这家机构有46名会员。就研究问题的广度与论文质量而言，早期爱丁堡哲学会不及皇家学会，但是与当时的波尔多学院、柏林科学院和圣彼得堡科学院旗鼓相当。[①] 1783年，爱丁堡哲学会获得了国王颁发的特许状，成为爱丁堡皇家学会（Royal Society of Edinburgh，1783）。1786年，爱丁堡皇家学会开始刊行《爱丁堡皇家学会学报》（*Transactions of the Royal Society of Edinburgh*）。

1731年，都柏林农牧业、制造业与其他实用技术学会（Dublin Society for Improving Husbandry，Manufactures and Other Useful Arts，1731）成立。1820年，该学会获得乔治四世国王的资助，更名为皇家都柏林学会（Royal Dublin Society，1820）。学会成立的初衷是推动科学与技术进步，但是实际上却成为一个文化艺术中心，拥有自己的绘画学校，资助培养了一大批画家和雕塑家。

19世纪上半叶，伦敦新成立的综合性科学机构有两家，即1800年的皇家研究院和1831年的英国科学促进会。地方上出现了很多综合性科学机构，如巴斯皇家文学与科学研究院（Bath Royal Literature and Scientific Institution，1825）、剑桥哲学会（Cambridge Philosophical Society，1819）、兰卡斯特文哲会（Leicester Literary and Philosophical Society，1835）、牛津郡阿什莫利自然志学会（Ashmolean Natural History Society of Oxfordshire，

---

① Roger L. Emerson，"The Philosophical Society of Edinburgh，1737-1747，" *The British Journal for the History of Science*，Vol. 12，No. 2，1979，pp. 154-191.

1828）、彭赞斯自然志与古文物学会（Penzance Natural History and Antiquarian Society，1839）、约克郡哲学会（Yorkshire Philosophical Society，1822）、皇家苏格兰技术学会（The Royal Scottish Society of Arts，1821）、皇家格拉斯哥哲学会（Royal Philosophical Society of Glasgow，1802）、佩斯利哲学院（Paisley Philosophical Institution，1808）、贝尔法斯特自然志与自然哲学会（Belfast Natural History and Philosophical Society，1821）等。[1]

最早的一批专业科学机构由皇家学会会员创办，地址多在伦敦。1788年，史密斯（James Smith，1759—1828）创办了专门研究分类学和自然志的伦敦林奈学会（Linnean Society of London，1788）。[2]林奈学会的著名会员包括《物种起源》作者C.达尔文（Charles Darwin，1809—1882）、达尔文的竞争者生物学家华莱士（Alfred Russel Wallace，1823—1913）、完成了南美洲亚马孙河考察的植物学家贝茨（Henry Walter Bates，1825—1892）、提出布朗运动的植物学家布朗等人。

1807年，伦敦地质学会（Geological Society of London，1807）成立。1820年，天文学会（Astronomical Society）成立。1821年，医学与植物学会（Medico-botanical Society）成立。1826年，伦敦动物学会（Zoological Society of London）成立。

---

[1] 各科学机构的成立日期参照 Anonymous, *Scientific and Learned Societies of Great Britain：A Handbook Complied from Official Source*s, Vol. 27, London：Charles Griffin and Company, Limited，1910。

[2] 瑞典植物学家林奈发明了植物分类的双名命名法。

1830 年，地理学会（Geographical Society，1830）成立。这些专业学会一开始依附皇家学会，但是很快就自立门户。地方上新成立的专业学会更多，如爱丁堡皇家物理学会（Royal Physical Society，1771）。

根据莫雷尔与萨克雷的统计，1780—1850 年，英国科学团体的总数从 4 个增加到 102 个（见表 8-1）；位于伦敦、爱丁堡和都柏林的专业科学团体从 2 个增加到 25 个（见表 8-2）；地方城市的专业性科学团体增至 42 个（表 8-3）；位于伦敦、爱丁堡和都柏林的综合性科学团体数量只从 2 个增加到 5 个（见表 8-4）；地方性科学团体从无到有，地方城市的综合性科学团体增至 30 个（见表 8-5）。

表 8-1　1780—1850 年英国科学团体总数

单位：个

年份	1780	1790	1800	1810	1820	1830	1840	1850
数量	4	8	10	15	26	40	70	102

资料来源：Jack Morreland Arnold Thackray，*Gentlemen of Science*：*Early Years of the British Association for the Advancement of Science*，Oxford：Clarendon Press，1981，p.13。

表 8-2　1780—1850 年英国位于伦敦、爱丁堡
和都柏林的专业科学团体数量

单位：个

年份	1780	1790	1800	1810	1820	1830	1840	1850
数量	2	2	2	3	5	7	17	25

资料来源：Jack Morreland Arnold Thackray，*Gentlemen of Science*：*Early Years of the British Association for the Advancement of Science*，Oxford：Clarendon Press，1981，p.13。

表 8-3　1780—1850 年英国位于地方城市的专业科学团体数量

单位：个

年份	1780	1790	1800	1810	1820	1830	1840	1850
数量	0	0	0	1	5	8	20	42

资料来源：Jack Morreland Arnold Thackray, *Gentlemen of Science: Early Years of the British Association for the Advancement of Science*, Oxford: Clarendon Press, 1981, p. 13。

表 8-4　1780—1850 年英国位于伦敦、爱丁堡
和都柏林的综合性科学团体数量

单位：个

年份	1780	1790	1800	1810	1820	1830	1840	1850
数量	2	4	4	4	4	4	5	5

资料来源：Jack Morreland Arnold Thackray, *Gentlemen of Science: Early Years of the British Association for the Advancement of Science*, Oxford: Clarendon Press, 1981, p. 13。

表 8-5　1780—1850 年英国位于地方城市的综合性科学团体数量

单位：个

年份	1780	1790	1800	1810	1820	1830	1840	1850
数量	0	2	4	7	12	21	28	30

资料来源：Jack Morreland Arnold Thackray, *Gentlemen of Science: Early Years of the British Association for the Advancement of Science*, Oxford: Clarendon Press, 1981, p. 13。

第三节　科学期刊

19 世纪是科学期刊出现并迅速发展的时代，比 18 世纪严谨专注，比 20 世纪朝气蓬勃。19 世纪初，全世界范围内的科学期刊约有 100 种，而 19 世纪末增长到 1 万种。[1] 英文科学期刊的数

---

[1] Sally Shuttleworth and Berris Charnley, "Science Periodicals in the Nineteenth and Twenty-first Centuries," *Notes and Records of the Royal Society of London*, Vol. 70, No. 4, December 2016, pp. 297-304.

量要远多于法文、德文及其他欧洲语言。科学期刊作为科学共同体的载体，在组织形式上比科学机构松散很多，但是就传播科学知识的广度与建立科学规范的效率而言，分量却要大于科学团体。

19世纪早期，科学期刊多由私人兴办。1797年，英格兰人尼科尔森（William Nicholson，1753—1815）创办了第一份商业性质的科学期刊《尼科尔森自然哲学、化学与技术期刊》（*Nicholson's Journal of Natural Philosophy，Chemistry and the Arts*，1797—1813）。该刊内容涉及自然志、力学、热力学、光学、化学、测量学、普通地理学、天文学和理论物理学。自1797年4月创刊至1813年12月停刊，刊载文章多达2860篇，外加大量各学会活动信息。① 编写工作由尼科尔森与众多作者合作完成。该刊一经刊行便大获成功，但是却很快陷入激烈的市场竞争，最终被迫停刊。据后来汤姆逊说，该期刊采用四开本的形式，在一定程度上限制了刊行范围。②

1798年，苏格兰人提劳施（Alexander Tilloch，1759—1825）在格拉斯哥创办了《哲学杂志》（*The Philosophical Magazine*）。《哲学杂志》是《尼科尔森自然哲学、化学与技术期刊》的有力竞争对手，内容更加宽泛，涵盖"科学的各个分支、文科与精细艺术、农业、制造业与商业"，也更接近普通读者，它宣称"要将哲学知识传播到社会每一个阶层，要尽可能早地向大众描述国

---

① 参见《尼科尔森自然哲学、化学与技术期刊主题索引》，https：//www.nicholsonsjournal.co.uk。

② T. Thomson，"Preface，"*Annals of Philosophy*，Vol.1，January 1813，https：//www.biodiversitylibrary.org/item/164181#page/17/mode/1up。

内和大陆科学界发生的每一件新闻趣事"。① 它的发行范围也比《尼科尔森自然哲学、化学与技术期刊》要广得多,首刊封面上印有伦敦 10 家经销商的名字和地址。首刊的第一篇文章便是关于 E.卡特莱特(Edmund Cartwright,1743—1823)于 1797 年申请专利的蒸汽机,显示出较高的新闻敏感度。

一些不靠发表原创性科学论文的刊物也在伦敦流行。例如,月刊《技术、制造与农业储库》(*Repertory of Arts*,*Manufactures*,*and Agriculture*)刊发专利局新公布的专利说明书,并转载《哲学学报》和其他英法科学期刊论文。季刊《哲学、力学、化学与农业发现回顾》(*Retrospect of Philosophical*,*Mechanical*,*Chemical*,*and Agricultural Discoveries*)对各学会期刊内容进行摘录。

1812 年,T. 汤姆森创办了《哲学年鉴》(*Annals of Philosophy*,1813—1826)。第一期的内容分为四类,即论文、书评、科学信息和各学会会议纪要。这些学会包括皇家学会、林奈学会、沃纳学会(Wernerian Society)以及法国国家研究院,汤姆森承诺未来将加上地质学会。《哲学年鉴》还附有新公布的专利以及气象表。②

早期的独立办刊者对于科学期刊的角色作用有明确认识。《哲学年鉴》的首刊序言开篇便说:"现代人胜过古代人之处与

---

① *The Philosophical Magazine*,ser. 1,Vol. 1-2,1798,p. A2,https://babel.hathitrust.org/cgi/pt? id=mdp. 39015035394231&view=1up&seq=11&size=125.

② *Annals of Philosophy*,Vol. 1,January 1813,https://www.biodiversitylibrary.org/item/164181#page/1/mode/1up.

其说是知识之广（尽管这点也很重要），毋宁说是知识传播之广。"[1] 办刊者还认识到，科学期刊首先解决的是科学共同体内部的分工问题，而分工问题在更深层意义上关乎科学发现的优先权。汤姆森说：

> 常常有两人或多人从事同一事业、出版同主题作品、做出相同的发现，彼此之间却全然不知。科学劳动没有充分的分工，一个又一个劳动者沿着偏僻而无利可图的路径前行。有了期刊以后，就免去了靠书信往来的烦琐工作。每一项科学发现都能够及时得到公布，不需要进行无意义的劳动。而且，不同的人分享发现，各种意见交锋、兴趣冲突，竞争可以得到保持和推动。[2]

继《哲学年鉴》后，《科学技术期刊》（*Journal of Science and Arts*，1816—1830）、《爱丁堡哲学期刊》（*Edinburgh Philosophical Journal*，1819—1864）、《爱丁堡科学期刊》（*Edinburgh Journal of Science*，1824—1832）相继创刊。

到了 19 世纪中期，科学的分科日益明显，各学会创办的专业期刊开始取代私人创办的商业期刊。例如，机械师学院创办了《机械师杂志》（*Mechanics Magazine*）。中部地区的一些学会联合

---

① T. Thomson, "Preface," *Annals of Philosophy*, Vol. 1, January 1813, p. 1, https：//www.biodiversitylibrary.org/item/164181#page/17/mode/1up.

② T. Thomson, "Preface," *Annals of Philosophy*, Vol. 1, January 1813, p. A2, https：//www.biodiversitylibrary.org/item/164181#page/17/mode/1up。

创办了《中部地区自然学家：中部地区自然志、哲学、考古学会与野外俱乐部联合学报》（*Midland Naturalist：The Journal of the Associated Natural History，Philosophical and Archaeological Societies and Field Clubs of the Midland Countries*，1878—1882）。《哥凯特显微学俱乐部期刊》（*Journal of the Quekett Microscopical Club*，1865—）是面向业余显微镜观察者的准专业期刊。

在各类学术期刊中，以自然志领域刊物受众最广。19 世纪中叶以后的流行刊物有《园艺爱好者纪事》（*Gardeners' Chronicle*，1841）、《科学闲谈》（*Science Gossip：Monthly Media for Interchange and Gossip for Students and Lovers of Nature*，1865—1910）、《学术观察者》（*The Intellectual Observer*，1863）、《知识》（*Knowledge*）和周刊《自然》（*Nature*，1869）等。就连达尔文都从《园艺爱好者纪事》中获取研究资料。[①]

《科学闲谈》的零售价是 4 便士，邮寄售价为 5 便士，数倍高于伦敦裘园 1 便士的门票价格，又远低于格兰维尔（Augustus Bozzi Granville，1783—1872）的《科学无大脑》（"Science without a Head"，1830），其售价 3 先令即 36 便士。对于普通读者来说，这一阅读消费基本划算。

自然志刊物因其学科的田野调查特点，有意面向业余爱好者。《科学闲谈》"将不爱出风头的自然爱好者联合起来，组成每月一次的伙伴关系"。《中部地区自然学家：中部地区

---

① Sally Shuttleworth and Berris Charnley，"Science Periodicals in the Nineteenth and Twenty-first Centuries," *Notes and Records of the Royal Society of London*，Vol. 70，No. 4，December 2016，pp. 297−304.

自然志、哲学、考古学会与野外俱乐部联合学报》的编者史密斯（Worthington George Smith，1835—1917）说，该刊物的许多读者"可能是自学人士，每个工作日都要忙于做工"，并特意提及他自己"从来没有师从哪一位艺术老师或者科学老师，只不过总是让自己拥有切近的观察、仔细的研读、经验以及持久的耐力"。① 实际上，这些刊物把学者、普通读者、样本采集者、动植物版刻画家、科学出版人联系在一起，组成了一个庞大的知识生产共同体。像《科学闲谈》以业余植物学家学会（Society of Amateur Botanists）为基础，聚集了编辑兼艺术家 M. 库克（Mordecai Cubitt Cooke，1825—1914）、自然志家兼雕刻艺术家史密斯、雕刻家兼显微学家鲁夫（George Ruffle，? —1916）、出版商人哈德维克（Robert Hardwicke，1822—1875）等人。

尽管如此，自然志刊物同样不可避免地反映出分科的大趋势。19世纪下半叶，出现了专门针对昆虫学研究的《昆虫学家每周通讯员》（*Entomologist's Weekly Intelligencer*，1856—1861）、《昆虫学家月刊》（*Entomologist's Monthly Magazine*，1864）、《昆虫学家》（*Entomologist*，1864）、《昆虫学家记录与变异学报》（*Entomologist's Record and Journal of Variation*）等。《昆虫学家每周通讯员》开始区分专业昆虫学家和只收集昆虫标本的人，《昆虫学家月刊》不再面向单纯的标本收集者，《昆虫学家记录与变异学报》的关注重点超越了系统分类，更多在理论层面上讨论达

① Geoffrey Belknap, "Illustrating Natural History: Images, Periodicals, and the Making of Nineteenth-century Scientific Communities," *British Journal for the History of Science*, Vol. 51, No. 3, Semptember 2018, pp. 395-422.

尔文的生物学进化论。[①] 很难说是昆虫学家对昆虫的分类快，还是他们彼此之间的分类快。即便是像《科学闲谈》这类综合性刊物，栏目设置也开始体现学科的划分。1892 年《科学闲谈》第 28 卷 332 期目录上，在《织毛虫笔记》《缨小蜂》等具体文章题目下，单独列出"显微学"（microscopy）、"动物学"（zoology）、"植物学"（botany）和"地质学"（geology）几个领域。

---

① Matthew Wale，"Editing Entomology: Natural-history Periodicals and the Shaping of Scientific Communities in Nineteenth-century Britain," *British Journal for the History of Science*, Vol. 52, No. 3, September 2019, pp. 405–423.

第九章　英国科学衰落论与 19 世纪上半叶的改革

伴随 19 世纪科学与技术的联姻以及科学进入社会生活各个层面，科学承载的社会期望越来越高。科学被认为有责任引领社会的进步，被当作一种国力和国运的象征，还被纳入宗教与伦理讨论。与此同时，原来的业余科学传统与私人资助体系越来越难以容纳大量出身中产阶级和平民阶层的科学实践者。于是，19 世纪 20 年代末，英国出现了一种哀叹本国科学日渐式微的思想舆论。随后，皇家学会等科学机构启动了专业化改革，英国科学教育初步发展起来。

第一节　英国科学衰落论

19 世纪初，英国人以本国科学成就为荣，毫不怀疑皇家学会是欧洲和世界科学的中心。T. 汤姆森在《皇家学会史》序言结尾处说：

> 自学会成立以来，科学人活跃而成功，现在英国几乎每

一位科学人都成为这个学会的会员，本书实际上将会涵盖过去 150 年英国科学进步的历史。通过将这一进步与每一门学科当前的状况相比较，我们一眼就能发现每一门学科的哪一个部分源自英国，哪一个部分源自大陆。这种比较性的观点让英国读者不由得欣然自喜。我们绝不想低估大陆杰出哲学家的成就，他们人数众多、令人敬仰。但是，凭借一个自由的政府带来的巨大优势，英国首创的科学发现确实远远多于按照国家人口比例计算出来的它应占的份额。[①]

但是，当英国用工业革命累积的技术实力打赢了拿破仑战争之后，英国科学家却看到了法国在科学上的明显优势。巴黎科学院与皇家学会都成立于 17 世纪 60 年代，但是巴黎科学院的 44 位终身院士由政府发放津贴。巴黎天文台与格林威治天文台、巴黎植物园（Jardin des Plantes）与伦敦裘园的地位和影响相当，但是这些法国科学机构有政府的资金支持。巴黎植物园还含有一个自然志博物馆和一个动物园，居维叶和拉马克（Jean-Baptiste Lamarck, 1744—1829）有官方的正式任命。1797 年，国家技术与商业博物馆（Conservatoire des Arts et Metiers）在巴黎成立。法国大革命期间，战时的需要催生了巴黎高师（Hautes Ecoles）和理工学校（Ecole Polytenique）一类专门的科学机构。尽管 18 世纪末有拉瓦锡之死，众多科学院精英遭离乱之苦，但是 19 世纪初的法国

---

① Thomas Thomson, *History of the Royal Society: From Its Institution to the End of the Eighteenth Century*, London: Rebert Baldwin, 1812, Cambridge: Cambridge University Press, 2011, p. 16.

很快成就了拉普拉斯（Pierre-Simon Laplace，1749—1827）和贝托莱（Claude-Louis Berthollet，1748—1822）的科学生涯，为泊松和盖·吕萨克提供了从研究生到教授的职业阶梯。

18 世纪末，普利斯特列与拉瓦锡分别是燃素论支持者和反对者的代表，两人都能拿出实验数据，实验过程的量化水平也相当，但是前者却最终输给后者，其中不排除机构性支持的差距：普利斯特列所属的明月社只是伯明翰地区的业余小团体，而巴黎科学院却是法国的国家科学中心。1801 年戴维用电流分解钾碱得到金属钾后，想要建一个性能更稳定的电池堆，预算 600 英镑，可是当时皇家研究院一年购买科学仪器和化学试剂的预算也不过 140 英镑，戴维不得不以爱国的名义在皇家研究院发动众筹，而巴黎的电池堆却在拿破仑的大力支持下很快便建好。[1]

不但法国，德国的发展也让英国科学家感到强烈的反差。19 世纪 20 年代，李比希在德国基森大学建立化学实验室，培养出化学专业的研究生。曼彻斯特的化工厂、印染厂招收的化学专业技术人员有相当一部分是从李比希实验室毕业的德国人和苏格兰人。

1830 年，英国数学家和工程师巴贝治发表了《论英国科学之衰落》，世纪初的自豪情绪已经完全演变成唱衰之声。该文指出："最近有很多批评之声针对不同科学实体的表现及主管官员，严厉批评其成果产出状况。"[2] 作者认定，英国的科学已经落后于

---

① David Knight, *The Making of Modern Science: Science, Technology, Medicine and Modernity: 1789-1914*, Cambridge: Polity Press, 2009, p.132.

② Charles Babbage, "Reflections on the Decline of Science in England and on Some of Its Causes," *The Works of Charles Babbage*, ed., Martin Campbell-Kelly, New York: New York University Press, 1989, p. x.

德国和法国。^①

巴贝治追根溯源，从大学教育开始：

> 一个年轻人从我们的公立学校进入大学，他几乎对每一类有用的知识都一窍不通。而在大学这类最初针对神职的机构，对古典知识与数学的追求几乎是满足学生们热望的唯一目标。^②

他又以皇家学会等 13 个科学机构为例，指出英国各个科学团体的成员多出身贵族。这些"自由而不受约束的人"原来被认为最适合做学问，现在却成为科学职业化的障碍："在英格兰，对科学的追求不像其他很多国家那样构成一个专门的职业。"^③

巴贝治指出，大学和学会如果都不能够提供专业训练的话，则没有相应的职业阶梯供年轻人从事纯科学研究，^④ 而非职业化造成的突出问题是：在某些艰深的知识领域，只有通过常年不间断的投入研究才能对其知识进行判断，而公众很难找到某些方法

---

① Charles Babbage, "Reflections on the Decline of Science in England and on Some of Its Causes," Martin Campbell-Kelly ed., *The Works of Charles Babbage*, New York: New York University Press, 1989, p. vii.

② Charles Babbage, "Reflections on the Decline of Science in England and on Some of Its Causes," Martin Campbell-Kelly ed., *The Works of Charles Babbage*, New York: New York University Press, 1989, p. 2.

③ Charles Babbage, "Reflections on the Decline of Science in England and on Some of Its Causes," Martin Campbell-Kelly ed., *The Works of Charles Babbage*, New York: New York University Press, 1989, p. 6.

④ Charles Babbage, "Reflections on the Decline of Science in England and on Some of Its Causes," Martin Campbell-Kelly ed., *The Works of Charles Babbage*, New York: New York University Press, 1989, pp. 15-19.

来区分哪些人只懂皮毛、哪些人是有真正高水准的。① 他强调政府对科学进行经济投入的必要性，并且还补充说：对纯科学的投入也可以获得收益，政府对科学的投入也可以像个人投资那样出于谨慎和经济的考虑。②

巴贝治本人作为一名杰出的数学家，经历了政府投资的起起落落。1823 年，巴贝治开始制造差数机（Difference Engine），即一种早期的计算机。当时《哲学杂志》、《爱丁堡评论》和《科学论文集》（*Scientific Memoirs*）等期刊就巴贝治的差数机和更复杂的分析机（Analytical Engine）展开大量讨论。英国政府投资支持他的研究，前后共投入 17000 英镑。这笔钱用来购置原材料和支付工人工资，巴贝治本人得不到任何报酬。1834 年初，他暂停了差数机项目，开始研制比差数机计算速度更快、功能更强大的分析机。但是，政府只允许重启差数机项目，不同意他进行分析机的研制。

1833—1842 年，巴贝治不断向政府申请经费研制分析机，却始终没有得到批准。在下议院，只有来自拉姆贝斯（Lambeth）的一名代表霍尔斯（Hawes）表示支持。最后，财政部大臣写信给巴贝治说：政府考虑到经费的支出问题，决定放弃差数机制造项目。巴贝治在有生之年没有能够制造出分析机，只留下大量草

---

① Charles Babbage，"Reflections on the Decline of Science in England and on Some of Its Causes," Martin Campbell-Kelly ed.，*The Works of Charles Babbage*，New York：New York University Press，1989，pp. 15-19.

② Charles Babbage，"Reflections on the Decline of Science in England and on Some of Its Causes," Martin Campbell-Kelly ed.，*The Works of Charles Babbage*，New York：New York University Press，1989，pp. 7-9.

图、一些机器部件和一间工作室。他去世后，他的儿子 H. 巴贝治（Henry Babbage，1824—1918）整理出版了他的研究成果，并回忆父亲当年申请政府投资的艰难过程：

> 这种悬而未决状态贻害无穷，使得巴贝治无法与其他国家政府签订分析机合同。本可以聘用更多助手使他的才能有用武之地，而不是空耗在一些琐碎事务上，这些事务本可以由其他人全力处理。另外，出于谨慎的考虑，必然想到要有连续数年的巨额花费。这方面考虑引发了对风险的愈发担心，免不了想到人生无常，力有不逮，这种想法经常分散注意力，折磨心神……①

后来的科学史记述，英国政府对科学的"无为"态度造成了英国错失计算机制造的先机。但是，如果深入了解这位早期计算机发明家申请政府资金无望的具体过程，可以看到此时的英国政府在科学投入方面尚处于试探性阶段，并非拒绝投入，而是小心谨慎，缺乏标准。无论如何，巴贝治对英国科学现状的不满代表了当时的一种主流舆论。这一时期，《爱丁堡评论》持有同样的论调：

> 有关国家的人才，有一个问题着实令人费解。欧洲各国

---

① Henry Babbage, ed., *Babbage's Caculating Engine*：*Being a Collection of Papers Relating to Them*；*Their History, and Construction*, London：E. and F. N. Spon, 125, Strand, 1889, Cambridge：Cambridge University Press, 2010, p. 2.

公认的有识之士最多的国家，却在最近 70 或者 80 年间在科学发展方面比不上它的邻国，可是科学需要投入最好和最稳定的智识。该国在拥有各种数学发现之后，紧接着便出现了这种懈怠。①

皇家学会作为英国科学的骄傲，承受了巨大的舆论压力。当时意大利籍皇家学会会员格兰维尔在《科学无大脑》中描述说：

> 如果读一读最近出版的关于皇家学会状况的各种书籍、小册子、评论文章、报纸段落以及一些皇家学会会员的匿名书信——这些会员最近几个月在公众面前突出自己的重要性，不免让人想象：像太阳一样伟大的英国科学变得完全黯淡无光，一种彻底的黑暗、地震和动乱将要降临到这个充满热忱的国家。②

19 世纪 30 年代"英国科学衰落论"的产生和流行与多种因素有关。一是伴随科学知识体系的急剧分化和迅猛增长，专业化比博学传统更具竞争优势，无论就学科整体发展还是就单纯个人研究方法而言都是如此。所以支持博学传统的英国业余科学传统和私人资助体系显得跟不上时代。二是英国进入工业化阶段后，社

---

① 转引自 George Foote, "The Place of Science in the British Reform Movement, 1830-1850," *Isis*, No. 42, 1951, pp. 192-208。

② Augustus Bozzi Granville, *Science without a Head*, *or Science Dissected*, London: Published by T. Ridgway, 1830, p. B, https://babel. hathitrust. org/cgi/pt? id=osu. 32435005087222&view =image&seq=8。

会流动加速，大量平民子弟进入科学共同体并期望通过科学生涯实现社会进阶。于是，英国科学共同体内部产生了基于学科专业化的对外排他性和针对等级制度的平权意识。在 19 世纪资本主义国家竞争的大背景下，这些思想倾向不难找到出口，即将法国的高度集中式科学体制与德国的专业化科学教育当作标准模式来抨击本国现状。当然，不可否认，衰落论者也的确看到了科学发展的一种现实趋向，即 19 世纪欧洲工业革命和社会现代化转型对于科学产生了巨大的需求，让传统的科学组织模式变得不合时宜、难以为继。

第二节　皇家学会的专业化改革

巴贝治发表《论英国科学之衰落》之时，正是皇家学会的困难时期。1820 年，国王乔治三世和班克斯双双辞世，英国社会和皇家学会长期积压的矛盾也都爆发了出来。时值拿破仑战争刚刚结束，英国经济衰退，中产阶级和工人激进派批评托利党执政无能，痛斥王室奢侈靡费，并要求扩大选举权，取消挂名闲职和赠官制度。皇家学会作为上层人士俱乐部自然避不开改革者的视线，科学家共同体被要求不能只自得其乐，还要担负起公共责任。加之在科学共同体内部，地方性综合学会能够将商业、文学和哲学结合在一起，专业性学会很好地满足了科学分科大趋势下对人员整合与规范设定的需求，两类学会蓬勃兴起，极大挑战了皇家学会的知识权威地位。

班克斯去世后，戴维接任皇家学会会长。这一人事变动初步显示出平民科学家代替特权人士成为科学精英的时代趋势。班克斯是典型的上层人士，戴维却出身平民，只不过后来凭借婚姻获得社会地位。班克斯研究自然志，靠家资丰厚得以远洋考察；戴维在物理学和化学上有成就，这些领域比自然志需要更长时间、更艰苦的专业训练。班克斯与国王亲密交谈，在枢密院指点江山；戴维却需要在报告厅做带有一定表演性质的科学报告吸引投资者，回头又在报告厅的地下室里带着学生法拉第埋头做电化学实验。班克斯力图为英帝国开疆扩土，戴维发明了矿井下使用的安全灯。班克斯为新成立的农业部组织筹划布局，戴维做化学实验提取鞣革酸以推动鞣革技术。他们二人的科学旨趣和科学生涯大相径庭。而班克斯的路径只有他自己才能走得通，戴维的成功却能够鼓舞包括法拉第在内的无数年轻人投身于科学。实际上，在戴维任内，皇家学会的业余人士与专业人士保持了相对平衡的局面。

1827 年，戴维卸任，原学会财务总监吉尔伯特（Davies Gilbert，1767—1839）担任新会长。吉尔伯特是康沃尔郡郡长、博德明市议员，爱好地质学和古文物学，当时同时担任皇家康沃尔地质学会（Royal Geological Society of Cornwall）首任会长，又是考古学会（Society of Antiquaries）会员，后来还成为美国技术与科学院（American Academy of Arts and Sciences）荣誉会员。吉尔伯特与班克斯一样受益于自然志传统和政治活动之间的高度联系，也都持有政治保守主义，对于法国大革命带来的改革风潮保持着高度的警惕。

但是，班克斯的时代已经过去，吉尔伯特这位皇家学会会长面对的是学会里的数学家巴贝治、天文学家 J. 赫舍尔、天文学家萨斯（James South，1785—1867）、化学家法拉第等年轻一代科学家。他们站在各自学科领域的前沿，例如 J. 赫舍尔早年便跟随其父即天王星的发现者 W. 赫舍尔进行天文观测，在剑桥大学读书期间便联合巴贝治、萨斯几位同学将欧洲大陆的数学方法引入剑桥大学，还创办了皇家天文学会（Royal Astronomical Society）。这些科学家同时又积极主张自由主义和社会改革，在伦敦的《时代报》（The Times，1785—?）上不断发文，巴贝治的《论英国科学之衰落》更是一石激起千层浪。

1830 年，吉尔伯特出于维护学会稳定的目的，推举了萨塞克斯公爵（Duke of Sussex）即乔治三世第六子弗雷德（August Frederick）王子接替自己任新一届皇家学会会长。萨塞克斯公爵的地位声望足以控制当时的政治与学界乱局，也愿意为学会慷慨解囊。但是，这一举动引发了皇家学会内外的强烈不满。天文学家萨斯直接发表了《对皇家学会学术委员会主席的三十六条指控》（"Thirty-six Charges against the President of Council of the Royal Society"）。J. 赫舍尔、法拉第等 32 位会员在皇家学会的会议上提出：学会会长要选懂科学的人，应该由会员选举产生，不能由上一任会长和学术委员会直接任命。[①]

皇家学会自成立以来，会员以医生、法律界人士、神职人员所占比例最大，这三种传统职业对应大学的医学系、法律系和神学系。除此以外，军官和官员占一定比例。1830 年，为了帮助平息皇家学

---

① Roy Macleod, *Public Science and Public Policy in Victorian England*, Aldershot: Variorum, 1996, IV, p. 63.

会会长的人选之争，格兰维尔发表了《科学无大脑》一文，对皇家学会的会员结构以及不同身份会员对于"推动自然知识"的贡献进行了一次"不带偏见的""解剖式的"研究。

当时皇家学会会员共 667 人，格兰维尔统计了 662 人。其中 10 人的身份为主教，这些主教在皇家学会的会刊《哲学学报》上一共发表 9 篇文章，而这 9 篇文章均出自同一位作者，即其余 9 人无作品。有贵族身份的会员有 63 人，其中没有一个人在《哲学学报》上发表作品。海军军官 27 人，共发表 7 篇，系 5 人作品。陆军军官 39 人，共发表 28 篇，系 3 人作品。教士 74 人，共发表 8 篇，系 6 人作品。法律界人士 63 人，共发表 28 篇，系 6 人作品。内科医生 79 人，共发表 66 篇，系 24 人作品。外科医生 21 人，共发表 137 篇，系 10 人作品，数量虽多，但同样也很不均衡，名为欧姆（E. Home）的作者一人就发表了 109 篇。最后一类会员系"商人、科学类或者文学类教师，还有从事数学、力学、精细艺术相关职业的人"，通常意义上的自然哲学家便属于这一类。像巴贝治、J. 赫舍尔、萨斯、法拉第等人均属于这一类，瓦特的名字也列在这一类。这一类人群共统计了 286 人，在《哲学学报》上共发表 187 篇文章，出自 47 位作者。①

格兰维尔将皇家学会会员在《哲学学报》上的发表量作为衡量其科学活跃度的指标，这在今天看来十分超前。从他的列表可以看出，现任会员当中，神职人员、军官、法律人士、内科医生和外科

---

① Augustus Bozzi Granville, *Science without a Head*, *or Science Dissected*, London：Published by T. Ridgway, 1830, pp. 34 – 49, https://babel. hathitrust. org/cgi/pt? id = osu32435005287222&view = image&seq = 8.

医生占会员总人数一半以上。如果不分职业，全部会员（格兰维尔 8 张表格列出的人数共 662 人）当中只有约 15% 的会员发表了作品。不从事传统正规职业而保持科学活跃度的会员，只有 47 人，即最后一类会员当中发表了作品的人，他们仅占会员总数的 7%。

医生自皇家学会成立之初就是占会员人数最多的群体，1830 年占比 15%。有一些医生本身是植物学家、动物学家、地质学家、解剖学家和化学家。从格兰维尔的统计来看，医生群体的科学活跃度比其他群体高。尽管如此，医生自始至终有着属于自己的共同体，有特定的行业规范和评价体系。皇家学会的大部分医生会员视会员资格为一种资历，用以提高自己在医学界的地位。19 世纪上半叶，皇家学会、皇家研究院以及其他一些大城市学术机构和医疗机构的医生形成一个坚固的同盟，并从这一同盟中得到了私人资助和社会地位。

无论格兰维尔的统计还是巴贝治等人的亲身感受都证明：随着科学研究对知识储备、专业训练和时间投入的要求越来越高，业余人士越来越难以胜任科学研究。因此，在皇家学会内部，出现了出资人与被资助的科学家两个阶层的严重对立。改革呼声与保守力量在皇家学会内外掀起了一场舆论战。最后学会投票表决，支持赫舍尔的会员有 80 人，支持吉尔伯特的有 400 人。萨塞克斯公爵最终担任了学会会长。赫舍尔等改革派人士离开伦敦，去往欧洲大陆或者北美进行科学研究，改革方案被束之高阁。

1832 年，英国《改革法案》出台，该法案扩大了下议院的选民基础。政治改革的巨大浪潮依然推动着皇家学会内部缓慢的变

革。1834—1835 年，在英国首相皮尔（Robert Peel，1788—1850）
的推动下，英国政府开始对卓越科学家发放皇室年俸津贴。1838
年，诺坦普顿（Northampton）侯爵接替萨塞克斯担任了皇家学会
会长。在他任职期间，学会开始建立新的准入制，规定每年只接
纳 15 名新会员，而学会会长的人选要有学术委员会的推荐。准入
要求提高，在一定程度上限制了非科学人士入会。皇家学会的会
员人数由 1847 年的 764 人减少到 1860 年的 630 人，其中 330 人是
具有较高资格的科学家，而候选人越来越多。①

　　1846 年，辉格党首相罗素（Lord Russell）接替皮尔上台，
政府改革进一步推进。而在皇家学会内部，"哲学俱乐部"
（Philosophical Club）成立。这一"学会中的学会"只研究科学
问题，避开职业发展相关事务，扮演了比皇家学会更好的权威机
构角色。哲学俱乐部找到新的办公地点，加强与其他学会的联
系，在新一轮学会会长选举中发挥作用，扩大了科学家群体的影
响力。1846 年，皇家学会大力改革会员准入制度，进一步限制非
科学家入会。1848 年，皇家学会成立了新的专业委员会，每一个
委员会都包含 12—20 位本领域专家。专家负责审读论文，推荐
"科普利"奖和"拉姆福德"奖的候选人，提供捐款基金
（Donation Fund）的使用方案。1849 年，罗素政府向皇家学会提
供议会基金（parliamentary grant）。

　　从 19 世纪 20 年代至 40 年代末，皇家学会饱经内外部压力，

---

① Roy Macleod, *Public Science and Public Policy in Victorian England*, Aldershot: Variorum,
1996, Ⅳ, p. 74.

保守派与改革派反复博弈，最终相互调和，让科学专业水平更好纳入科学共同体的评价体系之内，获得了与基于出身和权力的等级制优先权同等重要的位置。但是，如同 1848 年的英国政治局面并非辉格党的胜利，皇家学会没有完全实现科学至上的目标。来自特权阶层的会员人数并不受到限制，而医生会员的人数依然很多，在 1848—1900 年占到总人数的 20%—25%。[①] 由于出资人的减少，学会的财政也一度陷入困境。无论如何，皇家学会经过这次改革维护了本机构的科学权威地位。

　　值得一提的是，尽管皇家学会在 19 世纪三四十年代危机四伏，却依然成功开展了对地磁场的大型考察活动。观测和计算地球上不同位置的磁倾角、磁偏角和磁力强度是一项重要的航海技术，从库克船长的时代便已经开始。之前的观测都是零星、分散的，如 1828 年洪堡在柏林、1829 年俄罗斯科学家在亚洲北部、1832 年高斯（Carl Friedrich Gauss，1777—1855）在哥廷根都观测过，只有皇家学会实现了对全球多个观测点的持续观测，并最后进行数据汇总。这一活动的起因是 1836 年，洪堡写信给皇家学会会长萨塞克斯公爵，建议在北美、大洋洲、好望角建立观测站。皇家学会于是联合英国科学促进会着手这一项目，并向政府申请经费。1839 年，英国已经在世界各地建立了 40 个观测站，除了本土的格林威治天文台，还在圣·赫勒拿岛、好望角、加拿大、位于南太平洋的澳大利亚塔斯马尼亚岛（Tasmania，旧称 Van Diemen's

---

① Roy Macleod, *Public Science and Public Policy in Victorian England*, Aldershot: Variorum, 1996, Ⅳ, p. 74.

Land)、印度北部的西姆拉（Simla）、南印度东岸的金奈（Chennai）、孟买以及新加坡等地建立了观测站。[①] 这一巨大成功显示出英国科学中心在全球范围内整合科学资源的强大实力，也说明业余传统在科学职业化早期仍能够显示出相当的活力。

第三节　科学教育

1826 年，伦敦大学（University of London）成立。该大学由不遵从国教者和自由派人士创办，实现了当时苏格兰诗人坎贝尔（Thomas Campbell，1777—1844）提出的"为介于机械师和富豪之间的阶层提供教育"的倡议。伦敦大学一开始没有获得特许状，无权授予学位。该大学以股份公司的形式存在，达成的协议是股份资本的股息不超过 4%，但是实际上大学没有支付股息，股本和学生学费全都用来支付大学开支。[②] 伦敦大学参照柏林大学的模式，提供科学研究和科学职业训练，不遵从国教者以及罗马天主教、犹太教学生均可以入学。1836 年，伦敦大学获得了政府颁发的特许状，更名为伦敦大学学院（University College，London）。

1869 年，政府颁布《大学学院法案》（University College Act，1869），大学学院失去了法人产权，但是权力更大，可以招收女生和开设精细艺术课，永久拥有伦敦校区，还可拥有 1 万英

①　Charles Richard Weld, *A History of the Royal Society with Memoirs of the Presidents*, London: John W. Parker, West Strand, MDCCCXLVIII, Hardpress, 2019, Vol. 2, pp. 437-442.

②　Devonshire Commission, "Reports of the Royal Commission on Scientific Instruction and the Advancement of Science," Fifth Report, 1874, p. 1.

镑以下不可转让法人财产。① 到 1870 年，伦敦大学学院已经拥有艺学与法学院、科学院、医学院三个学院，还有一个市政工程和机械工程系。艺学与法学院和科学院共拥有 31 个教授席位，其中 11 个为科学类，即数学、应用数学和力学、化学与应用化学（2 个）、物理学、工程学、动物学、植物学、地质学与矿物学、生理学、实践生理学与组织学，此外还有一个建筑与结构学教席。② 在大学的净资产表上，列有解剖学与医学材料博物馆、比较解剖学与动物学博物馆、博克贝克化学实验室（Birkbeck Laboratory of Chemistry）以及化学、物理学与生理学仪器。③

1828 年，国王学院（King's College）成立。国王学院由英国国教徒赞助，办校宗旨是既要教文学和科学，也要讲基督教的教义，因而成立之初便获得了国王特许状。国王学院设有神学系、普通文学与科学系（分为古典、现代和东方三个专业）、应用科学系、医学系，还有晚课班和一所直属学校。普通文学与科学系有 5 个教授席位，即数学、自然哲学、化学、矿物学和地质学。应用科学系有 4 个教授席位，即建筑技术、制造技术与机械设备、勘测与校平、绘图（几何、工程和徒手绘图）。医学系有 3 个教授席位，即植物学、比较解剖学、基础与实践生理学。④ 国

---

① Devonshire Commission, "Reports of the Royal Commission on Scientific Instruction and the Advancement of Science," Fifth Report, 1874, pp. 1-2.

② Devonshire Commission, "Reports of the Royal Commission on Scientific Instruction and the Advancement of Science," Fifth Report, 1874, pp. 3-4.

③ Devonshire Commission, "Reports of the Royal Commission on Scientific Instruction and the Advancement of Science," Fifth Report, 1874, p. 3.

④ Devonshire Commission, "Reports of the Royal Commission on Scientific Instruction and the Advancement of Science," Fifth Report, 1874, p. 8.

王学院将普通科学教育与应用科学教学区分开来，又允许一部分学生只听特定的几门实用课程，显示出对科学职业化趋势的初步适应。

1836 年，政府成立了一个行政管理实体，采用原伦敦大学的名称。新的伦敦大学不开设课程，而是针对大学学院和国王学院两所大学的学生，组织考试并授予学位。授予的专业除了传统的艺学、法学和医学学位，还有科学学位。1849 年，伦敦大学的特许状内容增补后，不管牛津大学还是伦敦工人学院（The Working Men's College of London），英帝国任何一家高等教育机构的学生完成学业后，只要通过伦敦大学的考试，都可以获得伦敦大学学位。1858 年，学生即便没有在哪一家教育机构上过学，也可以申请伦敦大学的学位。

1832 年，英格兰东北部的杜伦大学（University of Durham）成立。这所新大学与原来两所老大学即牛津大学和剑桥大学一样实行学院制。该校前身是当地神学院，首任院长索普（Charles Thorp，1783—1862）即杜伦副主教，因此艺学与神学教育占相当比例。杜伦大学设有数学和天文学教授席位，还有自然哲学高级讲师职位。天文学家和数学家谢瓦利尔（Temple Chevallier，1794—1873）常年担任杜伦大学的数学教授（1835—1872）和天文学教授（1841—1871）。这位知识分化时代越来越少见的博学大师既研究太阳黑子，又著有《天文学研究得出的上帝之伟力与智慧的证据》（*Of the Proofs of the Divine Power and Wisdom Derived from the Study of Astronomy*，1835）等大量神学作品。一直到 1870

年，杜伦大学也没有一套完整的科学课程，不能组织科学考试和授予毕业生科学学位。

1840年，杜伦大学开设了工程类课程，招收了一批想从事采矿业和市政工程的学生。这些最早的工科生写论文不必再用拉丁文，论文内容可以写偏学理性的，如数学、化学和自然哲学问题，也可以非常具体实用，如土木工事的造价和说明、鞋钉、箍桶技术等。① 然而，学生完成三个学期的课程并通过两次考试后，不能获得工程学位，只能得到大学颁发的职业培训证书。毕业后非但不能马上赚回学费，还要再向雇主交上一笔通常工厂学徒需要交的习艺费。所以工程课没有开设多久便停办了。② 1871年纽卡斯尔物理学院（The College of Physical Science, Newcastle-upon-tyne）成立时，《自然》做今昔对比，评价杜伦大学"多年以来不能指望其在教育事务上提供帮助，迄今为止在一定程度上乃是寂静、不活跃的实体"。③

1851年，曼彻斯特欧文学院（Owens College, Manchester）成立。该学院的成立资金来自曼彻斯特商人欧文（John Owen，1790—1846）的遗产捐赠。欧文学院没有杜伦大学那样的历史包袱，大概也吸取了杜伦大学在毕业生就业问题上的教训，其课程设置专门针对申请伦敦大学科学、技术、法学和医学学位的学

① David Knight, *The Making of Modern Science*：*Science, Technology, Medicine and Modernity*：*1789-1914*, Cambridge：Polity Press, 2009, p. 72.

② David Knight, *The Making of Modern Science*：*Science, Technology, Medicine and Modernity*：*1789-1914*, Cambridge：Polity Press, 2009, p. 72.

③ Anonymous, "The Newcastle-upon-tyne College of Physical Science," *Nature*, No. 4, 1871, pp. 217-218.

生。对于毕业后想要申请科学学士学位的学生而言，第一学年课程与文学类学生一样要学古典学；第二学年课程有数学、自然哲学、力学与物理学、化学初级课，还有为期两周的实验操作课以及法语和德语课；第三学年学习逻辑学、心灵与道德哲学、数学、数学自然哲学、化学高级课、地质学和植物学以及为期两周的实验操作课。申请其他学位的学生也被要求要掌握一些科学基础知识，并且也要上实验课。[1]

1810—1860 年，大学里的科学教职总数从不到 50 个增加到130 多个（见表 9-1）。1820—1829 年增长近 30%，1830—1839年增长近 30%，而 1840—1849 年增长近 45%（见表 9-2）。[2] 科学教职主要分布在牛津大学、都柏林大学、爱丁堡大学、格拉斯哥大学、圣安德鲁斯大学、国王学院（阿伯丁）、马修学院（阿伯丁）、女王大学等（见表 9-3）。大学体系之外的教育机构如皇家军事学院、伦敦皇家学院、曼彻斯特皇家学院、欧文学院、伦敦外科医生学院等也开始设立少量科学职位（见表 9-4）。

表 9-1　1810—1860 年英国科学教职的总数

单位：个

年份	1810	1820	1830	1840	1850	1860
教职数	49	53	68	88	127	133

资料来源：Jack Morrel and Arnold Thackray, *Gentlemen of Science: Early Years of the British Association for the Advancement of Science*, Oxford: Clarendon Press, 1981, pp. 546-547。

---

[1] Anonymous, "Reports of the Royal Commission on Scientific Instruction and the Advancement of Science," Fifth Report, 1874, pp. 18-19.

[2] Jack Morrel and Arnold Thackray, *Gentlemen of Science: Early Years of the British Association for the Advancement of Science*, Oxford: Clarendon Press, 1981, p. 15.

表 9-2　1810—1860 年每 10 年英国科学教职的增幅

单位：%

	1810—1819 年	1820—1829 年	1830—1839 年	1840—1849 年	1850—1859 年
增幅	8	28	29	44	5

资料来源：Jack Morrel and Arnold Thackray, *Gentlemen of Science: Early Years of the British Association for the Advancement of Science*, Oxford: Clarendon Press, 1981, pp. 546-547。

表 9-3　1810—1860 年英国各大学设立科学教职的数量

单位：个

	1810 年	1820 年	1830 年	1840 年	1850 年	1860 年
剑桥大学	9	9	9	9	9	9
牛津大学	6	8	8	8	8	8
都柏林大学	6	6	6	6	11	12
爱丁堡大学	8	8	8	9	9	9
格拉斯哥大学	5	7	7	9	9	9
圣安德鲁斯大学	3	3	3	4	4	4
国王学院（阿伯丁）	3	3	3	3	3	7
马修学院（阿伯丁）	4	4	4	5	5	
伦敦大学学院	0	0	8	8	14	12
伦敦国王学院	0	0	4	13	13	14
杜伦大学	0	0	0	3	3	3
女王大学	0	0	0	0	22	22
总计	44	48	60	77	110	109

资料来源：Jack Morrel and Arnold Thackray, *Gentlemen of Science: Early Years of the British Association for the Advancement of Science*, Oxford: Clarendon Press, 1981, p. 547。

表 9-4　1810—1860 年英国大学以外的教育机构设立科学教职的数量

单位：个

	1810 年	1820 年	1830 年	1840 年	1850 年	1860 年
皇家军事学院	2	2	2	2	2	2
伦敦皇家学院	1	1	1	2	2	2

	1810 年	1820 年	1830 年	1840 年	1850 年	1860 年
曼彻斯特皇家学院	0	0	0	0	3	2
欧文学院	0	0	0	0	0	4
伦敦外科医生学院	0	0	0	1	1	1
安德逊大学	2	2	5	6	6	6
皇家矿业学校	0	0	0	0	1	5
医药学会	0	0	0	0	2	2
总计	5	5	8	11	17	24

资料来源：Jack Morrel and Arnold Thackray, *Gentlemen of Science: Early Years of the British Association for the Advancement of Science*, Oxford: Clarendon Press, 1981, p. 547。

获得牛津大学和剑桥大学两所传统大学自然科学类学位的毕业生在数量上远远少于其他学校或者教育机构（见表 9-5）。19 世纪牛津大学和剑桥大学开始设立研究实验室。不过，这两所大学培养的学生没有急迫的求职需要，培养方式以基础科学教育为主，前沿性的研究依然很少。关于传统大学在 19 世纪工业革命中的作用，存在两种不同的看法。一般认为，传统大学的自由精神和工业革命的职业化、技术专业化方向相对立，因而传统大学成为工业化和现代化的障碍。另有一种观点则认为，这一时期社会价值观和大学知识体系都处于变动不定的状态，传统大学因而发展出一种"去自由精神的自由主义"（deliberative liberalism），这实际上推动了现代化进程。[1]

---

① William Lubenow, "Making Words Flesh: Changing Role of University Learning and the Professions in 19th Century England," *Minerva*, 2002, pp. 217-237.

表 9-5　1870—1914 年英国科学、数学和技术毕业生统计情况

单位：人

	1870 年	1880 年	1890 年	1900 年	1910 年	1914 年
剑桥大学						
数学	0	0	0	82	0	112
自然科学	0	0	0	136	0	152
机械学	0	0	0	18	0	43
牛津大学						
数学	0	0	0	26	0	16
自然科学	0	0	0	37	0	87
剑桥大学和牛津大学合计	0	0	0	299	0	410
其他学校	19	55	166	378	1231	

资料来源：David Edgerton, *Science*, *Technology and the British Industrial "Decline"*, *1870-1970*, Cambridge：Cambridge University Press, 1996, p. 20。

除了综合性大学以外，专业性学院在科学教育中扮演重要的角色。1800 年伦敦成立了皇家外科学院（Royal College of Surgeons）。1815 年，《药剂师法案》（Apothecaries Act, 1815）颁布，法案要求学徒在医院完成职业训练之前，必须先上正式的化学课。医学和科学在各自的专业化早期反倒联系更密切。戴维、达尔文、赫胥黎等很多科学家早年都在医学院求学。在医学院学过解剖学和生理学课的人日后可以研究古生物学和生物学，学过药物学的可以继续钻研化学。直到 19 世纪下半叶以后，随着专业分化程度的进一步加深，这两个领域才逐渐分开。

英国政府办的新学院为数不多，1851 年成立了政府矿业与应用科学技术学校（The Government School of Mines and of Science Applied to the Arts），后来改为皇家矿业学校（Royal School of Mines）。1872 年，政府成立科学师范学校（Normal School of

Science，1872）。维多利亚女王的丈夫阿尔伯特亲王（Prince Albert，1819—1861）意识到英国科学的落后，请德国化学家冯·霍夫曼（August Wilhelm von Hofmann，1818—1892）来到英国掌管皇家化学学院（Royal College of Chemistry），该学院后来并入皇家矿业学校。

普法战争之后，各个国家认识到科学教育代表着国家的实力。1872—1875 年，英国政府成立了一个科学委员会，对英国的科学教育状况进行详细的调查。德文郡公爵 W. 卡文迪许（William Cavendish）担任该委员会主席，洛克耶（Norman Lockyer，1836—1920）任秘书，调查生成了《科学教育与科学进步皇家委员会报告》（又称《德文郡委员会报告》，"Devonshire Commission"）。此后，英国政府加大了对科学教育的投入，一批被戏称为"红砖大学"的城市大学兴起。到了 19 世纪末，这些大学开始获得政府拨款。

现代科学教育取代了传统的艺学教育，科学专业化代替了博学传统，这一历史性转变的利弊一直是学界讨论的问题。科学教育是一种教条式教育。学生要将公式、常数、定理死记硬背，不能质疑和改动，而考试这种方式又强化了这一教学方法。早在 19 世纪 80 年代，法国政治家让·饶勒斯（Jean Jaurès，1859—1914）在《致教师的一封信》（"Aux Instituteurs et Institutrices"）中就谈到，提倡死记硬背的考试像是在"制造机器"，而教育的宗旨原本是让学生形成独立自主意识以及民族认同感。① 到了 20

---

① Jean Jaurès, "Aux Instituteurs et Institutrices," *La Dépêche*, 15 January 1888.

世纪，科学专业化和职业化的缺陷被不断反思。怀特海说："这种状况暗含危机。它在单一一个沟槽里产生思想。每一种职业都在进步，但是却只在属于自己的沟槽里进步。现在思想处于一个沟槽中，意味着安于在一套既定的抽象概念上进行思考。沟槽的存在阻止了跨界，而抽象概念又是从某些事物上抽离出来的，对这些事物人们不再投入注意力了。足以全面理解人类生活的抽象概念的沟槽却又是不存在的。这样一来，在现代世界里，中世纪知识阶层的禁欲代之以一种脱离了对全部事实进行具体思考的思想禁欲。"① 这些深刻的思考却一点也不能阻止科学在专业化的道路上越走越快、越走越窄。

---

① Alfred North Whitehead, *Science and the Modern World*, New York: The Free Press, 1997, p. 197.

第十章　公职科学家与公共科学体制的出现

19 世纪中叶，英国政府开始聘用科学家专员。与之前格林威治天文台的皇家天文学家、军械局外派殖民地的地质勘测员、伦敦裘园的植物学家不同，维多利亚中期的公职科学家直接参与公共政策的制定、执行、评估和修订。他们在民用而不是军工领域、在英国内部而不是殖民地、在实验室而不是田野来发挥自己的专业特长，比前辈科学家履行了更为常规性的公共责任。与此同时，英国政府改变了无为而治的惯例，开始持续、稳定地拨发科学基金。科学活动所需的资金、资源和资料原来多依赖个人资助，现在则可以利用公共钱财来筹措。自此，英国社会出现了一个明确、持久、可以容纳更多后起之秀的科学家角色，一种有别于私人和业余传统的公共科学体系初步形成了。

第一节　维多利亚中期的科学官员

19 世纪 60 年代，经过官僚机构改革后的英国政府加强了对经济和社会的管理。政府出台了一系列公共政策和公共服务项目，包括治理环境污染的《碱业法》（Alkali Act）、保护自然资源的《鲑鱼法》（Salmon Act）以及建立大规模照明灯塔系统。这些项目无一不需要用到专业科学知识。本着专家供专职的原则，商务部聘用了一批科学家。化学家史密斯（Robert Angus Smith，1817—1884）被聘请后，对《碱业法》的颁行和完善起到了至关重要的作用。

史密斯生于格拉斯哥南郊，早年在格拉斯哥大学神学院学习，原打算专奉神职，不想却未能毕业，转而做了一名私人教师。他教书的这户人家举家迁往德国时，他也一同前往，适机进入了德国基森大学，1841 年在李比希开办的化学教学实验室获得博士学位，与霍夫曼有过短暂合作。回国后，他先在皇家曼彻斯特研究所做普莱费尔（Lyon Playfaire，1818—1898）的研究助理。1845 年，他开始自行承担一些化学分析项目。史密斯深受查德威克（Edwin Chadwick，1800—1890）的影响，有志于将自己掌握的化学知识用于环境治理和社会改革。1852 年，史密斯来到伦敦，在对这里严重的污染状况感到震惊之余，提出了"酸雨"这个沿用至今的词。1863 年，当英国商务部任命史密斯为碱厂治污总巡查员时，他正接受皇家矿物委员会的委托，在曼彻斯特地区调查矿区和城镇的空气污染状况。

当时，包括维多利亚女王在内的英国人很难没有注意到酸雨现象，这是发展的代价。18—19 世纪，欧洲工业生产所必需的两大化学品是纯碱和硫酸，纯碱用于生产玻璃、肥皂、染料和漂白剂，硫酸用于冶金和染料制造。纯碱的工业制造方法由法国人勒布朗克发明：先用食盐与硫酸混合，氯化钠与硫酸生成硫酸钠，再加入碳和石灰石，硫酸钠与碳酸钙反应得到碳酸钠，俗称纯碱或苏打。① 拿破仑战争期间，法国一度垄断了欧洲的纯碱生产。战争结束后，英国引入勒布朗克制碱技术。1823 年，莫斯布莱特（James Muspratt，1793—1886）兴建了英国第一座制碱工厂。19 世纪五六十年代，随着英国纺织、制皂和玻璃产业的兴盛，英国的纯碱生产规模跃居欧洲第一。1862 年，《化学新闻》统计当年英国全国碱厂共消耗原料 18.3 万吨，雇用人员 19000 人，产品价值高达 250 万英镑。②

勒布朗克制碱法产生的副产品是氢氯酸气体和硫化钾残渣，这两种化学物质都会造成环境污染。特别是氢氯酸气体经烟囱直接排放，进入大气，形成酸雨。一开始人们以为，如果将烟囱修得高一些，废气便可以远离地面，有的碱厂烟囱高达数十米，殊不知这只能加重污染。当时的《化学新闻》描述了威德尼斯、圣海伦等遭受碱厂污染的情形：

> 每到春天，这株坚强不屈的山楂树想让自己看上去有欣欣向荣的模样。可是，它的叶片像茶叶那样干涩，很快掉落。农夫如果愿意的话，可以春耕播种，然而只能收割一茬禾秆。牛不肥壮，羊不产羔，人的眼睛剧烈刺痛，喉咙干涩，咳嗽不止，呼吸不畅。③

① 1775 年，巴黎科学院悬赏征集纯碱制造方法，勒布朗克提出的方案中标。这位法国化学家建立起世界上最早的一座制碱工厂。法国大革命爆发期间，该工厂收归国有。

② "Statistics of the Alkali Trade of the United Kingdom," *Chemical News*, Ⅵ, 1862, p. 208, 转引自 Roy Macleod, *Public Science and Public Policy in Victorian England*, Aldershot: Variorum, 1996, p. 87.

③ Roy Macleod, *Public Science and Public Policy in Victorian England*, Aldershot: Variorum, 1996, p. 87.

英国工业化以来，煤矿、冶金和其他产业以及城市垃圾和废水让厂矿和城镇居民深受其害，而酸雨严重威胁了地主乡绅的利益，从碱厂烟囱里不断排出的氢氯酸气体直接飘向下风处的大片农田。之前政府颁布的《消除妨害法》（Nuisance Removal Act）又对于这种情况无能为力。于是，杜伦郡、德比郡、兰开夏郡、柴郡、诺森伯兰郡等地的地主乡绅强烈要求治污。1862 年，英国上议院采纳德比郡伯爵的提议，任命成立了一个由 14 人组成的专门委员会，对碱厂污染进行调查。该委员会当年发布了《有害气体研究报告》，从科学角度证明氯化氢气体的确对农作物有害，并且调查了各碱厂当前的工艺水平是否有能力增加氯化氢气体回收环节。

在调查研究的基础上，委员会提出了立法方案。一开始，他们准备在已有《防烟法》（Smoke Prevention Act）的内容基础上增加相关条款。但是，碱厂代表要求单独立法，这样可以将政府干预降至最低限度，并且要求立法应该以科学为依据。贵族乡绅一方也支持科学立法，德比郡伯爵在议会中说："把进步的科学知识应用于农业生产各环节，避免损害生产者的利益，不危害公众健康，没有什么比这个问题更值得政府关注和政治家努力的了。"[①] 于是，1863 年 7 月，《碱业法》出台，试行五年，规定各碱厂对所排放的氯化氢进行冷凝回收，回收率应达到 95%。由政府巡查员对各碱厂的回收情况进行监督，对未达标厂家处以 50 英镑至 100 英镑不等的罚款，对严重违规者在地方法院发起民事诉讼。

---

① Hansard，HL "Earl of Derby"，22 May 1865，Vol. 179，cc631-6631.

史密斯已经在空气污染物分析方面颇有建树，便当仁不让地担任了第一任总巡查员。他的报酬是每年 700 英镑，另外几位副巡查员的报酬为每年 400 英镑。而当时英国内政部一般发给工厂总巡查员的薪金是每年 1000 英镑，副巡查员为每年 500 英镑。英国财政部拨款的原则是，科学家巡查员只需要考虑科学层面的问题，其他巡查员还需要考虑道德和物质层面的问题，所以前者比后者在报酬上要低一个等级。不知道史密斯等人对此作何感想，但是可以肯定的是，这项工作不是他们唯一的收入来源，像史密斯在此之前就已经通过做化学分析来赚取收入。

因为没有成例可循，英国商务部没有明确规定这一总巡查员的职责范围。史密斯的工作方式也颇为符合他的个人风格，他极少扮演一个监管和发起诉讼的严厉官员角色，而是在更多情况下为碱厂的工艺改造出谋划策，提供技术性支持。他一边巡视各地碱厂，想办法优化工厂车间的工艺流程，一边在自己的实验室里进行大气污染物和有害气体研究。他没有把自己当作政府官员，而是坚持了一种独立的科学家立场。在中央政府、地方法院、纯碱生产商、贵族乡绅以及普通大众等多方诉求和利益之间，他扮演一个中间人、调停者的角色。他这样评价自己的工作：

> 我的工作范围是与化学工厂有合同协议的部分。我施加了一些不好的东西，目的是实现我心中的某种善。但是，我没有能够做到我原来设想的那么多。因为我看到，人们需要的不仅仅是巡查制度，而是科学发明与创造。而发明创造又

是路漫漫，想法可以灵机一动，整个实验却只能徐图之，我
们与大自然做斗争，而大自然是复杂的。[①]

在《碱业法》第一个试行期内，"冷凝处理进行得很彻底，调
查任务本身变得很轻松，有些制碱厂商都没有想到这么容易就达
到要求"。[②] 1865 年，碱厂的氢氯酸排放率平均为 1.28%，排放总
量从 13000 吨降至 43 吨，国内注册的 64 家碱厂全部达标，其中 26
家能够做到百分之百回收。1866—1868 年三年排放率持续下降，
分别为 0.89%、0.73% 和 0.62%。但是，英国其他工业行业还在扩
大生产，导致国内的三废排放量只增不减，人们的直观感受越来
越差。史密斯向政府提议，扩大立法和巡查的对象范围，将其他
类型工厂排放的多种有害物质都包含在内。这位科学家提出的不
是一般性环保理念，而是具体、量化、基于实验室研究和工厂实
际生产状况的排放标准。

1872 年，史密斯出版了《空气和降雨：化学气候学》（Air
and Rain：The Beginnings of a Chemical Climatology，1872）一书。
在这一年，英国《公共健康法》（Public Health Act）出台，政府
成立了地方管理部（Local Government Board），由兰伯特（John
Lambert）担任主管，此前他担任过《济贫法》立法部（Poor
Law Board）的常务秘书，史密斯等科学巡查员也划归到这个部

---

① Roy Macleod, *Public Science and Public Policy in Victorian England*, Aldershot：Variorum,
1996, p. 110.

② Hansard, "Alkali Cat," Inspector's Report, HL Deb 22 May 1865, Vol. 179, cc631-6631,
http：//hansard. millbanksystems. com/lords/1865/may/22/alkali-act-inspectors-report, 最后
访问日期：2014 年 8 月 28 日。

门。在新部门牵头的新一轮立法过程中，治污的目的从保护个人财产变成了保护公众健康。政府加大了监管力度，也更为重视巡查专员的工作。史密斯的报酬涨到了 1000 英镑，活动费也增加到原来的一倍半。他手下增加了 5 个副巡查员，接受巡查的工厂数量也从 240 家增加到 1000 家。

在史密斯的推动下，《碱业法》几经修订，不断增加治污对象并加大执行力度。1874 年，《碱业法》修订案规定了较之以往更为精确的排放标准，即每立方米氢氯酸的排放率为 0.2 格令①。碱厂不但要回收氯化氢气体，还要按规定处理生产原料硫酸和硝酸气体，回收硫化钙沉淀物和污水。除了碱厂以外，硫酸厂也被列入该法令的执行范围。后来，化肥厂、制氨厂、焦油蒸馏厂、煤气水厂、焦炭厂也都被列入其中。在史密斯的建议下，碱厂开始逐渐淘汰了勒布朗克制碱法，而采用污染较小的加热分解氨碱法②，即以食盐、石灰和氨为原料，排出二氧化碳和氨气，氨气可以回收循环利用。1881 年，一部相对完善的化工产业污染防治法《制碱业等工厂规定法案》出台。《碱业法》被认为是维多利亚时期的一项善政，也是今天世界各国环境立法的雏形。史密斯也因为在这一立法过程中做出的独特贡献，获得了格拉斯哥大学和爱丁堡大学的法学博士学位。一直到 1884 年去世以前，他都是政府聘用的巡查专员。

19 世纪 60 年代接受政府任命的科学家还有芬奈尔（William Ffennell，1799—1867）和伊顿（Frederick Eden）。芬奈尔是卓有

---

①　格令，英美制最小重量单位，相当于 0.0648 克。
②　加热分解氨碱法又称索尔维（Solvay）制碱法：$NaCl + NH_3 + CO_2 = NaHCO_3 + NH_4Cl$，
$2NaHCO_3 = Na_2CO_3 + H_2O + CO_2$，$NH_4Cl + CaO = CaCl_2 + 2NH_3 + H_2O$。

成就的自然志学家，对渔业深有研究。伊顿也是渔业专家，此前已经受聘于爱尔兰政府。这两位巡查员的任务是查明英国河流中的鲑鱼为什么越来越少，并给出解决方案。鲑鱼原是英国普通百姓餐桌上的主食，到了 19 世纪中叶却数量锐减、价格猛涨。这一任务比史密斯的工作要复杂得多，需要在英国各内河调查，寻访不同社会群体，最后还要平衡各利益群体之间的关系。两位巡查员在报告中列出一些影响性因素，如人们在河中游泳、贵族垂钓、下层业主用渔网捕鱼、商业渔船在河口处捕捞、磨坊主建水坝、河边工厂排污等。1861 年，政府根据这一报告，在各方协商的基础上颁布了《鲑鱼法》。该法案没有像《碱业法》那样提出明确的标准规范，只是列出了一些保护渔业资源的目标原则，如在固定时间禁止捕捞、保证鲑鱼洄游和污染防治等。

　　在一定程度上，科学家的学科背景直接影响了他们是否能够顺利完成政府巡查员的任务。史密斯能够将实验室研究、工厂工艺流程和量化的立法标准紧密结合起来，这在一定程度上是化学学科本身应用性强、从实验到生产流程短的缘故。而在他去世十年后，同样在德国接受过科学训练的化学家索普（Thomas Edward Thorp，1845—1925）也受聘于英国政府，掌管伦敦的国家化学实验室，制定出食物、啤酒、烟草和其他贸易行业标准。但是，对于芬奈尔等具有自然志学背景的科学家来说，涉及复杂生态系统和社会群体的调查超出了自身能力范围。

　　无论如何，这些第一代公职科学家找到了适合自己的位置。作为科学知识生产者，他们让自己的研究更加贴近于现实需要。

作为政府雇员，他们的工作是政府行政改革的一部分，实际上加强了中央政府对企业和市场的控制。作为政府与企业对接的协调者，他们为企业生产提供了实际的技术支持与咨询服务。而作为维多利亚时期社会责任感相当强的知识分子，他们又承担了保护公众健康、维护公共福祉的责任。

第二节　公众资助科学

1835 年，皮尔政府从皇室年俸当中抽出 1200 英镑，作为津贴发给对科学、文学和艺术方面有卓越贡献的人士。第一位获得这一殊荣的科学家是艾里。这位天文学家凭借光学研究获得过皇家学会"科普利"奖（1831），又因为对金星和地球轨道不平衡特点的发现获得过皇家天文学会金质奖章（1833）以及法国科学院拉朗德奖（1834），但是却从未得到过如此丰厚的奖金。这笔皇室年俸津贴的数额是每年 300 英镑，由政府通过信托人拨发至他的爱妻名下，而他担任剑桥大学卢卡斯数学教授的年薪仅为 99 英镑，担任政府经度委员会委员年薪 100 英镑，担任剑桥大学普鲁米天文学教授年薪 300 英镑，后来担任格林威治天文台皇家天文学教授年薪也不过 600 英镑至 800 英镑。[1] 萨默维尔、法拉第、道尔顿和布鲁斯特也先后得到皇室年俸津贴。这是英国政府第一次持续、稳定地支出科学资金。首相皮尔在写给艾里的亲笔信中，说明此举是为了鼓励科学家专门从事

---

① George Biddell Airy, "The Commen of 1827," "1835," *Autobiography of Sir George Biddell Airy*, edited by Wilfrid Airy, B. A., M. Inst. C. E., 1896, The Project Gutenberg EBook, EBook #10655, http: //www.gutenberg.org/cache/epub/10655/pg10655.html.

科学研究：

> 　　我恳请您明白，您接受这项动议不需要承担任何个人或政治上的义务。我完全是从政府的立场出发提出这项议案。若您接受了，便是让国王能够对科学给予一点点鼓励，便是向那些以您为光辉榜样、愿意跟随您脚步的人证明：从事数学和天文学最高端部分研究，不一定就意味着要对未来前景满心担忧，觉得自己只有把从事科学的才华用在其他收入更高的事情上才能保证衣食无忧。[①]

　　但是，由于这笔拨款不专门针对科学，科学家往往要与其他文化领域的精英人士竞争候选人资格。19 世纪 30 年代，在 100 位津贴领取者中，有 9 位是科学家。40 年代，100 位津贴领取者中有 13 位是科学家。50 年代的 55 位津贴领取者中有 8 位科学家。60 年代，107 位津贴领取者中有 18 位科学家。科学家的人数比例基本呈上升趋势，却始终没有高于 23% 即 20 世纪第一个十年的数字。自 19 世纪 30 年代至第一次世界大战之前，共有 119 位科学家领取津贴，占总人数 885 人的约 13.4 %（见表 10-1）。[②] 皇室年俸津贴的数额从 50 英镑到 300 英镑不等，大多数科学家仅仅获得 50 英镑至 99 英镑（见表 10-2），而 50 英镑只够

---

① George Biddell Airy, "1835," *Autobiography of Sir George Biddell Airy*, edited by Wilfrid Airy, B. A., M. Inst. C. E., 1896, Chap. Ⅳ, The Project Gutenberg EBook, EBook # 10655, http：//www. gutenberg. org/cache/epub/10655/pg10655. html.

② Roy Macleod, *Public Science and Public Policy in Victorian England*, Aldershot：Variorum, 1996, p. 10.

缴纳皇家学会的入会费。① 1890 年，皇家学会会长斯多科斯
（George Stokes，1819—1903） 面见财政大臣，要求将津贴发给
已故皇家学会会员即植物学家博克雷（Miles Berkeley，1803—
1889）的女儿。财政大臣回答说：候选人名单很长，科学家最容
易被淘汰。②

表 10-1 获得皇室年俸津贴的科学家或其亲属人数与其占津贴获得者总人数的比例

单位：人，%

	获得津贴的科学家或其亲属人数	津贴获得者总人数	科学家或其亲属人数占津贴获得者总人数的比例
1772—1829 年	0	987	0
1830—1839 年	9	100	9.0
1840—1849 年	13	100	13.0
1850—1859 年	8	55	14.5
1860—1869 年	18	107	16.8
1870—1879 年	11	104	10.6
1880—1889 年	13	93	14.0
1890—1899 年	15	168	8.9
1900—1909 年	21	92	22.8
1910—1914 年	11	66	16.7
总计	119	1812*	6.4

* 原表总人数比例有误，应为 1872 人。

资料来源：Roy Macleod, *Public Science and Public Policy in Victorian England*, Aldershot：Variorum, 1996, p.10。

① Roy Macleod, *Public Science and Public Policy in Victorian England*, Aldershot：Variorum, 1996, p.14.
② Roy Macleod, *Public Science and Public Policy in Victorian England*, Aldershot：Variorum, 1996, p.19.

表 10-2　皇室年俸津贴额度与获得津贴的科学家人数

单位：人

	50 英镑以下	50—99 英镑	100—149 英镑	150—199 英镑	200—249 英镑	250—300 英镑	总计
1770—1829 年	—	—	—	—	—	—	0
1830—1839 年	—	2	1	1	3	2	9
1840—1849 年	—	2	5	—	5	1	13
1850—1859 年	—	5	1	—	2	—	8
1860—1869 年	—	8	9	—	1	—	18
1870—1879 年	—	3	4	3	1	—	11
1880—1889 年	—	5	4	2	1	1	13
1890—1899 年	2	9	3	—	1	—	15
1900—1909 年	1	11	6	2	1	—	21
1910—1914 年	1	7	3	—	—	—	11
总计	4	52	36	8	15	4	119

资料来源：Roy Macleod, *Public Science and Public Policy in Victorian England*, Aldershot：Variorum, 1996, p. 14。

就皇室年俸津贴领取者所在的研究领域而言，19 世纪 30 年代，领取者只集中在天文学、数学、物理学和化学领域，似乎说明英国政府有意效仿法国科学模式，优先发展对数学和实验水平要求较高的学科。19 世纪四五十年代，自然志和地质学两个领域也开始出现津贴领取者，这也对应了这一时期两个领域在理论上更替和整合的特征。19 世纪下半叶，农学、生理学、医学、工程学、人类学、采矿学有了津贴领取者，可能与这些领域的专业化程度提高有关。到第一次世界大战之前，获得津贴的 119 位科学家中，有自然志学家 26 人、物理学家 24 人，这两个领域的科学家人数较多，说明自然志与自然哲学传统的对立依然延续（见表 10-3）。①

----

① Roy Macleod, *Public Science and Public Policy in Victorian England*, Aldershot：Variorum, 1996, p. 18.

表 10-3　获得皇室年俸津贴的科学家所在研究领域人数

单位：人

	获得津贴时间										总计
	1770—1829 年	1830—1839 年	1840—1849 年	1850—1859 年	1860—1869 年	1870—1879 年	1880—1889 年	1890—1899 年	1900—1909 年	1910—1914 年	
天文学	—	3	1	1	1	1	—	1	3	1	12
数学	—	2	1	—	2	2	—	1	2	—	10
物理学	—	3	3	1	3	1	1	4	5	3	24
化学	—	1	—	—	3	—	1	2	—	1	8
自然志	—	—	5	1	5	2	6	1	4	2	26
地质学	—	—	2	1	—	—	—	1	—	2	6
农学	—	—	—	—	—	1	—	—	1	—	2
生理学	—	—	—	—	—	1	1	—	—	—	2
医学	—	—	—	—	—	1	—	—	—	—	1
工程学	—	—	—	—	—	1	1	—	—	—	2
人类学	—	—	—	—	—	—	—	1	—	—	1
采矿学	—	—	—	—	—	—	—	—	1	1	2
"普通科学"	—	—	1	3	—	1	—	—	—	—	5
"发明家"	—	—	—	1	2	—	2	—	—	—	5
未归类	—	—	—	—	—	2	1	4	5	1	13
总计	0	9	13	8	18	11	13	15	21	11	119

资料来源：Roy Macleod, *Public Science and Public Policy in Victorian England*, Aldershot：Variorum, 1996, p. 16。

　　在 119 位获得皇室年俸津贴的科学家中，有一半人在获得津贴之前已经是皇家学会会员。[①] 一半以上的津贴领取者年龄在 60 岁到 79 岁（见表 10-4）。所以，这一科学基金主要是奖励已经有专业建树、资历较深的科学家，或者在他们死后对其家庭提供一定的生活补助，并不是鼓励尚在摸索阶段的年轻科学家。19 世纪中期之后，皇家学会开始发放"科学救济金"（The Scientific Relief Fund），向家庭困难的科学家发放小额生活资助，每年总

---

　　① Roy Macleod, *Public Science and Public Policy in Victorian England*, Aldershot：Variorum, 1996, p. 20.

额度 250 英镑。1886 年，实业家阿姆斯特朗（William Armstrong，1810—1900）以个人名义捐款 2 万英镑，让这一补助的额度有所增加。科学救济金比皇室年俸津贴更多地支持了科学家科学生涯的早期艰难阶段。两类科学基金都代表了公众对于科学家的某种认可，但是它们本质上是一种生活补贴或者慈善捐助。

表 10-4　获得皇室年俸津贴的科学家的年龄以及所在研究领域情况统计

单位：人

| | 年龄 | | | | | |
	30—39 岁	40—49 岁	50—59 岁	60—69 岁	70—79 岁	总计
天文学	—	1	—	1	—	2
数学	1	—	1	2	—	4
物理学	1	3	3	1	1	9
化学	—	—	—	4	1	5
自然志	3	2	—	4	3	12
地质学	—	—	1	—	—	1
农学	—	—	—	—	1	1
生理学	—	—	—	—	1	1
医学	—	—	—	—	—	0
工程学	—	—	1	2	—	3
人类学	—	—	—	—	—	0
总计	5	6	6	14	7	38

注：此表统计了 73 位生前得到津贴的科学家中生卒年代相近的 38 人。

资料来源：Roy Macleod, *Public Science and Public Policy in Victorian England*, Aldershot: Variorum, 1996, p.13。

1850 年，英国政府发放了第一批政府科学基金，分别拨给天文学、物理学、医学、生理学、化学等领域的 7 个项目。基金总额共计 1000 英镑，其中 350 英镑拨给了位于爱尔兰北部的阿尔玛（Armagh）天文台，用于出版在 18 世纪天文学家布拉德雷所制星表的基础上重新观测的结果；150 英镑拨给爱尔兰天文学家库珀（Edward Cooper, 1798—1863），用于出版他绘制的黄道星图；剩余 500 英镑平均分给 5 个项目，即布鲁克（Charles Brooke，1804—
1879）发明的磁力强度测试装置热效应的自动减弱器、琼斯
（Thomas Wharton Jones，1808—1891）对炎症的研究、欧文绘制的
树懒骨骼图、萨拜因（Edward Sabine，1788—1883）上校为裘园天
文台购买的新天文仪器、化学家斯坦豪斯（John Stephhouse，
1809—1880）对不同属植物的化学关系研究（见表 10-5）。① 这些
研究项目前期已经有了充足的准备，研究者均为皇家学会会员，
他们年龄在 40 岁到 60 岁，都是相对成熟、处于创造高峰阶段的科
学家。可见基金委员会持有一种谨慎而精细的选拔标准。

表 10-5　1850 年第一批政府科学基金的获得者、项目和额度

单位：英镑

序号	获得者	项目	额度
1	阿尔玛天文台	布拉德雷星表重测结果出版	350
2	库珀	黄道星图出版	150
3	布鲁克	磁力强度测试装置热效应的自动减弱器	100
4	琼斯	炎症研究	100
5	欧文	树懒骨骼图绘制	100
6	萨拜因上校	裘园天文台新天文仪器购置	100
7	斯坦豪斯	不同属植物的化学关系研究	100
总计			1000

资料来源：Roy Macleod，*Public Science and Public Policy in Victorian England*，
Aldershot：Variorum，1996，p. 328。

1850—1914 年，共有 938 位科学家、2316 个研究项目获得
政府科研基金 17.9 万英镑。② 得到基金的科学家以皇家学会会员

---

① Roy Macleod，*Public Science and Public Policy in Victorian England*，Aldershot：Variorum，
1996，p. 328.

② Roy Macleod，*Public Science and Public Policy in Victorian England*，Aldershot：Variorum，
1996，p. 324.

为主（见表 10-6）。额度主要在 50 英镑至 199 英镑，获得 300
英镑及以上大额资助的项目不多（见表 10-7）。随着科学本身的
发展以及政府行政管理能力的提高，基金发放范围越来越宽，得
到政府科研基金的项目逐年增多，从 19 世纪 50 年代的 90 个增
加到 20 世纪一战之前的 1114 个。但是，1850—1914 年共计 2316
个项目中，一半以上的项目（1216）实际上获得的资助低于 50
英镑，绝大多数研究项目得到的资助低于 300 英镑。[①] 也就是说，
单个项目能够领得到的政府基金算不得充裕。

表 10-6　对政府科学基金获得者是否为皇家学会会员的统计

单位：人

年份	皇家学会会员（F.R.S.）	非会员
1850—1854	88	12
1855—1859	73	27
1860—1864	95	5
1865—1869	73	27
1870—1874	77	23
1875—1879	75	25
1880—1884	67	33
1885—1889	66	34
1890—1894	60	40
1895—1899	58	42
1900—1904	52	48
1905—1909	52	48
1910—1914	44	56

注：此表对原表进行了简化。

资料来源：Roy Macleod, *Public Science and Public Policy in Victorian England*, Aldershot：
Variorum, 1996, p. 335。

---

① Roy Macleod, *Public Science and Public Policy in Victorian England*, Aldershot: Variorum,
1996, p. 335.

表 10-7　1877—1914 年政府科学基金的额度分布与获得者人数

单位：人

	50 英镑以下	50—99 英镑	100—199 英镑	200—299 英镑	300 英镑及以上	总计
1877—1880 年	10	10	23	7	4	54
1881—1885 年	1	15	16	—	4	36
1886—1890 年	4	3	4	—	2	13
1891—1914 年	5	2	3	1	—	11
总计	20	30	46	8	10	114

资料来源：Roy Macleod，*Public Science and Public Policy in Victorian England*，Aldershot：Variorum，1996，p. 349。

　　1850 年，英国政府发放科学基金时，基金委员会仅由艾里、休厄尔等几位皇家学会会员组成。1877 年和 1888 年，该基金委员会两度改革，进一步规范了科学资金的发放过程。1877 年，科学基金委员会将研究课题按照学科划分为数学、物理学和天文学、生物学和地质学、化学以及一般性目标几个部分。[1] 1888 年之后，对基金的管理进一步加强，委员会重新划分为 7 个部门，即 A. 数学、数理天文学和数学物理学，B. 实验物理学和天文观测，C. 化学和冶金学，D. 地质学、古生物学、矿物学和地理学，E. 植物学，F. 动物学和比较解剖学，G. 动物生理学和医学。[2] 1914 年之前，获得基金的研究项目集中在前三个门类（见表 10-8）。

_____

[1]　Roy Macleod，*Public Science and Public Policy in Victorian England*，Aldershot：Variorum，1996，p. 341.

[2]　Roy Macleod，*Public Science and Public Policy in Victorian England*，Aldershot：Variorum，1996，p. 352.

表 10-8　1877—1914 年政府科学基金获得者在不同科学领域的人数分布

单位：人

	1877—1880 年	1881—1885 年	1886—1890 年	1891—1914 年	总计
A. 数学、数理天文学和数学物理学	20	14	6	—	40
B. 实验物理学和天文观测	15	16	6	5	42
C. 化学和冶金学	19	6	1	—	26
D. 地质学、古生物学、矿物学和地理学	—	—	—	1	1
E. 植物学	—	—	—	3	3
F. 动物学和比较解剖学	—	—	—	2	2
G. 动物生理学和医学	—	—	—	—	0
总计	54	36	13	11	114

注：原表未列出 G. 动物生理学和医学一项。

资料来源：Roy Macleod, *Public Science and Public Policy in Victorian England*, Aldershot: Variorum, 1996, p.349。

　　政府科学基金属于直接针对科学研究活动的主动性、导向性投入。"科普利"奖、"拉姆福德"奖和皇室年俸津贴都是带有荣誉性质的奖励性资助，表示认可既有科学研究的价值，为获奖者已经取得的成就出资。而科研基金具有鼓励性质，是对科学家尚未得到的研究成果做出乐观的预期，为获奖者的尝试性努力付费。

　　政府科学基金是公共性投入，政府作为公众代理人为科学研究出资，代替了原来的私人资助者，意味着科学开始成为一种"公共科学"。公共科学基金提供了更加充足和稳定的资金、资料和资源支持，让尚处于早期阶段的科学活动得以延续，并且承受科学探索的不确定性所带来的高昂代价。而整个公共科学体制赋予科学家一种明确、持久的社会角色。这一角色实现了科学家的自我定位与社会期望之间的一种平衡，并且不断容纳更多的后起之秀，让科学家的代际相传与科学知识的累积传承同步进行，而这种同步性才是科学创造活力的根本来源。

　　进入 19 世纪下半叶，英国的公共科学体制不断发展完善。但是，该国的私人资助体系和业余科学传统却从未真正消失。著名的卡文迪许实验室便是德文郡伯爵七世（William Cavendish，1808—1891）出资的结果，这里诞生了麦克斯韦（James Maxwell，1831—1879）、汤姆森（J. J. Thomson，1856—1940）、卢瑟福（Ernest Rutherford，1871—1937）等科学巨人。[1] 第一次世界大战爆发前，皇家学会会长、元素铊的发现者克鲁克（William Crooke，1832—1919）依然还在自己的私人实验室里做研究。[2] 在科学奖励形式上，封爵和国葬这两种明显带有私人和业余传统特色的制度延续至今。19 世纪上半叶，J. 巴罗、J. 赫舍尔、戴维被封为从男爵。19 世纪下半叶，外科消毒法创始人李斯特（Joseph Lister，1827—1912）、热力学第二定律提出者汤姆森（William Thomson，1824—1907）、阿姆斯特朗、克鲁克等人被封爵。继牛顿之后，瓦特、戴维、焦耳（James Prescott Joule，1818—1889）、麦克斯韦、达尔文都长眠于威斯敏斯特教堂，2018 年天文学家霍金获得这一殊荣。今天，英国各城镇的露天集市上往往少不了一个博物学摊位，这里摆放着各种矿石、化石、假宝石和便携式显微镜，显示出这个国家业余科学爱好者经久不衰的蓬勃热情。

---

① 德文郡伯爵七世出资 6300 英镑，并要求校方聘请教授。

② David Knight, *The Making of Modern Science*：*Science*，*Technology*，*Medicine and Modernity*：*1789-1914*，Cambridge：Polity Press，2009，p. 130.

结　语

　　从 16 世纪下半叶英国知识阶层接纳和推崇实验科学方法论，到 19 世纪中叶英国政府作为公众的代理人聘用科学家和为科学活动出资，英国完成了科学建制化的早期阶段，初步形成了今天意义上的公共科学体制。这一段历史可以看作科学在英国社会和文化条件下展开和实现其内在本质的过程。科学建制化的共性和个性都可以从这段历史中一窥究竟。

　　科学建制化的共性大概有以下几点。

　　第一，实验科学方法的合理性和合法性得到社会承认。经验事实成为真理标准有着历史必然性，如宗教改革的影响，但是不具备认识论上的必然性，后一点从经验论和唯理论的长期争论中便可以看出。

　　第二，实验科学这种特殊的认知方法本身决定了它的公共属性。实验借助工具和仪器对经验事实进行预定和操控，本质上是将个别经验转化为集体经验的过程。而个别经验的来源、工具仪器的制造与改进以及集体经验的传播和强化等，无不需要外在社会文化资源与物质资料的输入。这也解释了科学为什么是一种代价高昂、极具消耗性的实践活动。

第三，科学的公共性可以大致分为内部公有性和外部公共性。内部公有性涉及科学共同体的形成、科学评价机制、科学组织结构等。外部公共性包含科学资助体系下科学家的政治参与、科学的技术化和社会化、科学传播与科学文化等。如果对科学建制化下一个定义，它应该是科学这样一种特殊的认知方法通过组织化、政治化、社会化、技术化和职业化的途径，逐步展开和实现其公共性的过程。

第四，科学在理论、实验操作和体制三个层面的历史发展相互交织、相互匹配、不可分割。例如，科学组织模式能够影响科学理论产出，专职科学家更有可能取得数学和理论物理学的突破，而业余科学家往往首选自然志。例如，科学家用新科学仪器得到新的科学发现，而科学家能否得到新科学仪器又取决于科学资助制度形式。再如，科学知识的分野不可避免地带来了科学组织的分化。

第五，科学家这一社会精英角色的出现，是历史上科学人的自我定位与外在的社会期望不断博弈、最终达成一致的结果。自然研究者不再是古代讲经传道的学人、智者和哲学家，也不再是近代早期乐于动手做实验和野外探险考察的航海者、绘图员、化学家、医生、商人、官员，而是休厄尔造出的新英文词"scientists"特指的对象。科学的专业化和职业化看似是一个去中心过程，即科学从近代早期少数人的智力游戏、怡情享受、交际话题，变成了令许多现代社会成员忙忙碌碌的庞然大物，实际上是知识权威为庞大的科学家群体所共同享有，只不过科学共同体内部又采取技术化的分工形式，才显得今天个体科学家的地位不及历史上的精英科学家。

第六，经验事实、科学人和科学体制构成了推动科学史的正题、反题与合题。科学人对经验事实做出回应，这个经验事实不单纯是自然，也不单纯是通过工具仪器观察到的现象，还包括时代大潮带来的文化呼声与社会需求。这一回应的结果是一定的科学体制形成的，特定的科学体制又规定了新的经验事实。矛盾运动，周而复始，推动历史。唯一不变的是人们做出回应的主动性，而这才是真正意义上先贤所说的推动他者却不为他者所动的"火"。

英国科学发展的特点可以归结为以下几方面。

第一，培根第一次系统阐述了实验科学方法。皇家学会的成立让科学知识的生产、累积和传播变得有组织性。知识权威与国王和政府的政治权力不断互动，这种互动在英国内战、王朝复辟、殖民扩张和北美独立战争背景下表现明显。工业革命时期的生产发展和社会转型创造出对于科学的巨大需求。最后，一类接受科学分科教育和专业水平遴选的科学家出现了。他们被要求服务于公众，并接受公众的资助。

第二，如果将科学建制化的几种要素在各国之间进行比较，则可以粗略看出历史上英国科学体制的特点。英国和法国的科学组织化同时发生，但是路径不同。皇家学会实行松散的会员制，沿袭文艺复兴晚期以来的私人资助制度和业余研究传统，研究课题宽泛，在庞大的科学共同体内发起同行评议，首创权之争较多；巴黎科学院由政府拨款和管理，组织严整，课题集中，理论范式之争较多。法国模式接近于今天的科研院所，也更符合培根对所罗门宫的设想；英国模式却有其自洽的逻辑，政府无为、学人自助的方式在历史上被认为有利于保护科学机构的独立性和科学研究的创造性。至于哪一种组织模式可以带来更高的科学产出，要视具体的学科特点和发展阶段而言。19 世纪，英国尽管在理论力学和数学方面不及法国，却在自然志方面保持领先地位。

第三，英国科学的政治化反映为科学家个人积极参与政治事务：维护王权、协助政府、推动改革和扩大殖民地等。这种积极性与历史上科学人物强调的自助和自主似乎是矛盾的，或许可以解释为尚未获得明确社会角色的科学人争取外界认可的一种努力。法国科学家的政治参与同样是主动而活跃的，拉普拉斯、夏普塔尔在法国政界的影响不亚于班克斯在英国的影响。不过，法国科学家群体、科学机构与政治的联系似乎更为紧密，如法国大革命对巴黎科学院、拿破仑战争对巴黎理工学校和巴黎高师的影响。

第四，英国科学的社会化程度超过了同一时期的法国，这是它率先启动工业革命和社会现代化转型的结果。应该看到，"英国科学衰落论"也是科学社会化推进到一定阶段的产物。与近代英国的政治改革、思想转变和社会转型一样，英国科学的建制发展也显示出一种新旧调和、缓慢推进的趋势。科学体系中的私人、业余者、个体、贵族等要素始终存在，但是科学职业和公共科学制度又要破茧而出，两者之间的矛盾在 19 世纪上半叶国际竞争和国内政治改革的背景下进一步激化了，遂表现为皇家学会成立之初的信条受到质疑，唱衰之声不绝于耳。

19 世纪下半叶以来，世界科学突飞猛进，私人和业余传统显得越来越不合时宜。20 世纪的大科学模式更是对科学投入和科学组织提出了极高的要求。但是，进入 21 世纪，人工智能和大数据的发展让科学体制的灵活性和多样性重新引发人们的注意。过细、过窄的分科和专业化在应对不断"熵增"的经济活动与社会实践时也显示出乏力。在这种情况下，我们以史为鉴，既不需要过于强调要在业余科学传统自身框架内对其进行考察，也不强求一定要从历史上找出一些要素或者规律，补贴给现下的科学文化和科技政策。或许我们应该借用"筏喻"，先跳出原来过度简化的科学观，真正把握科学的流变、复杂、社会化本质，再基于本国具体实践，寻求科学活力的源泉，预判科学发展的走向。

附录一 大事记

1600 年　吉尔伯特的六卷本《论磁》出版

1609 年　哈里奥特、沃纳和休斯三人组成东方"三博士"

1619 年　牛津大学设立几何学教席

1621 年　牛津大学设立自然哲学和天文学教席

1624 年　培根的《新大西岛》出版

1628 年　哈维的《心血运动论》出版

1642 年　英国内战

1651 年　霍布斯的《利维坦》出版

1661 年　波义耳的《怀疑的化学家》出版

1662 年　皇家学会成立

1663 年　皇家学会产生第一批会员 131 人

1663 年　巴罗任剑桥大学卢卡斯数学教授

1665 年　《哲学学报》刊行

1669 年　剑桥大学设立植物学教席

1675 年　格林威治天文台兴建

1677 年　胡克任皇家学会秘书长

1687 年　牛顿的《自然哲学的数学原理》出版

1688 年　英国光荣革命

1702 年　剑桥大学设立化学教席

1703 年　牛顿担任皇家学会会长

1704 年　剑桥大学设立天文学教席

1731 年　伦敦皇家学会颁发"科普利"奖

1750 年　《哲学学报》编委会成立

1761 年　伦敦皇家学会派出科考队观测金星轨道

1771 年　普利斯特列发现"脱燃素气"即氧气

1777 年　避雷针"尖与钝"之争

1778 年　班克斯就任伦敦皇家学会会长

1783 年　爱丁堡皇家学会成立

1788 年　都柏林皇家学会成立

1788 年　林奈学会成立

1791 年　普利斯特列住所与实验室被毁

1793 年　英国农业与国内进步会成立

1798 年　《哲学杂志》刊行

1799 年　皇家研究院成立

1800 年　伦敦皇家外科学院成立

1800 年　皇家学会颁发"拉姆福德"奖

1802 年　伦敦街头安装煤气灯

1805 年　特拉法尔加海战

1807 年　伦敦地理学会成立

1808 年　道尔顿的《化学哲学新体系》出版

1813 年　《哲学年鉴》刊行

1815 年　英国《药剂师法案》颁布

1818 年　玛丽·雪莱的《科学怪人》出版

1823 年　格拉斯哥与伦敦的机械研究院成立

1824 年　皇家动物保护学会成立

1825 年　斯道克顿至达林顿铁路开通

1826 年　伦敦大学学院成立

1830 年　巴贝治的《论英国科学之衰落》出版

1831 年　法拉第发现电子感应现象

1832 年　《改革法案》出台

1833 年　休厄尔造英文词"科学家"

1834 年　皇室年俸拨给科学家做生活津贴

1837 年　休厄尔的《归纳科学史》出版

1842 年　查德威克发表《不列颠劳动人民卫生条件报告》

1844 年　钱伯斯的《创世自然史的遗迹》匿名出版

1846 年　皇家学会限制非科学家入会

1848 年　欧文的《脊椎动物骨骼原型与同源性》出版

1849 年　赫舍尔编写《海军部科学研究手册》

1850 年　英国政府发放科学基金

1851 年　伦敦举办万国工业博览会

1853 年　英国科技部成立

1859 年　达尔文的《物种起源》出版

1863 年　《碱业法》颁布

1869 年　《自然》杂志刊行

1870 年　英国政府成立"科学教育和科学进步皇家委员会"

1875 年　伦敦医学学校对妇女开放

1879 年　大英博物馆对公众开放

1881 年　伦敦自然史博物馆开放

1900 年　英国国家物理实验室成立

附录二 人名译名对照表[*]

A

阿德拉尔德　Adelard of Bath，活跃于 12 世纪

阿尔伯特　Prince Albert，1819—1861

阿卡姆　Frederick Accum，1769—1838

阿克莱特　Richard Arkwright，1732—1792

阿奎那　Thomas Aquinas，1225—1274

阿姆斯特朗　William Armstrong，1810—1900

阿斯克　Robert Aske，1500—1537

阿特金森　Dwight Atkinson

埃杰顿　David Edgerton

埃利奥特　Henry Miers Elliot，1808—1853

埃奇沃思　Richard Lovell Edgeworth，1744—1817

艾金　Arthur Aikin，1773—1854

艾克　Johannes Eckius

艾里　George Airy，1801—1892

艾森　Boris Hessen，1893—1936

艾沃利　James Ivory，1765—1842

奥登伯格　Henry Oldenburg，1618—1677

奥古斯丁（希帕）　Augustine of Hippo，354—430

奥古斯丁（坎特伯雷）　St. Augustine of Canterbury，? —604/605

奥特莱德　William Oughtred，1574—1660

奥祖　Adrian Auzout，1622—1691

B

C. 巴贝治　Charles Babbage，1791—1871

H. 巴贝治　Henry Babbage，1824—1918

巴尔罗　William Barlowe，? —1613

巴勒　William Balle，1631—1690

I. 巴罗　Isaac Barrow，1630—1677

J. 巴罗　John Barrow，1764—1848

巴尼斯特　John Banister，1533—1610

巴萨拉　George Basalla

巴瑟斯特　Ralph Bathurst，1620—1704

巴沙姆的雨果　Hugode Balsham，? —1286

拜雷　Walter Bayley，1529—1593

班布里奇　John Bainbridge，1582—1643

班克斯　Joseph Banks，1743—1820

贝茨　Henry Walter Bates，1825—1892

贝尔　Charles Bell, 1774—1842

贝甘　Jean Beguin, 1550—1620

贝克　Bernard Becker, 1833—?

贝克特　Thomas Becket, 1118—1170

贝托莱　Claude-Louis Berthollet, 1748—1822

本·戴维　Joseph Ben-David, 1920—1986

贝多斯　Thomas Beddoes, 1760—1808

比格尔　John Beagle, 1603—1683

博尔哈弗　Herman Boerhaave, 1668—1738

博格斯底　Francis Burgersdijck, 1590—1635

博克雷　Miles Berkeley, 1803—1889

博克贝克　George Birkbeck, 1776—1841

博克斯特　Richard Boxter, 1615—1691

博纳文都　Bonaventura, 1217—1274

博斯托克　Richard Bostocke, 1690—1747

伯格曼　Torbern Bergman, 1735—1784

伯曼　Morris Berman

伯纳德　Edward Bernard, 1638—1697

泊松　Siméon Denis Poisson, 1781—1840

波埃修　Boethius, 480—524

波特　James Porter, 1710—1776

波维尔　Baden Powell, 1796—1860

波义耳　Robert Boyle, 1627—1691

R. 波义耳　Richard Boyle, 1566—1643

布干维尔　Louis Antoine de Bougainville, 1729—1811

布拉德华　Thomas Bradwardine, 1290—1349

布拉德雷　James Bradley, 1693—1762

布莱尔　Alexander Blair

J. 布莱克　Joseph Black, 1728—1799

W. 布莱克　William Black, 1757—1827

布朗　Robert Brown, 1773—1858

布朗德维尔　Thomas Blundeville, 1522—1606

布里茨　John Blyth, 1503—1568

布里格斯　Henry Briggs, 1561—1630

布隆克尔　William Brouncker, 1620—1684

布鲁克　Charles Brooke, 1804—1879

布鲁内尔　Isambard Kingdon Brunel, 1806—1859

布鲁内莱斯基　Filippo Brunelleschi

布鲁诺　Giordano Bruno, 1548—1600

布鲁斯特　David Brewster, 1781—1868

C

查勒内　Thomas Chaloner, 1559—1616

查理顿　Walter Charleton, 1620—1707

D

达朗布赫　Jean Baptiste Joseph Delambre, 1749—1822

戴　Thomas Day, 1748—1789

戴维　Humphry Davy，1778—1829

道本尼　Charles Daubeny，1795—1867

道尔顿　John Dalton，1766—1844

道格拉斯　James Douglas，1702—1768

德拉·波塔　Giambattista della Porta，1535—1615

德拉瓦尔　Edward Delaval，1729—1814

德·扬　Ursula De Young

第奥斯科里德　Dioscorides

迪格斯　Thomas Digges，1546—1595

迪克斯　Jeremiah Dixon，1733—1779

杜里　John Dury，1596—1680

多尔尼克　Edward Dolnick

多兰德　John Dolland，1706—1761

F

法拉第　Michael Faraday，1781—1867

菲茨威廉伯爵三世　William Wentworth Fitzwilliam，1786—1857

菲利普　John Phillips，1800—1874

菲利斯　Anastasio de Filiis，1577—1608

费希尔　John Fisher，1469—1535

芬奈尔　William Ffennell，1799—1867

冯·盖里克　Otto von Guericke，1602—1686

冯·霍夫曼　August Wilhelm von Hofmann，1818—1892

福比斯　James Frobes，1809—1868

福克斯　Martin Folks，1690—1754

福斯特　Samuel Foster,？—1652

弗拉姆斯提德　John Flamsteed，1646—1719

弗拉维乌斯　Flavius Amalfitanus

弗朗特　Palmira Frontesda Costa

弗雷德　Christian Fred

弗雷德王子　August Frederick

富兰克林　Benjamin Franklin，1706—1790

G

盖伦　Galenus，129—216

盖·吕萨克　Joseph Louis Gay-Lussac，1778—1850

冈特　Edmund Gunder，1581—1626

高斯　Carl Friedrich Gauss，1777—1855

格兰维尔　Augustus Bozzi Granville，1783—1872

戈达德　Jonathan Goddard，1617—1675

戈德史密斯　Maurice Goldsmith

格雷戈里　David Gregory，1659—1708

格雷特雷克斯　Ralph Greatorex，1625—1675

格雷歇姆　Tomas Gresham，1518—1579

格里弗斯　John Greaves，1602—1652

格利森　Francis Glisson，1599—1677

格林　Charles Green，1735—1771

格鲁　Nehemiah Grew，1641—1712

哥伦博　Matteo Realdo Columbo，1516—1559

哥伦布　Christopher Columbus，1452—1506

古丁　David Gooding

H

哈德维克　Robert Hardwicke，1822—1875

哈顿　John Hutton，1726—1797

哈考特　William Harcourt，1789—1871

哈雷　Edmund Halley，1656—1742

哈里奥特　Thomas Harriot，1560—1621

哈维　William Harvey，1578—1657

海默尔　Nathaniel Highmore，1613—1695

汉克　Theodore Haak，1605—1690

汉密尔顿　William R. Hamilton，1805—1865

汉斯洛　John Henslow，1796—1861

赫谟根尼　Hermogenes of Tarsus

C. 赫舍尔　Caroline Hershel，1750—1848

J. 赫舍尔　John Hershel，1792—1871

W. 赫舍尔　William Hershel，1738—1822

赫特斯伯里　William Heytesbury，1313—1372/1373

亨利　Will Henry，1743—1805

亨特　Michael Hunter

亨肖　Thomas Henshaw，1618—1700

胡克　Robert Hooke，1635—1703

胡克尔　Richard Hooker，1554—1600

华莱士　Alfred Russel Wallace，1823—1913

怀特　Charles White，1728—1813

怀特赫斯特　John Whitehurst，1713—1788

惠特吉夫特　John Whitgift，1530—1604

霍比爵士　Thomas Hoby，1530—1566

霍布斯　Thomas Hobbs，1588—1679

霍尔　John Hall，1627—1656

霍尔　Stephen Hale，1677—1761

J

基德　Thomas Kyd，1558—1594

吉尔伯特　William Gilbert，1544—1603

贾比尔　Abu Musa Jabir Ibn Hayyan

伽利略　Galileo Galilei，1564—1642

伽桑狄　Pierre Gassendi，1592—1655

J. 加斯科因　John Gascoigne

R. 加斯科因　Robert Gascoigne

W. 加斯科因　William Gascoigne，1612—1644

焦耳　James Prescott Joule，1818—1889

居维叶　George Cuvier，1769—1832

K

卡丹　Hieronymus Cardanus，1501—1576

卡德威尔　Donald Cardwell

卡莱尔　Anthony Carlisle，1768—1840

E. 卡特莱特　Edmund Cartwright，1743—1823

T. 卡特莱特　Thomas Cartwright，1535—1603

C. 卡文迪许　Charles Cavendish，1594—1654

C. 卡文迪许　Charles Cavendish，1704—1783

H. 卡文迪许　Henry Cavendish，1731—1810

W. 卡文迪许　William Cavendish，1592—1676

W. 卡文迪许　William Cavendish，1808—1891

凯厄斯　John Caius，1510—1573

凯尔　John Keill，1671—1721

凯特　Henry Kater，1777—1835

坎贝尔　Thomas Campbell，1777—1844

坎顿　John Canton，1718—1772

康普顿　Spencer Compton，1790—1851

考利　Abraham Cowley，1618—1667

柯尔贝尔　Jean-Baptiste Colbert，1619—1683

克拉布特里　William Crabtree，1610—1644

克拉克　Samuel Clarke，1675—1729

克拉克　Timothy Clarke，? —1672

克兰默　Thomas Cranmer，1489—1556

克勒克　Henry Clerke，1622—1687

克里森　Mary L. Cleason

克里斯蒂安七世　Christian Ⅶ，1749—1808

克鲁克　William Crooke，1832—1919

克伦威尔　Thomas Cromwell，1485—1540

克罗斯兰　Maurice Crosland

孔德　August Comte，1798—1857

A. 库克　Antony Cooke，1504—1576

M. 库克　Mordecai Cubitt Cooke，1825—1914

库珀　Edward Cooper，1798—1863

库克船长　James Cook，1728—1779

夸美纽斯　Jan Amos Comenius，1592—1670

奎科尔　Johann Kunckel，1630—1682

昆体良　Marcus Fabius Quintilianus，35—100

L

拉雷　Walter Raleigh，1554—1618

拉马克　Jean-Baptiste Lamarck，1744—1829

拉姆雷　John Lumley，1533—1609

拉普拉斯　Pierre-Simon Laplace，1749—1827

拉塞尔　Colin Russell

拉瓦锡　Antoine-Laurentde Lavoisier，1743—1794

莱昂　Henry G. Lyon

莱恩　Franciscus Line，1595—1675

莱斯利　John Leslie，1766—1832

J. 莱特　Joseph Wright of Derby，1734—1797

S. 莱特　Susanna Wright，1697—1784

莱特曼　Bernard Lightman

赖尔　Charles Lyell, 1797—1875

赖考特　Paul Rycaut, 1629—1700

赖特　Edward Wright, 1561—1615

兰伯特　John Lambert

兰登　John Landen, 1719—1790

兰普沃斯　Edward Lapworth, 1574—1636

兰什　William T. Lynch

劳埃德　Humphrey Lloyd, 1800—1881

劳德　William Laud, 1573—1645

勒尼奥　Henry Victor Regnault, 1810—1878

雷恩　Christopher Wren, 1632—1723

李比希　Justusvon Liebig, 1803—1873

利纳克尔　Thomas Linacre, 1460—1524

李斯特　Joseph Lister, 1827—1912

林德　James Lind, 1736—1812

林奈　Carl Linnaeus, 1707—1778

路德　Martin Luther, 1483—1546

鲁夫　George Ruffle, ? —1916

鲁克　Lawrence Rooke, 1622—1662

卢瑟福　Ernest Rutherford, 1871—1937

罗奥　Jacques Rohault, 1618—1672

罗巴克　John Roebuck

罗宾森　Thomas Robinson，1792—1882

罗杰特　Peter Rogent，1779—1869

罗克斯堡　William Roxburgh，1751—1815

罗洛克　Robert Rollock，1555—1599

洛克耶　Norman Lockyer，1836—1920

洛金　Thomas Lorkin，1528—1591

A. 罗素　Alexander Russell，1715—1768

P. 罗素　Patrick Russell，1727—1805

M

马尔比基　Marcello Malpighi，1628—1694

马克林　Charles Maclean，1768—1826

马里　Robert Moray，1608—1673

马洛　Christopher Marlowe，1564—1593

马斯基林　Nevil Maskelyne，1732—1811

马辛格　Philip Massinger，1583—1639

麦考利男爵　Thomas Macaulay，1800—1859

麦克莱伦　James McClellan

麦克劳德　Roy Macleod

麦克斯韦　James Maxwell，1831—1879

迈克劳林　Colin Maclaurin，1698—1746

梅奥　John Mayow，1641—1679

梅茨　John Theodore Metz，1840—1922

梅里特　Christopher Merret，1614—1695

梅森　Charles Mason，1728—1786

弥德顿　Thomas Middleton，1580—1627

米勒　David Miller

米歇尔　John Michell，1724—1793

莫蒂默　Cromwell Mortimer，1693—1752

默顿　Robert K. Merton，1910—2003

莫顿　Charles Morton，1627—1698

摩尔　Henry More，1614—1687

莫尔　Thomas More，1478—1535

墨菲　Thomas Muffet，1553—1604

莫卡特　Gerard Mercator，1512—1594

莫雷尔　Jack Morrel

莫雷斯　Iwan Morus

莫里　Jack Morrell

莫奇森　Roderick Murchison，1792—1871

莫斯布莱特　James Muspratt，1793—1886

N

纳什　Thomas Nashe，1567—1601

奈特　David Knight

耐特　Richard Knight，1768—1844

内皮尔　John Napier，1550—1617

尼尔　William Neile，1637—1660

尼科尔森　William Nicholson，1753—1815

普劳特　Robert Plot，1640—1696

普利斯特列　Joseph Priestley，1733—1804

普里西安　Priscianus Caesariensis

普林格尔　John Pringle，1707—1782

蒲劳脱　William Prout，1785—1850

老普林尼　Gaius Plinius Secundus，23—79

Q

齐林沃斯　William Chillingworth，1602—1644

切西　Fredrigo Cesi，1585—1630

琼斯　Thomas Wharton Jones，1808—1891

R

让·饶勒斯　Jean Jaurès，1859—1914

日夫鲁瓦　Étienne-François Geoffroy，1672—1731

S

萨拜因　Edward Sabine，1788—1883

萨克雷　Arnold Thackray

萨默维尔　Mary Somerville，1780—1872

萨斯　James South，1785—1867

萨维尔　Henry Savile，1549—1622

塞德雷　William Sedley，1558—1618

塞西尔　William Cecil，1520—1598

赛治维克　Adam Sedgwick，1785—1873

沙洛克　Robert Sharrock，1630—1684

莎士比亚　William Shakespeare，1564—1616

申斯通　William Shenstone，1714—1763

F. 史密斯　Francis Pettit Smith，1808—1874

J. 史密斯　James Smith，1759—1828

R. 史密斯　Robert Angus Smith，1817—1884

W. 史密斯　William Smith，1769—1839

W. G. 史密斯　Worthington George Smith，1835—1917

斯宾塞　Edmund Spenser，1552—1599

斯布莱特　Thomas Sprat，1635—1713

G. 斯蒂芬孙　George Stephenson，1781—1848

R. 斯蒂芬孙　Robert Stephenson，1803—1859

斯多科斯　George Stokes，1819—1903

司各脱　John Scotus Eriugena，800—877

斯卡波尔　Charles Scarburgh，1615—1693

斯考特　Helenus Scott，1757—1821

斯拉尔　Frederic Slare，1648—1727

斯隆　Hans Sloane，1660—1753

斯莫尔　William Small，1734—1775

斯诺　Charles Snow，1905—1980

斯塔布　Henry Stubbe，1632—1676

斯塔尔　Peter Stahl，活跃于 17 世纪 50—60 年代

斯泰达乌斯　Johnnes Stradnus，1523—1605

斯泰路蒂　Francesco Stelluti，1577—1652

斯坦豪斯　John Stephhouse，1809—1880

斯坦尼斯瓦夫二世　Stanislaus Augustus，1732—1798

斯托克斯　Jonathan Stokes，1755—1831

斯万　John Swan，? —1643

斯温斯海德　Richard Swineshead，? —1354

索尔兹伯里的约翰　John of Salisbury，1125—1180

索林根　Etel Solingen

索普　Charles Thorp，1783—1862

T

C. 汤利　Christopher Towneley，1604—1674

R. 汤利　Richard Towneley，1629—1707

汤姆林斯　Richard Tomlins

J. 汤姆森　Joseph John Thomson，1856—1940

T. 汤姆森　Thomas Thomson，1773—1852

W. 汤姆森（开尔文爵士）　William Thomson，1824—1907

汤普森　Benjamin Thompson，1753—1814

特纳　Peter Turner，1586—1652

特纳　William Turner，1508—1568

提劳施　Alexander Tilloch，1759—1825

廷代尔　William Tyndale，1490—1536

廷德尔　John Tyndall，1820—1893

托马斯·杨　Thomas Young，1773—1829

W

瓦特　James Watt, 1736—1819

韦伯斯特　John Webster, 1580—1632

韦尔德　Charles Richard Weld, 1813—1869

威尔金斯　John Wilkins, 1614—1672

威尔斯　Charles Wells, 1757—1817

威尔逊　Benjamin Wilson, 1721—1788

威克里夫　John Wycliffe, 1330—1384

维利尔斯　George Villiers, 1628—1687

维萨留斯　Andreas Versalius, 1514—1564

威瑟林　William Withering, 1741—1799

威瑟斯　Charles Withers

维斯普奇　Amerigo Vespucci, 1454—1512

温斯洛普　John Winthrop, 1587—1649

小温斯洛普　John Winthrop the Younger, 1606—1676

沃德　Seth Ward, 1617—1689

沃顿　Edward Wotton, 1492—1555

沃尔顿　William Walton, 1715—1787

沃拉斯顿　William H. Wollaston, 1766—1829

沃里克　Nathaniel Wallich, 1786—1854

J. 沃利斯　John Wallis, 1616—1703

S. 沃利斯　Samuel Wallis, 1728—1795

T. 沃利斯 Thomas Wallis, 1621—1675

J. 沃纳 John Warner, ? —1565

W. 沃纳 Walter Warner, 1563—1643

X

西奥多 Theodore of Tarsus, 620—690

西科德 James Secord

西沃德 Anna Seward, 1742—1809

希尔 Abraham Hill, 1633—1721

希普利 William Shipley, 1715—1803

肖特 Caspar Schott, 1608—1666

谢弗 Simon Schaffer

谢瓦利尔 Temple Chevallier, 1794—1873

休厄尔 William Whewell, 1794—1866

休斯 Robert Hues, 1553—1632

雪莱 Percy Shelley, 1792—1822

玛丽·雪莱 Mary Shelley, 1797—1851

Y

雅各布 Margaret Jacob

伊顿 Frederick Eden

伊弗林 John Evelyn, 1620—1706

伊拉斯塔斯 Thomas Erastus, 1524—1583

约翰（邓布尔顿） John of Dumbleton, 1310—1349

约翰·迪　John Dee，1527—1608

约翰·雷　John Ray，1628—1705

约翰逊　Samuel Johnson，1709—1784

Z

张夏硕　Hasok Chang

朱林　James Jurin，1684—1750

参考文献

一　英文文献

原始文献

Abraham Cowley, *A Proposition for the Advancement of Experimental Philosophy*, Printed by J. M. for Henry Herringman, 1661.

Anonymous, The Official Report of All Parliament Debates, Hansard, https：//hansard. parliament. uk/.

Anonymous, "The Newcastle-upon-tyne College of Physical Science," *Nature*, No. 4, July 1871.

Anonymous, *Report of the Meetings of the British Association for the Advancement of Science*, 1831-1938, Gallica, http：//gallica. bnf. fr/.

Anonymous, *Royal Institution Archives Collections*, http：//www. rigb. org.

Anonymous, *Science in the Nineteenth Century Periodical*, Sciper, https：//www. sciper. org/.

Anonymous, *Scientific and Learned Societies of Great Britain：A*

Handbook Complied from Official Sources, Vol. 27, London: Charles Griffin and Company, Limited, 1910.

Anonymous, *A Brief Vindication of the Royal Society: From the Late Invectives and Misrepresentations of Mr. Henry Stubbe*, Printed for John Martin, 1670.

Anonymous, *Memoirs of the Royal Academy of Sciences in Paris: Epitomized with the Lives of the Late Members of That Society. And a Preface*, Printed for William and John Innys, 1721, http://madcat. library. wisc. edu/cgi-bin/Pwebrecon. cgi? BBID = 2880267.

Anonymous, *Mémoires de l'Académie des Sciences de l'Institut de France*, 1816-1949, https://gallica. bnf. fr/.

Anonymous, *Proceedings of the British Association for the Advancement of Science*, 1835, Open Library, http://openlibrary. org.

Anonymous, *Philosophical Transaction of the Royal Society of London*, 1665-Present, Vol. 47, http://rstl. royalsocietypublishing. org/.

August Comte, *A General View of Positivism*, trans. , J. H. Bridges, London: Trubner and Co., Cambridge: Cambridge University Press, 2009.

Augustus Bozzi Granville, *Science without a Head, or Science Dissected*, Published by T. Ridgway, 1830.

Bernard Becker, *Scientific London*, New York: D. Appleton & Co., 1875, https://quod. lib. umich. edu/m/moa/aba0234. 0001. 001.

Charles Babbage, "Reflections on the Decline of Science in

England and on Some of Its Causes," *The Works of Charles Babbage*, ed., Martin Campbell-Kelly, New York: New York University Press, 1989.

Charles Lyell, *Principles of Geology*, London: John Murray, 1830-1832.

Charles Richard Weld, *A History of the Royal Society with Memoirs of the Presidents*, London: John W. Parker, West Strand, Hardpress, 2019.

Charles Richard Weld, Deuonshire Commission, *Reports of the Royal Commission on Scientific Instruction and the Advancement of Science*, 1874, http://www.educationengland.org.uk/documents/devonshire/devonshire.html.

Francis Bacon, *The New Organon*, eds., Lisa Jardine and Michael Silverthrone, Cambridge: Cambridge University Press, 2003.

Francis Bacon, *The Advancement of Learning*, The Project Gutenberg EBook, EBook #5500, transcribed from the 1893 Cassell & Company edition by David Price, 2002.

Francis Bacon, *The Works of Francis Bacon*, Collected and Edited by James Spedding, M.A., Roberg Leslie, M.A., and Douglas Denon Heath, 1870.

Henry Babbage, ed., *Babbage's Caculating Engine: Being a Collection of Papers relating to Them; Their History, and Construction*, London: E. and F. N. Spon, 125, Strand, 1889, Cambridge:

Cambridge University Press, 2010.

Henry Stubbe, *A Censure upon Certain Passages Contained in the History of the Royal Society*, *as Being Destructive to the Established Religion and Church of England*, Oxford: Printed for Richard Davis, 1671, https: //quod. lib. umich. edu/e/eebo/A61868. 0001. 001? rgn = main; view = fulltext.

Henry Stubbes, *Campanella Revived*, *or an Enquiry into the History of Royal Society*, *Whether the Virtuosi There Do Not Pursue the Projects of Campanella for the Reducing England unto Popery*, Oxford: Printed for the Author, 1670, https: //babel. hathitrust. org/cgi/pt? id = uc1. b4856307&view = 1up&seq = 15.

Humphry Devy, *Consolations in Travel*, London: John Murray, 1830, The Project Gutenberg EBook, http: //www. gutenberg. org/files/17882/17882-h/17882-h. htm.

Isaac Newton, *Opticks*: *Or*, *a Treatise of the Reflexions*, *Refractions*, *Inflexions and Colours of Light*: *Also Two Treatises of the Species and Magnitude of Curvilinear Figures*, Printed for Sam. Smith, and Benj. Walford. , 1704.

Isaac Newton, *Metaphysical Principles of Natural Philosophy*, translated by Andrew Mottein, 1729, Berkeley, Los Angeles, London: University of California Press, 1934.

Jean Jaurès, "Aux Instituteurs et Institutrices," *La Dépêche*, 15 Jan. 1888, https: //gallica. bnf. fr/ark: /12148/bpt6k4111675d. item#.

John Barrow, *Sketches of the Royal Society and Royal Society Club*, London: *John Murray*, 1849, Cambridge: Cambridge University Press, 2010.

John Tyndall, *Address Delivered before the British Association Assembled at Belfast*, 1874, http://www.victorianweb.org/.

John Wallis, "Dr. Wallis's Account of Some Passages of His Own Life," *The Works of Thomas Hearne, M. A. Containing the First Volumn of Peter Langtoft's Chronicle*, Vol. 3, Printed for Samuel Bagster, 1725.

John S.Mill, *On Liberty*, Indiana: Hackett Publishing Company, 1978.

John Whitehurst, *An Inquiry into the Original State and Formation of the Earth*, Printed for the Author, MDCCLXXVIII, https://www.reVolutionaryplayers.org.uk/john-whitehurst-and-18th-century-geology/.

Martin Luther, *An Open Letter to the Christian Nobility by Martin Luther* (*1483-1546*) *Proposals for Reform*, Part Ⅲ, 1520, Philadelphia: A. J. Holman Company, 1915, https://christian.net/pub/resources/text/wittenberg/luther/web/nblty-07.html.

Michael Faraday, *The Correspondence of Michael Faraday*, Institution of Electrical Engineers, 1993.

Paracelsus, *Paracelsus Essential Theoretical Writing*, edited and translated by Andrew Weeks, Leiden, Boston: Brill, 2008.

Richard Bostocke, *The Difference between the Auncient Phisicke and the Latter Phisicke*, London: Imprinted for Robert Walley, 1585, http://tei.it.ox.ac.uk/tcp/Texts-HTML/free/A00/A00508.html.

Richard Owen, *Report of the British Association for the Advancement of Science*, London, http://www.biodiversitylibrary.org/bibliography/2276.

Robert Boyle, "Experiments with the Air-pump," *English Science, Bacon to Newton*, ed., Brian Vickers, Cambridge: Cambridge University Press, 1987.

Robert Boyle, *The Correspondence of Robert Boyle*, Pickering & Chatto, 2001.

Robert Boyle, "The Sceptical Chymist," *English Science, Bacon to Newton*, ed., Brian Vickers, Cambridge: Cambridge University Press, 1987.

Robert Boyle, *Essays of the Strange Subtilty, Great Efficacy Determinate Nature, of Effluviums to Which Are Annext New Experiments to Make Fire and Flame Ponderable: Together with a Discovery of the Perviousness of Glass*, Printed by W. G. (ie. William Godbid) for M. Pitt..., 1673, http://madcat. library. wisc. edu/cgi-bin/Pwebrecon. cgi? BBID = 4963816.

Robert Boyle, *Of the High Veneration Man's Intellect Owes to God, Peculiarly for His Wisdom and Power*, Printed by M. F. for Richard Davis, 1685, EEBO, Early English Books Online.

Robert Hooke, "Micrographia," *English Science, Bacon to Newton*, Cambridge: Cambridge University Press, 1987.

Thomas Babington Macaulay, *The History of England from 1485 to 1685*, ed., Peter Rowland, London: The Folio Society, 1985.

Thomas Burton, *Dairy of Thomas Burton Volumn 1-4*, British History Online.

Thomas Hobbes, *Leviathan or the Matter, Forme and Power of a Commonwealth Ecclesiasticall and Civil*, Printed for Andrew Crooke, 1651.

Thomas Sprat, *The History of the Royal Society of London for the Improving of Natural Knowledge*, 3rd Edition, Printed for J. Knapton, 1722.

Thomas Thomson, *History of the Royal Society: From Its Institution to the End of the Eighteenth Century, 1812*, Cambridge: Cambridge University Press, 2011.

William Whewell, "Review of the Connection of Physical Sciences by Mrs. Somerville," *Quarterly Review*, Vol. LI, 1834.

William Whewell, *Philosophy of the Inductive Sciences: Founded upon Their History*, London: John Parker, 1860, Gutenberg EBook, https://www. gutenberg. org/files/51555/51555-h/51555-h. htm.

英文著述

Agnes Arber, "Robert Sharrock (1630-1684): A Precursor of Nehemiah Grew (1641-1712) and Exponent of 'Natural Law' in the Plant World," *Isis*, Vol. 50, No. 1, 1960.

Alan Smith, "Engines Moved by Fire and Water: The Contribution of Fellows of the Royal Society to the Development of Steam Power, 1675-1733," *Transactions of the Newcomen Society*

(England), Vol. 66, No. 1, 1995.

Alfred North Whitehead, *Science and the Modern World*, New York: The Free Press, 1997.

Allen Debus, *The English Paracelsians*, London: Oldbourne Press, 1965.

Andrew Dickson White, *A History of the Warfare of Science with Theology in Christendom*, Cambridge: Cambridge University Press, 2009.

Anna Marie Roos, *The Salt of the Earth: Natural Philosophy, Medicine, and Chymistry in England, 1650-1750*, Leiden: Brill, 2007.

Barbara M. D. Smith and J. L. Moilliet, "James Keir of the Lunar Society," *Notes and Records of the Royal Society of London*, Vol. 22, No. 1/2, Sept. 1967.

Bernard Lightman, "Refashioning the Spaces of London Science: Elite Epstemes in the Nineteenth Century," *Geographies of Nineteenth-century Science*, ed., David Livingstone, Chicago: The University of Chicago Press, 2011.

Betty J. T. Dobbs, *The Foundation of Newton's Alchemy or "The Hunting of Green Lyon"*, Cambridge: Cambridge University Press, 1975.

Boris Hessen, "The Social and Economic Roots of Newton's Principia," G. Freudenthal and P. McLaughlin, eds., *The Social and Economic Roots of the Scientific Revolution*, Boston Studies in the Philosophy of Science 278, Heidelberg, London and New York: Springer, 2009.

Brett Bennet, "The Consolidation and Reconfiguration of 'British' Networks of Science, 1800-1970," *Science and Empire: Knowledge and Networks of Science Aross the British Empire, 1800-1970*, New York: Palgrave Macmillan, 2011.

Brett M. Bennett and Joseph M. Hodge, eds. , *Science and Empire: Knowledge and Nets of Science Aross the British Empire, 1800-1970*, New York: Palgrave Macmillan, 2011.

Brian Vickers ed. , *English Science, Bacon to Newton*, Cambridge: Cambridge University Press, 1987.

Bruno Latour, *Laboratory Life: The Construction of Scientific Facts*, New Jersey: Princeton University Press, 1986.

Char Davi, *Geographies of Nineteenth-century Science*, Chicago: The University of Chicago Press, 2011.

Charles Snow, *The Two Cultures*, Cambridge: Cambridge University Press, 1998.

Charles Webster, "Puritanism, Separatism, and Science," *God and Nature: Historical Essays on the Encounter between Christianity and Science*, Vol. Ed, David Lindberg and Ronald Numbers, California: University of California Press, 1986.

Charles Webster, *The Great Instauration: Science, Medicine and Reform, 1626-1660*, London: Duckworth, 1975.

Charles Withers, "Scale and the Geographies of Civic Science: Practice and Experience in the Meetings of the British Association for the Advancement of Science in Britain and in Ireland, c. 1845-1900," *Geographies of Nineteenth-century Science*, Chicago: The University of Chicago Press, 2011.

Charles Withers, *Geography and Science in Britain*, *1831-1939: A Study of the British Association for the Advancement of Science*, Manchester: Manchester University Press, 2010.

Colin Russell, *Science and Social Change in England and Europe: 1700- 1900*, New York: Palgrave Macmillan, 1984.

David Harley, "Rychard Bostok of Tandridge, Surrey (C. 1530- 1605), M. P. , Paracelsian Propogandist and Friend of John Dee," *Ambix*, Vol. 47, Part I, Mar. 2000.

David P. Miller, "Between Hostile Camps: Sir Humphry Davy's Presidency of the Royal Society of London, 1820-1827," *British Journal for the History of Science*, No. 16, 1983.

David C. Lindberg, *The Beginnings of Western Science: The European Scientific Tradition in Philosophical, Religious, and Institutional Context, 600 B. C. to A. D. 1450*, Chicago and London: The University of Chicago Press, 1992.

David Cahan, "Institutions and Communities," *From Natural Philosophy to the Science: Writing the History of Nineteenth-century Science*, Chicago: The University of Chicago Press, 2003.

David Edgerton, *Science, Techonology and the British Industrial "Decline", 1870-1970*, Cambridge: Cambridge University Press, 1996.

David Gooding and James, Frank eds., *Faraday Rediscovered: Essays on the Life and Work of Michael Faraday*, New York: Macmillan, 1985.

David Knight, *The Making of Modern Science: Science, Technology, Medicine and Modernity: 1789-1914*, Cambridge: Polity Press, 2009.

Dobbin Franck, *Forging Industrial Policy: The United States, Britain and France in the Railway Age*, Cambridge: Cambridge University Press, 1994.

Donal Sheehan, "The Manchester Literary and Philosophical Society," *Isis*, Vol. 33, No. 4, Dec. 1941.

Donald Cardwell, *Organization of Science in England*, London: Heinemann Educational, 1972.

Dwight Atkinson, *Scientific Discourse in Socio-historical Context: The Philosophical Transactions of the Royal Society of London, 1675-1975: Rhetoric, Knowledge, and Society*, Lawrence Erlbaum Associates, Inc., 1999.

Edgar Zilsel, "The Origins of William Gilbert's Scientific Method," *Journal of the History of Ideas*, Vol. 2, No. 1, Jan. 1941.

Edward Dolnick, *The Clockwork Universe: Isaac Newton, the Royal Society, and the Birth of the Modern World*, London: Harper Collins, 2011.

Frank Robert G. Jr., "Science, Medicine, and the Universities of Early Modern England," *History of Science*, No. xi, 1973.

Gale E. Christianson et al., "Newton's Scientific and Philosophical Legacy," *International Archives of the History of Ideas*, 1988.

Gary B. Deason, "Reformation Theology and the Mechanicstic Conception of Nature," *God and Nature：Historical Essays on the Encounter between Christianity and Science*, California：University of California Press, 1986.

Geoffrey Belknap, "Illustrating Natural History：Images, Periodicals, and the Making of Nineteenth-century Scientific Communities," *British Journal for the History of Science*, Vol. 51, No. 3, Sept. 2018.

George Basalla, William Coleman and Robert Kargon, eds. , *Victorian Science：A Self-portrait from the Presidential Addresses of the British Association for the Advancement of Science*, New York：Garden City, 1970.

George Foote, "The Place of Science in the British Reform Movement：1830-50," *Isis*, Vol. 42, No. 3, 1951.

Gili Drori, *Science in the Modern World Polity：Institutionalization and Globalization*, Standford：Standford University Press, 2003.

Giulio Morteani, "Prehistoric Gold in Europe：Mines, Metallurgy and Manufacture," *NATA ASI Series, E：Applied Sciences*, 1995.

H. B. Carter, *Sir Joseph Banks, 1743-1820*, British Museum, 1988.

Henry G. Lyons, *The Royal Society, 1660- 1940：A History of Its Admistration under Its Charters*, Cambridge：Cambridge University Press, 1944.

Henry Power, "Experimental Philosophy," *English Science,*

Bacon to Newton, Cambridge: Cambridge University Press, 1987.

Iwan Morus et al., "Scientific London," *London-world City, 1800-1840*, 1992.

Jack Morrell and Arnold Thackray, *Gentlemen of Science: Early Years of the British Association for the Advancement of Science*, Oxford: Clarendon Press, 1981.

James R. Jacob, *Henry Stubbe, Radical Protestantism and the Early Enlightenment*, Cambridge: Cambridge University Press, 1983.

James Secord, *Victorian Sensation: The Extraodinary Publication, Reception, and Sceret Authorship of "Vestiges of the Natural History of Creation"*, Chicago: The University of Chicago Press, 2000.

Jan Golinski, *Science as Public Culture: Chemistry and Enlightenment in Britain, 1760-1820*, Cambridge: Cambridge University Press, 1999.

John Gascoigne, "Science and the British Empire from Its Beginning to 1850," *Science and Empire: Knowledge and Networks of Science Aross the British Empire, 1800-1970*, New York: Palgrave Macmillan, 2011.

John Gascoigne, *Joseph Banks and the English Enlightenment: Useful Knowledge and Polite Culture*, Cambridge: Cambridge University Press, 1994.

John Gascoigne, *Science in the Service of Empire: Joseph Banks, the British State and the Uses of Science in the Age of Revolution*, Cambridge: Cambridge University of Press.

John Henry, "The Scientific Revolution in England," eds., Roy Porter and Mikulas Teich, *The Scientific Revolution in National Context*, Cambridge: Cambridge University Press, 1992.

John Theodore Metz, *A History of European Thought in the Nineteenth Century*, New York: Dover Publications, 1965.

Joseph Agassi, *The Very Idea of Modern Science: Francis and Boyle*, Springer, 2013.

Joseph Ben-David, *Centers of Learning, Britain, France, Germany, United States*, New Brunswick and London: Transaction Publishers, 1977.

Joseph Ben-David, *Scientific Growth: Essays on the Social Organization and Ethos of Science*, Berkeley, Los Angeles, Oxford: University of California Press, 1991.

Joseph Ben-David, *Scientist' Role in Society: A Comparative Society*, Foundations of Modern Sociology Series, New Jersey: Prentice Hall Inc., 1971.

J. A. Bennett, "The Mechanics' Philosophy and the Mechanical Philosophy," *History of Science*, Vol. 24, No. 1, Mar. 1986.

J. R. Partington, "Francis Bacon," *A History of Chemistry*, 1961.

K. W. Luckhurst, "William Shipley and the Society of Arts: The History of an Idea," *Journal of the Society of Arts*, Vol. 97, No. 4790, Mar. 1949.

Katharine Park and Lorraine Daston, eds., *Cambridge History of*

Science, Vol. 3, Cambridge: Cambridge University Press, 2006.

Keith Moore, *A Guide to the Archives of Manuscripts of the Royal Society*, Royal Society, 1995.

Klaus A. Vogel, "European Expasion and Self-definition," *Cambridge History of Science*, Vol. 3, eds., Katharine Park and Lorraine Daston, Cambridge: Cambridge University Press, 2006.

Lawrence Goldman, *Science, Reform and Politics in Victorian Britain: The Social Science Association, 1857-1886*, Cambridge: Cambridge University Press, 2004.

Margaret C. Jacob and Larry Stewart, *Practical Matter: Newton's Science in the Service of Industry and Empire, 1687-1851*, Cambridge: Harvard Unicersity Press, 2004.

Margaret C. Jacob, *The Cultural Meaning of the Scientific Revolution*, Philadelphia: Temple University Press, 1998.

Margaret Jacob, *Scientific Culture and the Making of the Industrial West*, Oxford: Oxford University Press, 1997.

Marie Boas Hall, "The Royal Society's Role in the Diffusion of Information in the Seventeenth Century," *Notes and Records of the Royal Society of London*, Vol. 29, No. 2, 1975.

Marie Boas Hall, *Robert Boyle and Seventeenth-century Chemistry*, Cambridge: Cambridge University Press, 1958.

Marie Boas Hall, *All Scientists Now: The Royal Society in the Nineteenth Century*, Cambridge: Cambridge University Press, 1984.

Mark Harrison, "Science and the British Empire," *Isis*, Vol. 96, No. 1, 2005.

Martha Ornsterin, *The Role of Scientific Societies in the Seventeenth Century*, Chicago: The University of Chicago Press, 1928.

Mary Alberi, "The Better Paths of Wisdom: Alcuin's Monastic 'True Philosophy' and the Worldly Court," *Speculum*, Vol. 76, No. 4, Oct. 2001.

Mary L. Cleason, *The Royal Society of London: Years of Reform, 1827-1847*, Garland, 1991.

Matthew Wale, "Editing Entomology: Natural-history Periodicals and the Shaping of Scientific Communities in Nineteenth-century Britain," *British Journal for the History of Science*, Vol. 52, No. 3, Sept. 2019.

Maurice Crosland, *Studies in the Culture of Science in France and Britain since Enlightenment*, Aldershot: Variorum, 1995.

Maurice Goldsmith, *UK Science Policy*, London: Longman Press, 1984.

Micheal Hunter, *Establishing the New Science: The Experience of the Early Royal Society*, Suffolk: Boydell Press, 1989.

Morris Berman, *Social Change and Scientific Organization: The Royal Instituion, 1799-1844*, Ithaca: Cornell University Press, 1978.

Paul David, "The Historical Origins of 'Open Science': An Essay on Patronage, Reputation and Common Agency Contracting in the Scientific Revolution," *Capitalism and Society*, Vol. 3, No. 2, 2008.

Peter J. Bowler, *Science for All: The Polularization of Science in Early Twentieth-century Britain*, Chicago: The University of Chicago Press, 2009.

Peter M. Dunn, " Francis Glisson (1597-1677) and the 'Discovery' of Rickets," *Arch Dis Child Fetal Neonatal Ed*, Vol. 78, No. 2, 1998.

Philip George, "The Scientific Movement and the Development of Chemistry as Seen in the Papers Published in the Philosophical Transactions from 1664/5 until 1750/1," *Annals of Science*, Vol. 8, No. 4, 1952.

Phyllis Allen, "Scientific Studies in the English Universities of the Seventeenth Century," *Journal of the History of Ideas*, Vol. 10, No. 2, Apr. 1949.

Richard S. Westfall, *The Construction of Science: Mechanism and Mechanics*, Cambridge: Cambridge University Press, 1977.

Richard Drayton, *Nature's Government: Science, Imperial Britain, and the "Improvement of the World"*, Yale: Yale University Press, 2000.

Robert E. Schofield, *The Lunar Society of Birmingham: A Social History of Provincial Science and Industry in Eighteenth-century England*, Oxford: Clarendon Press, 1963.

Robert Merton, *Science, Technology and Society in Seventeenth*

Century England, New York: Howard Fertig, 1970.

Robert D. Purrington, *The First Professional Scientist: Robert Hooke and the Royal Society of London*, Basel: Birkhaeuser Verlag, 2009.

Roger L. Emerson, "The Philosophical Society of Edinburgh, 1737-1747," *The British Journal for the History of Science*, Vol. 12, No. 2, 1979.

Roy Macleod, and Peter eds., *Collins, The Parliament of Science: The British Association for the Advancement of Science*, Northwood: Science Reviews, 1981.

Roy Macleod, "Whig and Savants: Reflections on the Reform Movement in the Royal Society, 1830-1848," *Metropolis and Province: Science in British Culture, 1780-1850*, eds., Ian Inkster and Jack Morell, Pennsylvania: University of Pennsylvania Press, 1983.

Roy Macleod, *Public Science and Public Policy in Victorian England*, Aldershot: Variorum, 1996.

R. N. Swanson, *Universities, Academics and the Great Schism*, Cambridge: Cambridge University Press, 1979.

Sally Shuttleworth and Berris Charnley, "Science Periodicals in the Nineteenth and Twenty-first Centuries," *Notes and Records of the Royal Society of London*, Vol. 70, No. 4, Dec. 2016.

Sarah Irving, *Natural Science and the Origin of the British Empire*, Pickering & Chatto, 2008.

Steffen Ducheyne, "Boyle on Fire: The Mechanical Revolution

in Scientific Explanation, 2005 (Book Review)," *Ambix*, Vol. 53, No. 3, 2006.

Stephen Brush, *The History of Modern Science: A Guide to the Second Scientific Revolution, 1800-1950*, Ames: Iowa State University Press, 1998.

Steven Harris, "Long-distance Corporation, Big Science, and the Geography of Knowledge," *Configurations*, Vol. 6, 1998.

Steven Shapin, "The Man of Science," *Cambridge History of Science*, Vol. 3, eds., Katharine Park and Lorraine Daston, Cambridge: Cambridge University Press, 2006.

Steven Shapin, *A Social History of Truth: Civility and Science in Seventeenth-century England*, Chicago: The University of Chicago Press, 1994.

Thomas Kuhn, "Robert Boyle and Structural Chemistry in the Seventeenth Century," *Isis*, No. 43, 1952.

Thomas Schirrmacher, *Advocate of Love-Martin Bucer as Theologian and Pastor*, Bonn: *Verlag für Kultur und Wissenschaft*, Culture and Science Publ. , 2013.

Ursula DeYoung, *A Vision of Modern Science: John Tyndall and the Role of the Scientist in Victorian Culture*, New York: Palgrave Macmillan, 2011.

William Lubenow, "Making Words Flesh: Changing Role of University Learning and the Professions in 19th Century England," *Minerva*, Vol. 40, No. 3, 2002.

William T. Lynch，*Solomon's Child*：*Method in the Early Royal Society of London*，Stanford University Press，2001.

William R. Eaton，"Boyle on Fire：The Mechanical Revolution in Scientific Explanation，"*Continuum Studies in British Philosophy*，2005.

二　中文文献

〔德〕恩格斯：《自然辩证法》，人民出版社，2015。

〔美〕克莱顿·罗伯茨、戴维·罗伯茨、道格拉斯·R. 比松：《英国史》，潘兴明等译，商务印书馆，2013。

〔英〕肯尼斯·O. 摩根：《牛津英国史》，方光荣译，人民日报出版社，2020。

李红、李强：《科学建制化的研究综述》，《湖北第二师范学院学报》2010 年第 6 期。

刘益东、高璐、李斌：《科技革命与英国现代化》，山东教育出版社，2017。

罗兴波：《17 世纪英国科学研究方法的发展——以伦敦皇家学会为中心》，中国科学技术出版社，2012。

〔美〕马丁·威纳：《英国文化与工业精神的衰落：1850—1980》，王章辉、吴必康译，北京大学出版社，2013。

〔美〕R. K. 默顿：《科学社会学》，鲁旭东、林聚任译，商务印书馆，2003。

〔英〕培根：《新大西岛》，何新译，商务印书馆，1979。

吴必康：《权力与知识：英美科技政策史》，福建人民出版社，1998。

　　吴国盛：《什么是科学》，广东人民出版社，2016。

　　〔英〕亚·沃尔夫：《十六、十七世纪科学、技术和哲学史》，周昌忠等译，商务印书馆，1997。

图书在版编目（CIP）数据

近代英国科学体制的构建 / 李文靖著. -- 北京：
社会科学文献出版社，2022.5
ISBN 978-7-5228-0059-2

Ⅰ.①近…　Ⅱ.①李…　Ⅲ.①科学事业史-英国-近
代　Ⅳ.①G325.619

中国版本图书馆 CIP 数据核字（2022）第 071173 号

近代英国科学体制的构建

著　　者 / 李文靖

出 版 人 / 王利民
责任编辑 / 赵怀英
文稿编辑 / 顾　萌
责任印制 / 王京美

出　　版 / 社会科学文献出版社·联合出版中心（010）59366446
　　　　　　地址：北京市北三环中路甲 29 号院华龙大厦　邮编：100029
　　　　　　网址：www.ssap.com.cn
发　　行 / 社会科学文献出版社（010）59367028
印　　装 / 三河市尚艺印装有限公司

规　　格 / 开　本：787mm×1092mm　1/16
　　　　　　印　张：21.5　字　数：232 千字
版　　次 / 2022 年 5 月第 1 版　2022 年 5 月第 1 次印刷
书　　号 / ISBN 978-7-5228-0059-2
定　　价 / 98.00 元

读者服务电话：4008918866